东北大学“双一流”建设研究生教材

云计算技术与应用

任 涛 刘 莹 张 莉 汪德帅 主 编

东北大学出版社

·沈 阳·

© 任　涛　刘　莹　张　莉　汪德帅　2020

图书在版编目（CIP）数据

云计算技术与应用 / 任涛等主编. — 沈阳 ：东北大学出版社，2020. 12

ISBN 978-7-5517-2607-8

Ⅰ. ①云… Ⅱ. ①任… Ⅲ. ①云计算－高等学校－教材 Ⅳ. ①TP393. 027

中国版本图书馆 CIP 数据核字(2020)第 256629 号

出 版 者：东北大学出版社
地址：沈阳市和平区文化路三号巷 11 号
邮编：110819
电话：024－83683655(总编室)　83687331(营销部)
传真：024－83687332(总编室)　83680180(营销部)
网址：http://www. neupress. com
E-mail: neuph@ neupress. com
印 刷 者：沈阳市第二市政建设工程公司印刷厂
发 行 者：东北大学出版社
幅面尺寸：170 mm×240 mm
印　　张：14. 5
字　　数：245 千字
出版时间：2020 年 12 月第 1 版
印刷时间：2020 年 12 月第 1 次印刷
责任编辑：石玉玲　李　佳
责任校对：刘　泉
封面设计：潘正一
责任出版：唐敏志

ISBN 978-7-5517-2607-8　　定　价：46. 00 元

目　录

第 1 章　云计算概况

1.1　云计算的起源

云计算的出现是技术和计算模式不断发展和演变的结果。云计算的基础思想可以追溯到半个世纪以前。1961 年，MIT（美国麻省理工学院）的教授 John McCarthy 提出“计算力”的概念，认为可以将计算资源作为像电力一样的基础设施按需付费使用；1966 年，Douglas Parkhill 在《计算机工具的挑战》（*The Challenge of the Computer Utility*）一书中对现今云计算的几乎所有特点，如作为公共设施供应、弹性供应、实时供应及具备“无限”供应能力等，甚至云计算的服务模式，如公共模式、私有模式、政府及社团模式，进行了详尽的讨论。

几十年来，计算模式的发展经历了早期的单主机计算模式、个人计算机普及后的 C/S（客户机/服务器）模式、网络时代的 B/S（浏览器/服务器）模式的变迁，如今大量的软件以服务的形式通过互联网提供给用户，传统的互联网数据中心（Internet Data Center，IDC）逐渐不能满足新环境下业务的需求，于是云计算应运而生。

1.1.1　发展历史

云计算在商业领域出现 11 年后，现如今已经成为 IT 领域的标配。云计算的操作性便捷，对普通用户来说无需考虑底层架构即可使用上层资源，使得云计算在这十年来得到飞速发展。一大批优秀的 IT 企业积极投入到云计算行业中，带来了一大批优秀的云计算产品和解决方案，如 IBM 的蓝云计划、亚马逊的 AWS、微软的 Azure 等，与此同时，也有一批开源项目（如 OpenStack、CloudStack 等）加入到云计算的“大家庭”，为云计算行业开启了一个百花齐放的新时代。

近几年，中国在云计算领域也有了长足的进步，涌现了如阿里云、青云、华为云、天翼云等优秀的公有云解决方案。中国信息通信研究院发布的《中国公共云服务发展调查报告》显示，公有云服务市场规模正在以每年40%左右的增幅增长，企业的“云”化趋势愈加显著，云计算的大潮正以不可阻挡之势向前推进。

云计算发展的历程中有哪些标志性事件发生呢？

1951年，UNIVAC-1诞生，这是世界上第一台商用计算机系统，被用来进行美国人口普查，标志着计算机正式进入商业应用时代。

1959年，英国计算机科学家Christopher Strachey发表了关于虚拟化的论文，其虚拟化理论是如今云计算基础架构的基础理论之一。

1961年，计算机科学家John McCarthy发表公开演说，“如果计算机在未来流行开来，那么未来计算机也可以像电话一样成为共用设施……计算机应用也将成为一种全新的、重要的产业基石。”

1963年，美国国防高级研究计划局（DARPA）向麻省理工学院提供了约200万美元的津贴，启动了著名的MAC项目，要求麻省理工开发“多人可同时使用的电脑系统”技术。当时，麻省理工已经构想了“计算机公共事业”，即让计算成为像电力一样的供应，这个项目产生了“云”和“虚拟化”技术的雏形。

1969年，在冷战思维的背景下，美国国防部委托开发的ARPANET诞生了，成功完成了两台计算机之间的数据传输试验，它就是今天互联网的雏形。ARPANET项目的首席科学家Leonard Kleinrock表示“计算机网络现在还处于初期阶段，但随着网络的进步和复杂化，未来可能看到计算机应用的扩展……”

1984年，Sun公司的联合创始人John Gage将分布式计算技术带来的改变描述为“网络就是计算机”，而现在云计算正在将该理念变成现实。2006年，该公司推出了基于云计算理论的“BlackBox”计划，旨在以创新的系统改变整个数据中心环境。2008年5月，Sun公司又宣布推出“Hydrazine”计划。

1996年，网格计算Globus开源网格平台起步，网格技术也被普遍认为是云计算技术的前身技术之一。

1998年，威睿（VMware）公司成立并首次引入x86虚拟化技术。x86虚拟化技术是指在x86的系统中使一个或几个客户操作系统在一个主操作系统下运行的技术。2009 年 4 月，该公司推出 VMware vSphere 4。2009 年 9 月，VMware 又推出 vCloud 计划，以构建全新云服务。

1999 年，Marc Andreessen 创建了第一个商业化的 IaaS 平台—LoudCloud。同年，Salesforce.com 公司成立，它提出云计算和 SaaS 的理念，具有里程碑意义，宣布“软件终结”革命的开始。2008 年 1 月，Salesforce.com 推出 Dev-Force 平台，旨在帮助开发人员创建各种商业应用。例如，根据需要创建数据库应用、管理用户之间的协作等，Sales force.com 推出的 Force.com 平台是世界上第一个 PaaS 的应用。

2004 年，谷歌发布 MapReduce 论文，MapReduce 是 Hadoop 的主要组成部分。2006 年 8 月，“云计算”的概念由谷歌行政总裁 Eric Schmidt 在搜索引擎大会（SES San Jose 2006）上首次提出。2008 年，Doug Cutting 和 Mike Cafarella 实现了 MapReduce 和 HDFS，在此基础上，Hadoop 成为优秀的分布式系统的基础架构。

2004 年，Web2.0 会议举行，Web2.0 成为技术流行词，互联网发展进入新阶段。

2005 年，亚马逊公司宣布推出 AWS（Amazon Web Service）云计算平台。AWS 是一组允许通过程序访问亚马逊的计算基础设施的服务。次年又推出了在线存储服务 S3（Simple Storage Service）和弹性计算云 EC2（Elastic Compute Cloud）等云服务。2007 年 7 月，该公司推出简单队列服务（Simple Queue Service，SQS），SQS 是所有基于 Amazon 网格计算的基础。2008 年 9 月，亚马逊公司与甲骨文公司合作，使得用户可以在云中部署甲骨文软件和备份甲骨文数据库。

2006 年，“云计算”这一术语正式出现在商业领域，Google 的 CEO 施密特在搜索引擎大会上提出云计算 Amazon，推出其弹性计算云（EC2）服务。他说随着互联网网速的提高和软件的改进，“云计算”能够完成的任务越来越多，90%的计算任务都能够通过“云计算”技术完成，其中，包括所有的企业计算任务和白领员工的任务。

2007 年 3 月，戴尔公司成立数据中心解决方案部门，为 Windows Azure、Facebook 和 Ask.com 三家公司提供云基础架构。2008 年 8 月，戴尔公司在美国专利商标局申请“云计算”商标，旨在加强对该术语的控制权。2010 年 4 月，IBM 公司戴尔又推出 PowerEdgeC 系列云计算服务器和相关服务。

2007年11月，IBM公司推出“蓝云”（Blue Cloud）计划，旨在为客户带来即刻使用的云计算。2008年2月，IBM公司宣布在中国无锡产业园建立第一个云计算中心，该中心将为中国新兴软件公司提供接入虚拟计算环境的能力。同年6月，IBM公司宣布成立IBM大中华区云计算中心。2010年1月，IBM公司又与松下公司合作达成了当时全球最大的云计算交易。

2008年，中国第一个获得自主知识产权的基础架构云（IaaS）产品Bingo-CloudOS（品高云）发行1.0版。

2008年2月，EMC中国研发集团正式成立云架构和服务部，该部门联合云基础架构部和Mozy、Pi两家公司，共同形成EMC云战略体系。同年6月，EMC中国研发中心加入道里可信基础架构项目，该项目主要研究云计算环境下信任和可靠度保证的全球研究协作，主要成员还有复旦大学、华中科技大学、清华大学和武汉大学四所高校。

2008年7月，云计算试验台Open Cirrus推出，它由HP、Intel和Yahoo三家公司联合创建。

2008年9月，思杰公司公布云计算战略并发布新的思杰云中心产品系列（Citrix Cloud Center，C3），它整合了经云验证的虚拟化产品和网络产品，可支持当时大多数大型互联网和Web服务提供商的业务运作。

2008年10月，微软公司的Windows Azure Platform公共云计算平台发布，开始了微软公司的云计算之路。2010年1月，与HP公司合作一起发布了完整的云计算解决方案。同月，微软公司又发布Microsoft Azure云平台服务，通过该平台，用户可以在微软公司管理的数据中心的全球网络中快速生成、部署和管理应用程序。

2008年，亚马逊、谷歌和Flexiscale等公司的云服务相继发生宕机故障，引发业界对云计算安全的讨论。

2009年1月，阿里巴巴集团旗下子公司阿里软件在江苏南京建立首个“电子商务云计算中心”，该中心与杭州总部的数据中心协同工作，形成规模能够与谷歌匹敌的服务器集群“商业云”体系。

2009年3月，思科公司发布集存储、网络和计算功能于一体的统一计算系统（Unified Computing System，UCS），又在5月推出了云计算服务平台，正式迈入云计算领域。同年11月，思科与EMC、VMware建立虚拟计算环境联盟，旨在让用户能够快速地提高业务敏捷性。2011年2月，思科系统正式加入 OpenStack，该平台由美国航空航天局（National Aeronautics and Space Administration，NASA）和托管服务提供商 Rackspace Hosting 共同研发，使用该平台的公司还有微软、Ubuntu、戴尔和超微半导体公司（Advanced Micro Devices，AMD）等。

2009 年 11 月，中国移动启动云计算平台“大云”（Big Cloud）计划，并于次年 5 月发布了“大云平台”1.0 版本。“大云”产品包括五部分：分布式海量数据仓库、弹性计算系统、云存储系统、并行数据挖掘工具和 MapReduce 并行计算执行环境。

2010 年 4 月，Intel 公司在 Intel 信息技术峰会（Intel Developer Forum，IDF）上提出互联计算，目的是让用户从 PC（客户端）、服务器（云计算）到移动、车载、便携等所有个性化互联设备获得熟悉且连贯一致的个性化应用体验，Intel 公司试图使用 x86 架构统一嵌入式、物联网和云计算，为所有计算设备提供基础架构，创造一个虚拟的“互联计算”环境，实现一致的用户体验。

2010 年 7 月，美国太空总署联合 Rackspace、AMD、Intel、戴尔等厂商共同宣布“OpenStack”开源计划。

2011 年 6 月，美国电信工业协会制定了云计算白皮书，分析了一体化的挑战和云服务与传统的美国电信标准之间的机会。

2015 年 10 月，阿里巴巴集团董事局主席马云和 CEO 张勇在年报致投资者的公开信中表示，全球化、农村经济和大数据云计算将成为阿里未来十年的发展大方向。

1.1.2　基本定义

在商业和学术领域，许多从业者试图给云计算一个精确的定义并展示它的特性。Buyya 等将云计算定义为：“云是由一组内部互联的虚拟机组成的并行和分布式计算系统，系统能够根据服务供应商和客户之间协商好的服务水平协议（SLA）动态提供一种或多种统一计算资源。”[1]

Vaquero 等将其定义为：“云是一种容易使用和获取的庞大的虚拟化资源池（如硬件、开发平台和服务）。”[2] 这些资源可以动态重新配置以便调整到一个可变负载（规模），也允许一个最佳的资源利用率。这种资源池通常由基础设施供应商按照服务水平协议采用用时付费（Pay-per-use）模式开发。

麦肯锡顾问公司（McKinsey）的一项报告指出：“云是基于硬件的服务，提供计算、网络和存储容量。其中，硬件管理是从买方的角度高度抽象出来的，买方将基础设施成本作为可变运营成本（OPEX），而基础设施的容量是灵活多变的。”

Armbrust 等对云计算提出了一个更为通用的定义：云是数据中心中提供服务的软硬件设施。同样，Sotomayor 等指出，云通常用于指 IT 基础设施作为服务供应商的数据中心基础设施部署。

广为接受的说法是美国国家标准与技术研究院（NTSI）定义：云计算是一种按使用量付费的模式，这种模式提供可用的、便捷的、按需的网络访问，进入可配置的计算资源共享池（资源包括网络、服务器、存储、应用软件、服务），这些资源能够被快速提供，只需要投入很少的管理工作，或与服务供应商进行很少的交互。

首先对“云计算”这三个字进行理解，“云”是网络、互联网的一种比喻说法，即互联网与建立互联网所需要的底层基础设施的抽象体。“计算”当然不是指一般的数值计算，指的是一台足够强大的计算机提供的计算服务（包括各种功能、资源、存储）。“云计算”可以理解为：网络上足够强大的计算机为你提供的服务，只是这种服务是按你的使用量进行付费的。

云计算与并行计算、分布式计算、网格计算的区别和联系如下。

并行计算是相对于串行计算而言的，它是指一种能够让多条指令同时进行的计算模式，可分为时间并行和空间并行。时间并行即利用多条流水线同时作业，空间并行是指使用多个处理器执行并发计算，以降低解决复杂问题所需要的时间。从程序开发人员的角度看，并行计算又可分为数据并行与功能并行，数据并行是通过对数据的分解实现相同子任务的并行作业，功能并行是通过对任务的分解实现相同数据不同任务的并行作业。

分布式计算是一种把需要进行大量计算的工程数据分区成小块，由多台连网计算机分别处理，在上传处理结果后，将结果统一合并得出数据结论的科学。分布式计算是一个比较松散的结构，实时性要求不高，可以跨越局域网在因特网部署运行，大量的公益性项目（如黑洞探索、药物研究、蛋白质结构分析等）大多采用这种方式，而并行计算是需要各节点之间通过高速网络进行较为频繁的通信，节点之间具有较强的关联性，主要部署在局域网内。分布式计算的算法更加关注的是计算机间的通信而不是算法的步骤，因为分布式计算的通信代价比单节点对整体性能的影响权重要大得多。分布式计算是网络发展的产物，是由并行计算演化出的新模式：网络并行计算。如果说并行计算为云计算奠定了理论基础，那么，分布式计算则为云计算的实现打下了坚固的网络技术基石。

网格计算是指通过利用多个独立实体或机构中大量异构的计算机资源（处理器周期和磁盘存储），采用统一开放的标准化访问协议及接口，实现非集中控制式的资源访问与协同式的问题求解，以达到系统服务质量高于其每个网格系统成员服务质量累加的总和。在 20 世纪 90 年代中期，分布式计算发展到一定阶段后，网格计算开始出现，其目的在于利用分散的网络资源解决密集型计算问题。当时由于高端的计算机硬件价格不菲，研究人员试图通过定义专门的协议机制以实现对分散异构且动态变化的网络资源管理，以解决高端计算机才能解决的密集型运算问题。网格计算与虚拟组织的概念由此产生，它通过定义一系列的标准协议、中间件及工具包，以实现对虚拟组织中资源的分配和调度。它的焦点在于支持跨域计算与异构资源整合的能力，这使它与传统计算机集群或简单分布式计算相区别。过于庞大的概念、异常复杂的协议标准使得真正实现实用化的网格项目都是由国家行为推动的。然而，网格计算的发展，为云计算的出现提供了基本的网络框架支持。

云计算是一种由大数据存储分析与资源弹性扩缩需求驱动的计算模式，它通过一个虚拟化、动态化、规模化的资源池为用户提供高可用性、高效性、弹性的计算存储资源与数据功能服务。其具备五个关键特点：①基于分布式并行计算技术；②能够实现规模化、弹性化的计算存储；③用户服务的虚拟化与多级化；④受高性能计算与大数据存储驱动；⑤服务资源的动态化、弹性化。近年来，云计算能够获得普遍关注的原因主要有以下三点：①设备存储计算能力的提升与成本的下降，多核、多处理器技术的诞生与普及；②各行业积累了越来越多的专业数据，亟须得到有效利用；③网络服务和 Web2.0 应用的广泛使用。

从以上分析可知，在概念层次上云计算与并行计算、集群计算、网格计算、分布式计算存在交叉，云计算提供了基本的网络框架支持。网格计算的焦点在于计算与存储能力的提供，而云计算更注重资源与服务能力的抽象，这就是网格计算向云计算的演化。与分布式计算比较，云计算是一种成熟稳定的流式商业资源，它为用户提供可量算的抽象服务，就如同水电厂提供可量算的水电资源一样便捷可靠。图 1.1 显示了云计算与其他相关概念的关系。Web2.0 诠释了面向服务的发展方向，云计算成为其中的主力；并行计算和集群计算更注重于传统面向应用的程序设计；网格计算与这四个领域都有交叉，从广义的角度讲，分布式计算包含了整个概念域。

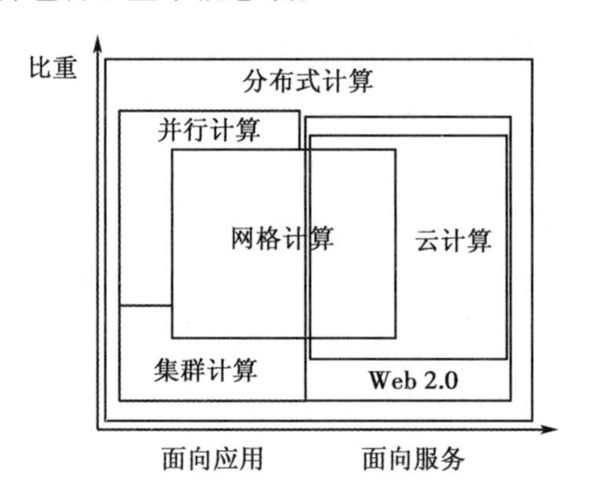

图 1.1　云计算与其他相关概念的关系

1.2　云计算的基本特性

云计算系统是一种基于网络的计算服务供给方式，它以跨越异构、动态流转的资源池为基础提供给客户可自治的服务，实现资源的按需分配、按量计费。云计算导致资源规模化、集中化，促进 IT 产业的进一步分工，让 IT 系统的建设和运维统一集中到云计算运营商处，普通用户都更加关注于自己的业务，从而提高了信息化建设的效率和弹性，促进社会和国家生产生活的集约化水平。

1.2.1　弹性服务

服务的规模可快速伸缩，以自动适应业务负载的动态变化。用户使用的资源同业务的需求相一致，避免了因为服务器性能过载或冗余而导致的服务质量下降或资源浪费。

不论是高性能计算，还是大数据存储与利用，如何构建高效可靠的云平台以提供可伸缩的弹性服务应该是云计算领域面临的重要问题和核心难题。一方面，从云服务提供商角度出发，弹性云平台提供了资源按需供给和动态管理，可以恰到好处将物理资源和虚拟资源合理调配及自适应规划，避免因为资源供应不足导致用户请求等待时间过长；与此同时，避免资源供给过量导致大量闲置资源空转使得系统利用率降低。另一方面，从云计算平台用户角度出发，弹性云计算服务的提供不仅能降低用户对于计算和存储资源的使用成本，而且可以得到各种定制化的服务，包括虚拟服务动态迁移、虚拟资源按需分配，并大大降低维护成本，提高服务效率。

弹性即使用云计算系统中各类资源时的自由伸缩性，是云计算技术中公认的从资源利用角度来看最重要的特点之一。弹性的主要特征是可大可小、可增可减地利用计算资源。弹性的主要目的是用户在选择云计算平台时不必担心资源的过度供给导致额外的使用开销，不必担心资源的供给不足导致应用程序不能很好地运行和不能满足客户需要，所有资源将以自适应伸缩的方式来提供。这种自适应伸缩性表现在资源的实时、动态和按需供给上，即随着任务负载和用户请求的大小来弹性地调整资源的配置，让云计算平台具有充分自如的可收缩性和可扩展性。弹性对于云计算本身而言不仅是一种特征，也定义了一种趋势，未来对于云计算的理解将会直接和其可伸缩性（即弹性）衔接起来。

1.2.2　资源池化

资源以共享资源池的方式进行统一管理，利用虚拟化技术，将资源分享给不同用户，资源的放置、管理与分配策略对用户透明。云端计算资源需要被池化，以便通过多租户形式共享给多个消费者，也只有池化才能根据消费者的需求动态分配或再分配各种物理的和虚拟的资源。消费者通常不知道自己正在使用的计算资源的确切位置，但是在自助申请时允许指定大概的区域范围（比如在哪个国家、哪个省或者哪个数据中心）。

1.2.3　按需计算

云计算以服务的形式为用户提供应用程序、数据存储、基础设施等资源，并可以根据用户需求，自动分配资源，而不需要系统管理员干预。按需计算，是将多台服务器组成的“云端”计算资源包括计算和存储，作为计量服务提供给用户，由 IT 领域巨头如 IBM 的蓝云、Amazon 的 AWS 及提供存储服务的虚拟技术厂商参与的应用，是与云计算结合的一种商业模式，将内存、设备、存储和计算能力整合成一个虚拟的资源池，为整个业界提供所需要的存储资源和虚拟化服务器等服务。

按需计算用于提供数据中心创建的解决方案，帮助企业用户创建虚拟的数据中心，诸如阿里云的按需实现弹性扩展的服务器，它能帮助企业将内存、存储和计算容量通过网络集成为一个虚拟的资源池提供服务。按需计算方式的优点在于用户只需要低成本硬件，按需租用相应计算能力或存储能力，大大降低了用户在硬件上的开销。

1.2.4 服务可计费

在云计算环境中，资源和服务的使用可监测和控制，且该过程对用户和云提供商透明。云提供商可通过计量判断每个服务的实际资源消耗，用于成本核算或计费，用户需要向云提供商缴纳一定的费用。

1.2.5 泛在接入

云计算是将“云端”服务器与终端用户互联，为个人和企业用户提供云服务。云计算上的所有资源包括硬件、软件及应用程序等都是以服务的形式提供给用户的。云计算的构想是整个世界范围的用户都可以随时随地接入“云端”获取服务。用户可以利用各种终端设备（如 PC 电脑、笔记本电脑、智能手机等）随时随地通过互联网访问云计算服务。考虑到使用云服务的终端用户数量大、地理位置分布广泛、接入“云端”方式多种多样，承载云计算的数据传输网络需要具备以下四种特性。

（1）高可靠性

在理想的云计算中，终端设备的硬件配置将降到最低，只提供发出命令和数据显示的功能，所有的资源都通过网络传输，云接入的网络必须为用户提供可靠的数据传输。

（2）无缝接入性

由于终端设备的类型、地理位置、接入方式不同，泛在的云接入网络必须能够很好地兼容各种终端、各种接入方式，使得更多的用户可以随时随地，通过任何终端设备获取云计算服务。

（3）易扩展性

在云计算环境下，接入网络的用户和提供服务的云计算中心数量是动态的，这就要求泛在的云接入网络必须具备易扩展性，新的云服务中心和用户终端能够方便地接入，可以快速提供和获取服务。在云服务中心和用户终端离开后，能感知对方的离开。

（4）高安全性

云计算的用户数量很多，如何保障个人用户及企业的安全至关重要。通过隔离不同的用户和企业可以保障高安全性，在保证相互通信的情况下进行隔离，一般利用虚拟化技术将物理网络进行合理的划分，形成多个在逻辑上独立的子网络。子网络之间具有一定的隔离性，各用户的信息对子网的外部是完全屏蔽的，让用户更有安全感。

1.3 云计算的技术标准

1.3.1 云计算的国际标准

目前，国内外进行云计算技术研究或与云计算技术相关的标准组织约有40个，进行云计算产业活动的行业也有150个之多。如图1.2所示，给出了一个目前主要有关类别和有关标准组织的全景视图，标准化组织包括OCCI、OASIS、DMTF、CSA、OMG、SNIA和OGF等。图1.2中显示，目前的云计算标准组织主要是定义专用的API接口。而在未来的云计算应用场景中，将支持公共、私有和混合云，有关的接口和一些内部实现技术将采用标准化的规范来实现。

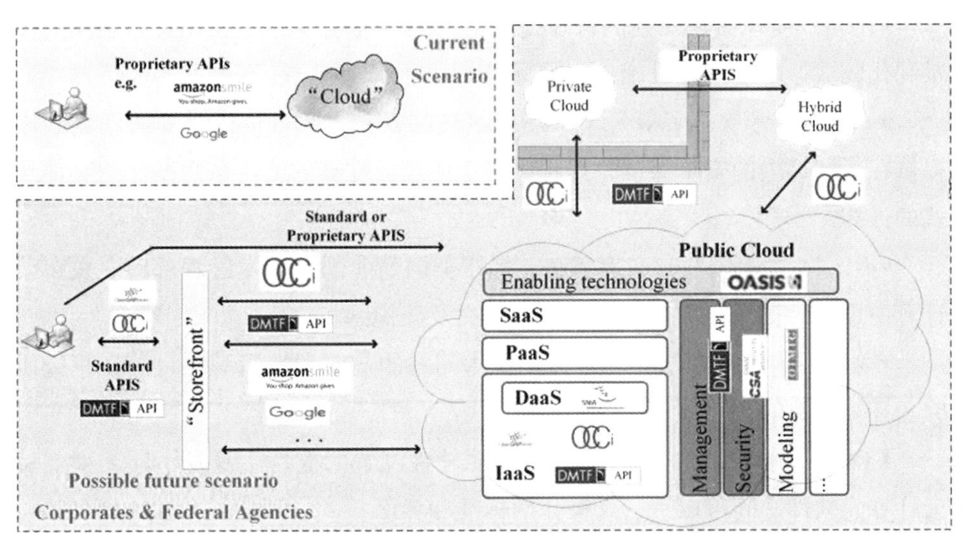

图1.2　云计算标准化视图

下面介绍一下国际上云计算标准组织及他们主要的工作内容。

- ITU-T：主要负责确立国际无线电和电信的管理制度和标准。继云计算焦点组 FGCC 后成立 SG13 云计算工作组，主要关注云计算架构体系等相关内容。SG7 关注云计算安全课题。

• TMF：为 ICT 产业运营和管理提供策略建议和实施方案。统一企业云及 SOA 架构白皮书等。

• ETSI：成立 TC Cloud 工作组，关注云计算的商业趋势及 IT 相关的基础设置即服务层面、输出白皮书等。

• ODCA：由行业用户代表构成的组织，建立开放式的行业生态系统，发布虚拟机交互等多个用例模型。

• SNIA：成立云工作组，推广存储即服务的云规范，统一云存储的接口，实现面向资源的数据存储访问，扩充不同的协议和物理介质。

• Open Cirrus：对于互联网范围的数据密集型计算进行研究。目前有 80 多个研究项目正在该测试床上进行。它能模拟一个真实的、全球性的、互联网的环境来测试在大规模云系统上运行的应用、基础设施与服务的性能。

• DMTF：主要工作集中在以下方面——制定虚拟化设备标准化接口规范，定义架构的语义和实施细则，实现服务提供者、消费者和开发者的互操作以及云环境之间的相互作用。

• TGG：全球首屈一指的旨在提高 IT 效率的联盟组织，提出比较通用的衡量和比较数据中心基础设施效率的标准。

• CSA：为了在云计算环境下提供最佳的安全方案，促进最完善的实践以提供在云计算内的安全保证，并提供基于使用云计算的架构来帮助保护其他形式的计算。

• NIST：为美国联邦政府服务，属于美国商业部的技术管理部门。发布云计算白皮书，提出业内公认的云计算定义及架构图。

• MEF：专注于解决城域以太网技术问题的非营利性组织。目前在积极研究云计算相关的 SDN。

• OCC：向基于云的技术提供对开源软件配置的支持，开发不同类型支持云计算的软件之间可以进行互操作的标准和界面。

• Hadoop 社区：全世界 Hadoop 开发者、应用者和企业用户共同组成的标准化组织，负责牵头组织实施大数据分析应用的软件系统技术标准制定、企业部署应用经验分享、用户共性需要收集审核及项目研发实施等工作。

根据分析，国际标准体系框架基本形成，但标准/研究项目对框架覆盖不全；传统标准化组织流程僵化、标准形式化、产业目标不明确；除数据中心和系统虚拟化外，在某些已形成事实的工业标准方面（如云平台运维管理、云网络通信协议、云存储管理规范和接口、虚拟机之上软件的封装和分发格式等）尚未形成国际/行业标准。正如其他行业标准一样，一方面，云计算应用范围仍然不够广泛，产业标准的制定不为很多厂商所重视；另一方面，不同组织、不同厂商都希望在云计算标准化的制定过程中处于主导地位。云计算标准化的推进任重而道远。

1.3.2　云计算的国内标准

由中国等国家成员体推动立项并重点参与的两项云计算国际标准——ISO/IEC 17788：2014《信息技术　云计算　概述和词汇》和ISO/IEC 17789：2014《信息技术　云计算　参考架构》正式发布，这标志着云计算国际标准化工作进入了一个新阶段。这是国际标准化组织（ISO）、国际电工委员会（IEC）与国际电信联盟（ITU）三大国际标准化组织首次在云计算领域联合制定标准，由ISO/IEC JTC1与ITU-T组成的联合项目组共同研究制定。中国作为这两项国际标准的立项推动国之一，提交贡献物20多项，对加快标准研制做出了重要贡献。在标准研制过程中，工业和信息化部软件服务业司组织电子工业标准化研究院等标准化机构和企事业单位，通过ISO/IEC JTC1 SC38 WG3云计算工作组，积极参与标准研制。同时，注重国家标准和国际标准的协同推进，由软件服务业司同意立项的国家标准《信息技术　云计算　概述和词汇》和《信息技术　云计算　参考架构》分别等同采用了这两项国际标准。这两项云计算国际标准，规范了云计算的基本概念和常用词汇，从使用者角度和功能角度阐述了云计算参考架构，不仅为云服务提供者和开发者搭建了基本的功能参考模型，也为云服务的评估和审计人员提供相关指南，有助于实现对云计算的统一认识。

为进一步推动我国云计算发展，运用综合标准化的系统性、目标性和配套性等思维方式和工作方法，以云计算相关技术和产品、云服务为标准化对象，按成套、成体系制定整体协调的标准。云计算综合标准化工作的重点是从云计算发展实际出发，构建云计算综合标准化体系，用标准化手段优化资源配置，促进技术、产业、应用和安全协调发展，包括“云基础”“云资源”“云服务”“云安全”四个部分。各个部分的概况如下。

① 云基础标准。用于统一云计算及相关概念，为其他各部分标准的制定

提供支撑。主要包括云计算术语、参考架构、指南等方面的标准。

② 云资源标准。用于规范和引导建设云计算系统的关键软硬件产品研发，以及计算、存储等云计算资源的管理和使用，实现云计算的快速弹性和可扩展性。主要包括关键技术、资源管理和资源运维等方面的标准。

③ 云服务标准。用于规范云服务设计、部署、交付、运营和采购，以及云平台间的数据迁移。主要包括服务采购、服务质量、服务计量和计费、服务能力评价等方面的标准。

④ 云安全标准。用于指导实现云计算环境下的网络安全、系统安全、服务安全和信息安全，主要包括云计算环境下的安全管理、服务安全、安全技术和产品、安全基础等方面的标准。

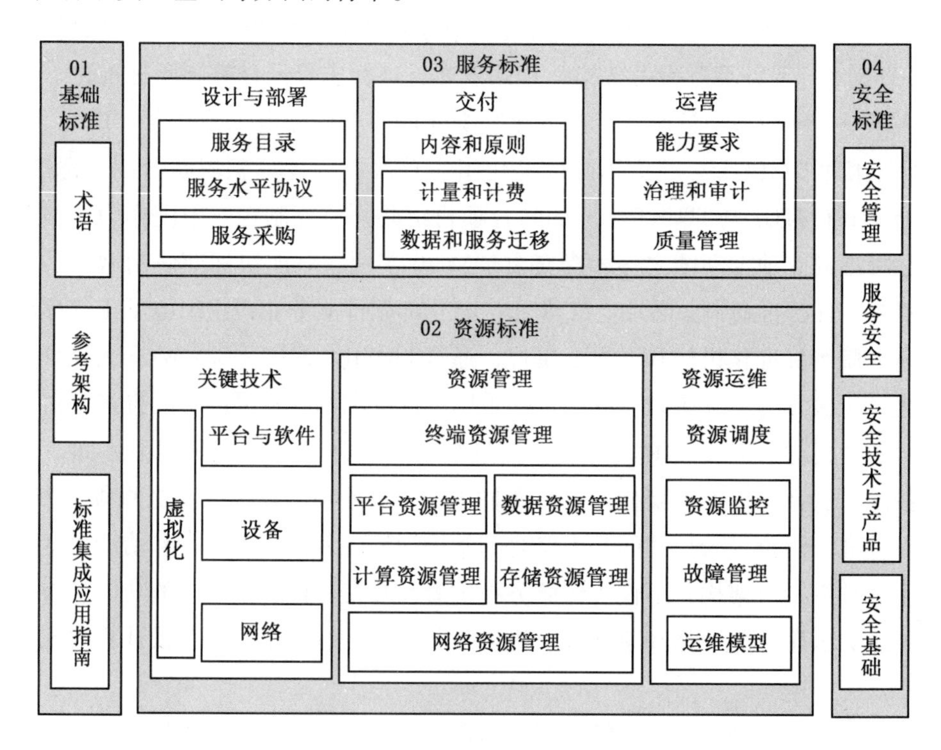

图 1.3 云计算综合标准化体系

截至 2019 年 8 月 30 日，在云计算综合标准化体系中，由全国信息安全标准化技术委员会云计算标准工作组归口管理的 12 项云计算国家标准获批正式发布，标准清单如下。

表 1.1　云计算已获批标准列表

序号	标准编号	标准名称	发布日期	实施日期
1	GB/T 37700—2019	信息技术 工业云 参考模型	2019-08-30	2020-03-01
2	GB/T 37724—2019	信息技术 工业云服务 能力通用要求	2019-08-30	2020-03-01
3	GB/T 37732—2019	信息技术 云计算 云存储系统服务接口功能	2019-08-30	2020-03-01
4	GB/T 37734—2019	信息技术 云计算 云服务采购指南	2019-08-30	2020-03-01
5	GB/T 37735—2019	信息技术 云计算 云服务计量指标	2019-08-30	2020-03-01
6	GB/T 37736—2019	信息技术 云计算 云资源监控通用要求	2019-08-30	2020-03-01
7	GB/T 37737—2019	信息技术 云计算 分布式块存储系统总体技术要求	2019-08-30	2020-03-01
8	GB/T 37938—2019	信息技术 云资源监控指标体系	2019-08-30	2020-03-01
9	GB/T 37738—2019	信息技术 云计算 云服务质量评价指标	2019-08-30	2020-03-01
10	GB/T 37739—2019	信息技术 云计算 平台即服务部署要求	2019-08-30	2020-03-01
11	GB/T 37740—2019	信息技术 云计算 云平台间应用和数据迁移指南	2019-08-30	2020-03-01
12	GB/T 37741—2019	信息技术 云计算 云服务交付要求	2019-08-30	2020-03-01

1.4　云计算的挑战

1.4.1　云计算安全性

云计算平台的安全问题由两方面构成。一是数据本身的保密性和安全性，因为云计算平台，特别是公共云计算平台的一个重要特征就是开放性，各种应用整合在一个平台上，对于数据泄露和数据完整性的担心都是云计算平台要解决的问题，这就需要从软件解决方案、应用规划角度进行合理而严谨的设计。二是数据平台上软硬件的安全性，如果由于软件错误或者硬件崩溃导致应用数据损失，都会降低云计算平台的效能，这就需要采用可靠的系统监控、灾难恢复机制以确保软硬件系统的安全运行。

1.4.2　管理云支出

RightScale 报告发现，对于一些组织或企业而言，管理云支出已经超越了安全性，成为云计算的首要挑战。如今，组织或企业更多了解云计算支出，部分原因是组织或企业对云计算资源的采用越来越多。然而，大多数研究显示云计算支出的30%以上最终被浪费，显然组织或企业还有很多工作要做。为避免超支，组织或企业必须认识到优化云计算支出是一个涉及人员、流程和技术的持续过程。

治理和管理云计算支出是周期性的。这是一个连续的过程，需要四个步骤的协调：规划、跟踪、优化、减少。

（1）规划云计算的支出

作为规划过程的一部分，检查组织企业目标并确定如何使用云计算资源来满足和支持它们。如果组织或企业不熟悉云计算，或者处在将工作负载从内部部署迁移到云计算的早期阶段，请对其当前的环境进行评估。此评估将帮助组织或企业确定哪些应用程序最适合云计算。在此阶段，组织或企业正在采取基于消费的方法，优先考虑能够从云计算技术灵活性和成本模式中获得最大收益的应用程序。此外，通过评估这种性质，组织或企业总会发现许多资源可以减少或摒弃，从而在将任何业务移动到云计算之前节省成本。了解云计算计划也可以清理和摒弃以前采购和未使用的资源，这一点很重要。

组织或企业会发现不用迁移的内容与迁移的内容同等重要，迁移到云计算之前的清理，将确保组织的资源在迁移到云计算之前得到优化。这是组织或企业评估资源健康状况的绝好机会。如果未使用，请退出软件资产，而不是转移到云端。如果资源没有得到充分利用，那么，在采取任何行动之前，需要将这些资源进行优化，而将问题转移到云端并不会使这些问题消失。如果评估云计算资源可行性的任务看起来很艰巨，那么不要担心，还有许多选择，包括让有信誉的第三方参与，通过评估组织或企业当前的本地部署的资产和迁移到云计算的可行性，可以指导其云计算之旅。

在规划阶段要考虑的另一个步骤是从实施第一天起就应该建立一种责任。在组织或企业采购和提供最佳配置时，为这些云计算资源集确定利益相关方，确定预算，并确保利益相关方在定期和主动的基础上获得有关其预算和支出的见解。这一步通常将合适的人员、流程和技术汇集在一起，用于编制预算并为云计算支出提供可操作的见解。市场上有很多解决方案可以提供这种可见性，其中，最好的解决方案将提供有关更低支出的见解。

这是一个多云世界，组织或企业可以根据需求使用最佳的云计算资源。云计算支出管理工具应提供一种用户体验，采用跨云的抽象层帮助其评估选项，发现并持续跟踪资源，将资源分组到各个业务部门，建立预算，并主动管理支出。

（2）跟踪云计算的使用情况

企业需要实施跟踪机制来监控云计算使用情况和支出，尤其是那些刚刚将本地工作负载转移到云端的企业。重要的是要认识到，资源利用不仅是重要的，也需要花费成本。技术和财务观点的正确结合对于长期成功至关重要。由于云计算利用“现收现付”模式，因此，企业应始终跟踪云计算使用情况。这些消费水平会随着云计算环境的扩展和缩减而频繁变化，最终对企业的月度账单产生巨大的影响。

在追踪云计算资源使用情况时，要具有主动性。在规划阶段，企业通过界定利益相关者和确定预算建立一种问责文化。当企业要让所有利益相关方知道所需要的预算，并向他们通报在预算上的花费时，跟踪预算支出是很重要的，其中，可以根据支出轨迹和历史趋势估计预期支出。云计算提供商提供的本地部署工具将提供洞察力，但如果组织或企业拥有多云环境，该怎么办？本地部署工具无法查看其他云计算提供商的资源，作为本土云计算提供商之上的抽象层的平台在这里非常重要，因为它可以让组织或企业持续管理和治理不同云计算提供商的预算和支出。这将使组织或企业能够回答重要的业务问题，例如“上个季度营销花费在基础设施上的费用是多少?”，而不仅仅是“我们去年在某个云平台上花了多少费用?”

（3）优化和减少云计算支出

优化和降低成本是携手并进的。在组织或企业拥有人员、流程和技术后，可以有效地优化资源。组织或企业已经计划好预算，并确定了利益相关者。还可以追踪支出，并主动向利益相关方通报其预算位置。一旦利益相关者获得了这种洞察力，就要确保他们正在使用这些信息来推进实施并优化资源。

利益相关者需要有一个挖掘利用率和配置信息的过程，以确定支出何时超出预算。根据利用率信息，主动采取措施在不再工作时关闭资源，关闭孤立的资源（未使用的测试/开发环境）或根据性能要求更改为更加优化的配置。

计划、跟踪、减少和优化是组织或企业需要具备的关键项目，以更好地治理和管理多云环境的预算和支出。由于软件支出占整个 IT 支出的近 20%，因此，不能低估其节省成本的机会。虽然面临的问题很大，但并不是绝对不能解决，只需要通过清晰流程和正确工具的正确组合持续监控。

1.4.3 缺乏资源/专业知识

尽管云计算在国内已经得到了广泛的宣传，并且已经出现了若干典型的用户和案例，但是企业和最终用户对云计算仍然缺乏了解和认识，特别是在具体的业务和应用上，云计算可以带来怎样的变革和收益，仍然是不够清晰的。在这种情况下，云计算真正落地成为成功应用会遇到很多困难。因此，抛开大量的理论和概念，在应用和业务角度进行市场推广和用户教育，才能使云计算具有可操作性。

1.4.4 云计算治理

云计算服务提供商的管理规范程度、对合同的履行情况、双方安全界面的划分及云计算服务提供商的连续服务能力将直接影响到企业用户应用和数据的安全性。

云计算服务提供商若对企业和个人用户登记核查不严，有可能给不怀好意的非法用户提供机会，从而危害企业用户数据安全。云计算服务提供商的内部人员，尤其是高级管理人员出现问题，也将会给企业数据安全带来巨大的隐患。

云计算服务提供商在对外服务的同时，自身也可以接受其他云计算服务提供商的服务，因而，企业和个人用户所接受的服务有可能间接涉及多个云计算服务提供商，这无疑增大了安全风险，给企业数据安全带来潜在威胁。在正常情况下，云计算服务提供商能够持续运营，不会破产倒闭，但是企业和用户也应该提高警惕，防止不安全情况出现，从而避免损失。

1.4.5 云计算合规性

在信息安全保障体系的建设中，法律环境的建设是必不可少的，云计算的虚拟性和国际性特点带来了很多法律问题。云计算应用具有地域性弱、信息流动性大的特点，信息服务和用户数据很可能分布在世界各国，各地政府在信息安全监管等方面可能存在法律差异，不同国家的司法体系有所不同，这就会给信息流动带来法律风险。

1.4.6 管理多云环境

管理多云环境时，面临比较大的挑战是其治理和合规性。每个云平台都配备了自己独特的管理和报告工具集，它们都能够收集大量的日志数据。这可能使汇总和理解全局变得颇具挑战性，这就要求组织或企业仔细检查信息以确定正确的行动方案。尽管自动化可以提供某种程度的帮助，但组织或企业还必须完全了解其自身的工作量和要求，以衡量并根据适当的指标采取行动。

无论是小型企业还是跨国公司，任何规模的公司都热衷于采用多云方法，不仅会在配置和管理方面遇到问题，而且在寻找和留住拥有适当技能的员工时也会遇到问题。尽管大多数核心概念在云计算提供商之间是相似的，但是拥有更深的知识和经验来了解每种服务是如何链接在一起的，才是成功的关键。

1.4.7　云计算迁移

云计算的一个重要特征就是会改变传统的应用交付方式，也改变传统的数据中心运营模式。这种变革，势必会带来一定程度的风险。这种风险包括硬件迁移风险和应用移植风险。

硬件迁移风险指的是，在传统数据中心中，硬件都相对独立，但是在云计算中心中，基于虚拟化的模式会导致硬件界限不再那么明显，而是以虚拟机的形式，在硬件设备间按照负载均衡和提高利用率的原则进行灵活迁移。这就对传统硬件的部署方式提出了挑战，如果缺乏系统的评估和科学的分析，就会导致硬件平台无法发挥出应有的效能，甚至导致应用系统的崩溃。

应用迁移风险指的是：原有应用如财务应用、ERP 应用、CRM 应用等，在传统数据中心中是部署在相对独立的硬件系统中的，包括存储也会存在一定的应用独立性。在新的云计算平台中，应用会部署到不同的硬件，甚至是操作系统上，实现应用的无缝迁移是保证计算成功的关键。如果在云计算平台上广泛采用虚拟化技术，又会涉及虚拟机迁移和操作系统的兼容性，这一方面的因素也会影响到应用的可用性。

1.4.8　供应商垄断

“超大规模 IaaS 提供商日益占据主导地位，为最终用户和其他市场参与者带来了巨大的机遇和挑战，” Gartner 研究总监 Sid Nag 表示，“虽然它可以提高效率和成本效益，但组织或企业需要谨慎对待 IaaS 提供商可能对客户和市场产生的影响。为了响应多云采用趋势，组织或企业将越来越多地要求以一种更简单的方法来跨云迁移工作负载。”

专家建议，在组织或企业采用特定云服务之前，要考虑在未来允许的情况下，将这些工作负载转移到另一个云是否容易。

1.4.9 多云环境技术不成熟

多云环境增加了IT团队面临的复杂性。为了克服这一挑战，专家们推荐了最佳实践，如作研究、培训员工、积极管理供应商关系及重新思考流程和工具。虽然在云中启动新应用程序是一个相当简单的过程，但将现有应用程序迁移到云计算环境要困难得多。研究发现，接受调查的62%的人说他们的云迁移项目比预期的更加困难。此外，64%的迁移项目花费的时间比预期的要长，55%的项目超出预算。

1.4.10 云计算整合

许多组织或企业，特别是那些拥有混合云环境的组织或企业，都报告了其公共云、内部部署工具和应用程序协同工作遇到的相关挑战。

同样，在有关云支出的Software One报告中，39%的受访者表示，连接旧系统是他们使用云时最大的担忧之一。

与本书中提到的其他挑战一样，这一挑战在短期内不可能消失。集成遗留系统和新的基于云的应用程序需要时间、技能和资源来连接，但许多组织发现云计算的好处超过了该技术的潜在缺点。

1.5 小结

近年来，中国云计算企业急速增加，在全球市场上占比逐渐扩大，全球前六名云厂商中，中国科技公司占比一半，中国云技术在计算能力、安全技术、数据库、Serverless等领域已实现世界领先。随着云计算的持续成熟，云计算在产业界的虹吸效应开始显现，并对软件架构、融合新技术、算力服务、管理模式、安全体系、数字化转型等带来了深刻变革。可以预见，随着中国的高速发展，中国的云计算市场终将成为世界第一，而中国云计算企业，也将为中国探索出一条云计算的破局之路。

本章对云计算进行了概况介绍。首先对云发展历史进行了简要介绍，接着介绍了云计算的基本特性，包括弹性服务、资源池化、按需计算、服务可计费和泛在接入，介绍了云计算的国际和国内标准，最后介绍了目前云计算面临的挑战。

参考文献

[1] BUYYA R,YEO C S,VENUGOPAL S,et al.Cloud computing and emerging IT platforms:vision,hype,and reality for delivering computing as the 5th utility[J].Future generation systems,2009,25:599.

[2] VAQUERO L M,RODERO-MERINO L,CACERES J,et al.A break in the clouds:towards a cloud definition[J].Acm sigcomm computer communication review,2008,39(1):51.

第 2 章　云计算的体系结构

2.1　云的体系结构

2.1.1　云计算体系结构

云计算的体系结构由五部分组成，分别为应用层、平台层、资源层、用户访问层和管理层。云计算的本质是通过网络提供服务，它的体系结构以服务为核心，如图 2.1 所示是云计算的体系结构。

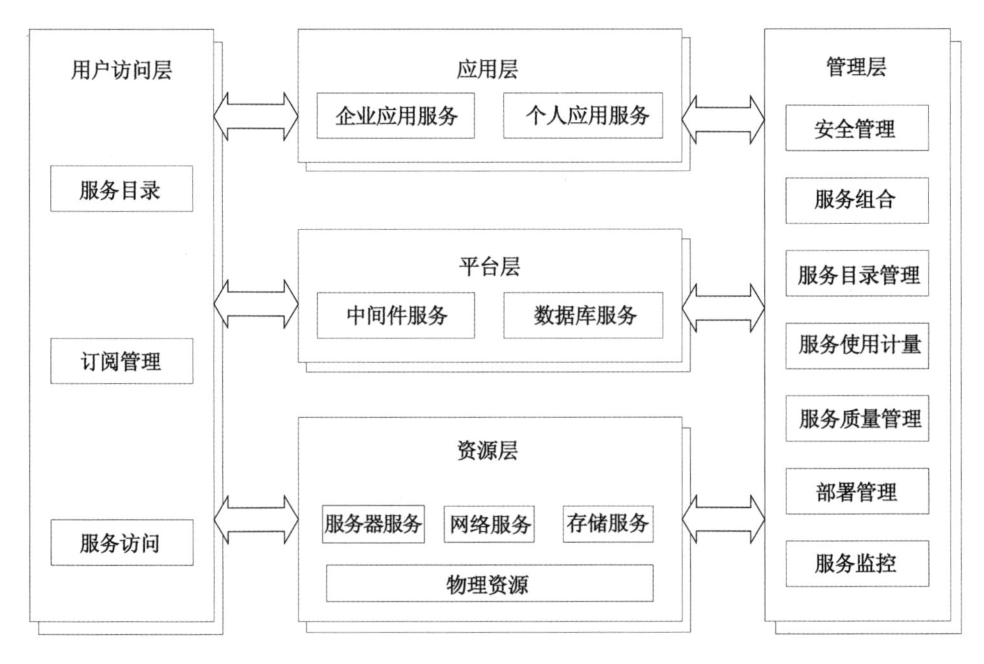

图 2.1　云计算的体系结构

资源层是指基础架构层面的云计算服务，这些服务可以提供虚拟化的资源，从而隐藏物理资源的复杂性。其中，物理资源指的是物理设备，如服务器等；服务器服务指的是操作系统的环境，如 Linux 集群等；网络服务指的是提供的网络处理能力，如防火墙、VLAN、负载等；存储服务为用户提供存储能力。

平台层为用户提供对资源层服务的封装，使用户可以构建自己的应用。其中，数据库服务提供可扩展的数据库处理的能力；中间件服务为用户提供可扩展的消息中间件或事务处理中间件等服务。

应用层提供软件服务。其中企业应用是指面向企业的用户的服务，如财务管理、客户关系管理、商业智能等；个人应用指面向个人用户的服务，如电子邮件、文本处理、个人信息存储等。

用户访问层提供方便用户使用云计算服务所需的各种支撑服务，针对每个层次的云计算服务都需要提供相应的访问接口。其中，服务目录是一个服务列表，用户可以从中选择需要使用的云计算服务；订阅管理是提供给用户的管理功能，用户可以查阅自己订阅的服务，或者终止订阅的服务；服务访问是针对每种层次的云计算服务提供的访问接口，针对资源层的访问可能是远程桌面或者 X Windows，针对应用层的访问，提供的接口可能是 Web。

管理层是提供对所有层次云计算服务的管理功能。其中，安全管理提供对服务的授权控制、用户认证审计和一致性检查等功能；服务组合提供对自己有云计算服务进行组合的功能，使得新的服务可以基于已有服务创建；服务目录管理服务提供服务目录和服务本身的管理功能，管理员可以增加新的服务，或者从服务目录中除去服务；服务使用计量对用户的使用情况进行统计，并以此为依据对用户进行计费；服务质量管理提供对服务的性能、可靠性、可扩展性的管理；部署管理提供对服务实例的自动化部署和配置，当用户通过订阅管理增加新的服务订阅后，部署管理模块自动为用户准备服务实例；服务监控提供对服务的健康状态的记录。

2.1.2　云计算流程结构

云计算平台连接了大量并发的网络计算和服务，以虚拟化技术包装计算和服务，通过商品化的模式进行运作，其简要流程如图 2.2 所示。

云用户端：提供云用户请求服务的交互界面，也是用户使用云的入口，用户通过浏览器可以注册、登录及定制服务、配置和管理用户，打开应用实例与

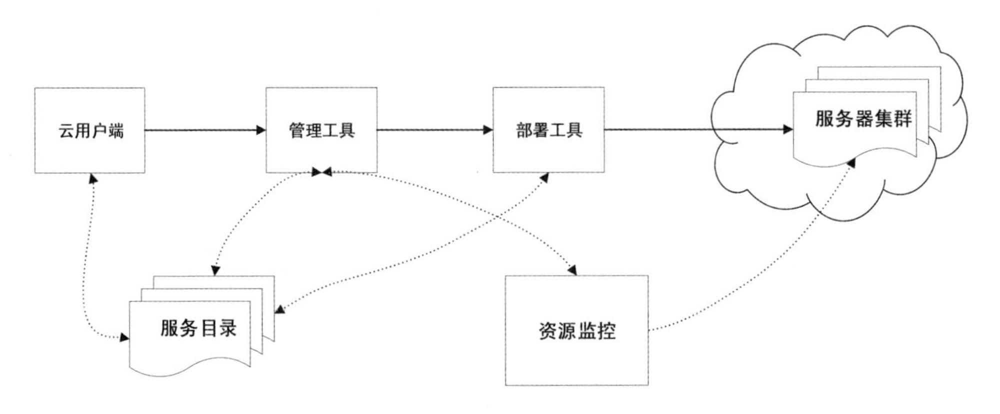

图 2.2　云计算流程结构

运行本地操作桌面系统一样。

服务目录：云用户在取得相应权限（付费或其他方式）后可以选择或定制的服务列表，也可以对已有服务进行退订的操作，在云用户端界面生成相应的图标或列表的形式展示相关的服务。

管理系统和部署工具：提供管理和服务，能管理云用户，能对用户授权、认证、登录进行管理，可以管理可用计算资源和服务，接收用户发送的请求，根据用户请求并转发到相应的程序，调度资源智能地部署资源和应用，动态地部署、配置和回收资源。

监控：监控和计量云系统资源的使用情况，以便做出迅速反应，完成节点同步配置、负载均衡配置和资源监控，确保资源能顺利分配给合适的用户。

服务器集群：虚拟的或物理的服务器，由管理系统管理，负责高并发量的用户请求处理、大运算量计算处理和用户应用服务，云数据存储时，使用相应数据切割算法，采用并行方式上传和下载大容量数据。

用户可通过云用户端从列表中选择所需的服务，其请求通过管理系统调度相应的资源，使用部署工具分发请求、配置应用。

2.1.3　云计算服务层次

在云计算中，根据其服务集合所提供的服务类型，整个云计算服务集合被划分成四个层次：应用层、平台层、基础设施层和虚拟化层。这个层次每一层都对应着一个子服务集合，云计算服务层次如图 2.3 所示。

云计算的服务层次是根据服务类型即服务集合来划分的，与大家熟悉的计算机网络体系结构中层次的划分不同。在计算机网络中每个层次都实现一定的

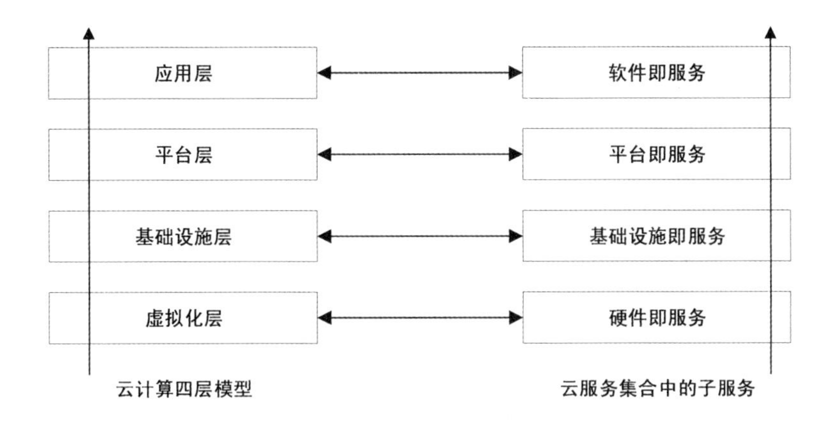

图 2.3　云计算服务层次

功能，层与层之间有一定关联。而云计算体系结构中的层次是可以分割的，即某一层可以单独完成一项用户的请求，不需要其他层次为其提供必要的服务和支持。

在云计算服务体系结构中各层次与相关云产品对应。应用层对应 SaaS 软件即服务，如 Google APPS、SoftWare+Services；平台层对应 PaaS 平台即服务，如 IBM IT Factory、Google APPEngine、Force.com；基础设施层对应 IaaS 基础设施即服务，如 Amazon Ec2、IBM Blue Cloud、Sun Grid；虚拟化层对应硬件即服务结合 PaaS 提供硬件服务，包括服务器集群及硬件检测等服务。

2.1.4　云计算技术层次

云计算的技术层次主要从系统属性和设计思想角度来说明云，是按硬件资源在云计算中充当的角色进行的说明。从云计算技术角度来分，云计算大体由四部分构成，即物理资源、虚拟化资源、中间件管理部分和服务接口，如图 2.4 所示。

服务接口：统一规定了在云计算时代使用计算机的各种规范、云计算服务的各种标准等，用户端与云端交互操作的入口，可以完成用户和服务注册、对服务的定制和使用。

服务管理中间件：在云计算技术中，中间件位于服务和服务器集群之间，提供管理和服务，是云计算体系结构中的管理系统。服务管理中间件对标识、认证、授权、目录、安全性等服务进行标准化和操作，为应用提供统一的标准化程序接口和协议，隐藏底层硬件、操作系统和网络的异构性，统一管理网络

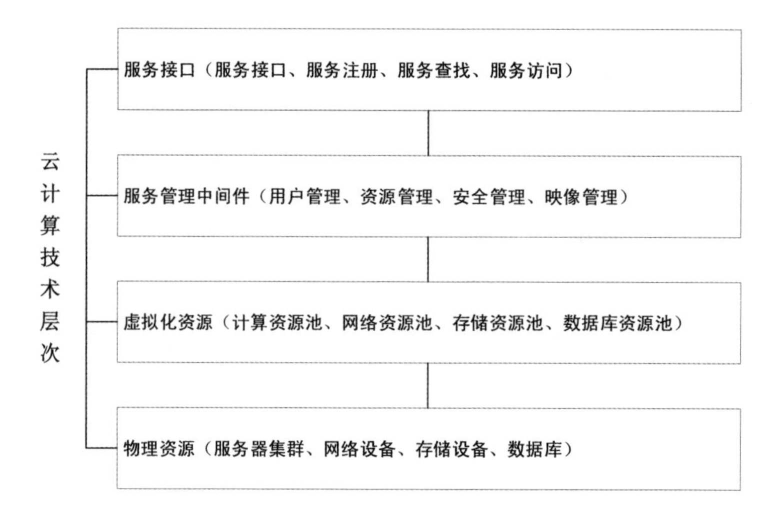

图 2.4　云计算技术层次

资源，其用户管理包括用户身份验证、用户许可、用户定制管理；资源管理包括负载均衡、资源监控、故障检测等；安全管理包括身份验证、访问授权、安全审计、综合防护等；映像管理包括映像创建、部署、管理等。

虚拟化资源：指一些可以实现一定操作、具有一定功能、但其本身是虚拟而不是真实的资源，如计算池、存储池和网络池、数据库资源等，通过软件技术来实现相关的虚拟化功能，包括虚拟环境、虚拟系统、虚拟平台。

物理资源：主要指能支持计算机正常运行的一些硬件设备及技术，可以是价格低廉的，也可以是价格昂贵的服务器及磁盘阵列等设备，可以通过现有网络技术和并行技术、分布式技术将分散的计算机组成一个能提供超强功能的集群，用于计算和存储等云计算操作。在云计算时代，本地计算机可能不再像传统计算机那样需要空间足够的硬盘、大功率的处理器和大容量的内存，只需要一些必要的硬件设备如网络设备和基本的输入和输出设备等。

2.2　云交付模型

美国国家标准与技术研究院（National Institute of Standards and Technology，NIST）归纳了三种云计算的交付模式，如图 2.5 所示。

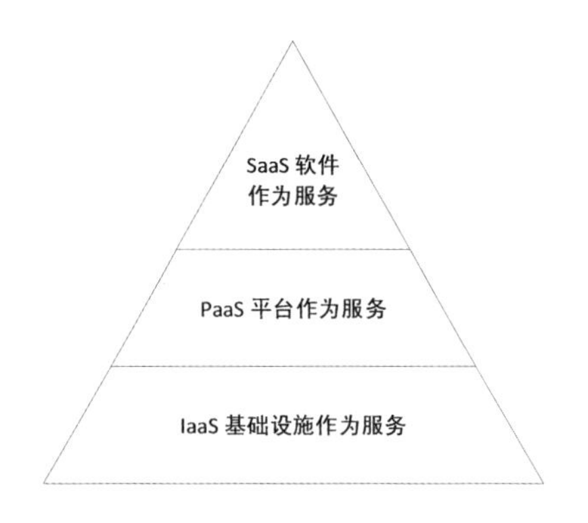

图 2.5　云计算三种支付方式

2.2.1　基础设施作为服务（IaaS）

基础设施即服务（Infrastructure-as-a-Service，IaaS），为用户提供计算、存储、网络和其他基础计算资源，即将硬件设备等基础资源封装成服务供用户使用。用户可以在上面部署和运行任意软件，包括操作系统和应用程序，用户不用管理和控制底层基础设施，但要控制操作系统、存储、部署应用程序和对网络组件（如主机防火墙）做有限的控制。

通过虚拟化技术，IaaS 服务商可以实现调配服务器资源，提高资源利用率并降低 IT 成本，达到集中管理和动态使用物理资源的目的。对于用户来说，采用 IaaS 服务，可以减少基础建设投资，根据自身需求随时扩充或者减少应用规模，按照实际使用量计费。IaaS 服务商的服务器规模通常都很大，是一种公共资源，理论上用户可以获得无限的计算能力和存储空间，而且应用和数据安全性也得到保障。常见的 IaaS 服务商有 Amazon、IBM、HP 等，国内以世纪互联等企业为代表。

IaaS 供应商需要在哪些方面对基础设施进行管理、给用户提供资源呢？或者说 IaaS 云有哪些功能？IaaS 需要具备以下七个基本功能。

• 资源抽象：使用资源抽象的方法（比如，资源池），能更好地调度和管理物理资源。

• 资源监控：通过对资源的监控，能够保证基础设施高效率的运行。

• 负载管理：通过负载管理，不仅能使部署在基础设施上的应用运能更好地应对突发情况，而且还能更好地利用系统资源。

• 数据管理：对云计算而言，数据的完整性、可靠性和可管理性是对 IaaS

的基本要求。

• 资源部署：将整个资源从创建到使用的流程自动化。

• 安全管理：主要目标是保证基础设施和其提供的资源能被合法地访问和使用。

• 计费管理：通过细致的计费管理能使用户更灵活地使用资源。

2.2.2 平台作为服务（PaaS）

平台即服务 PaaS（Platform-as-a-Service）是指把服务器平台或者开发环境作为一种服务提供的商业模式。PaaS 能给客户带来更高性能、更个性化的服务。实际上，PaaS 是 SaaS 模式的一种应用。PaaS 的出现加快了 SaaS 的发展，尤其是加快 SaaS 应用的开发速度。

PaaS 之所以能够推进 SaaS 的发展，主要在于它能够提供企业进行定制化研发的中间件平台，同时，涵盖数据库和应用服务器等。用户或者厂商基于 PaaS 平台可以快速开发自己所需要的应用和产品。同时，PaaS 平台开发的应用能更好地搭建基于 SOA 架构的企业应用。

PaaS 对于 SaaS 运营商来说，可以帮助其进行产品多元化和产品定制化。PaaS 厂商吸引软件开发商在 PaaS 平台上开发、运行并销售在线软件。使用 PaaS 开发平台，用户不再需要任何编程即可开发，包括 CRM、OA、HR、SCM 等企业管理软件，而且不需要使用其他软件开发工具，可以立即在线运行。

PaaS 的代表产品有 Google 的 Google Apps Engine、Salesforce 的 force.com 平台和八百客的 800APP。

为了支撑着整个 PaaS 平台的运行，供应商需要提供以下四大功能。

• 友好的开发环境：通过提供 SDK 和 IDE 等工具让用户能在本地方便地进行应用的开发和测试。

• 丰富的服务：PaaS 平台会以 API 的形式将各种各样的服务提供给上层的应用。

• 自动的资源调度：也就是可伸缩的特性，它不仅能优化系统资源，而且能自动调整资源来帮助运行于其上的应用更好地应对突发流量。

• 精细的管理和监控：通过 PaaS 能够提供应用层的管理和监控，比如，能够观察应用运行的情况和具体数值（比如，吞吐量和反映时间）来更好地衡量应用的运行状态，还能够通过精确计量应用所消耗的资源来更好地计费。

2.2.3　软件作为服务（SaaS）

软件即服务 SaaS（Software-as-a-service）是基于互联网提供软件服务的软件应用模式。SaaS 提供商为企业搭建信息化所需要的所有网络基础设施及软件、硬件运行平台，并负责所有前期的实施、后期的维护等一系列服务，企业无需购买软硬件、建设机房、招聘 IT 人员，企业通过互联网使用信息系统。就像购买水、电等公共资源一样，企业根据实际需要，从 SaaS 提供商按需租赁软件服务。

SaaS 是一种软件布局模型，其应用专为网络交付而设计，便于用户通过互联网托管、部署及接入。SaaS 应用软件的价格通常为“全包”费用，囊括了通常的应用软件许可证费、软件维护费及技术支持费，将其统一为每个用户的月度租用费。对于广大中小型企业来说，SaaS 是采用先进技术实施信息化的最好途径。

SaaS 正在深入地细化和发展，最典型的应用 CRM、ERP、eHR、SCM 等系统也逐渐开始 SaaS 化。目前的典型 SaaS 厂商有美国的 Salesforce、WebEx Communication、Digital Insight 等，国内厂商有用友、中企开源、OLERP、Xtools、八百客等。

SaaS 服务供应商需要提供的功能主要有以下四个方面。

- 随时随地访问：在任何时候或者任何地点，只要接上网络，用户就能访问 SaaS 这个服务。
- 支持公开协议：支持公开协议（比如 HTML4/5），方便用户使用。
- 安全保障：SaaS 供应商需要提供一定的安全机制，不仅要使存储在云端的用户数据绝对安全，而且也要在客户端实施一定的安全机制（比如 HTTPS）来保护用户。
- 多租户（Multi-Tenant）机制：通过多租户机制，不仅能更经济地支撑庞大的用户规模，而且能提供一定的可定制性，以满足用户的特殊需求。

2.2.4　云交付模型比较

当我们试图从抽象角度来理解服务交付模型之间的差异和权衡时，了解不同的云分类非常重要。如图 2.6 所示，云提供商可能会提供跨越多个模型的交付模型。基础设施（IaaS）在最下端，平台（PaaS）在中间，软件（SaaS）

在顶端。别的一些“软”的层可以在这些层上面添加。

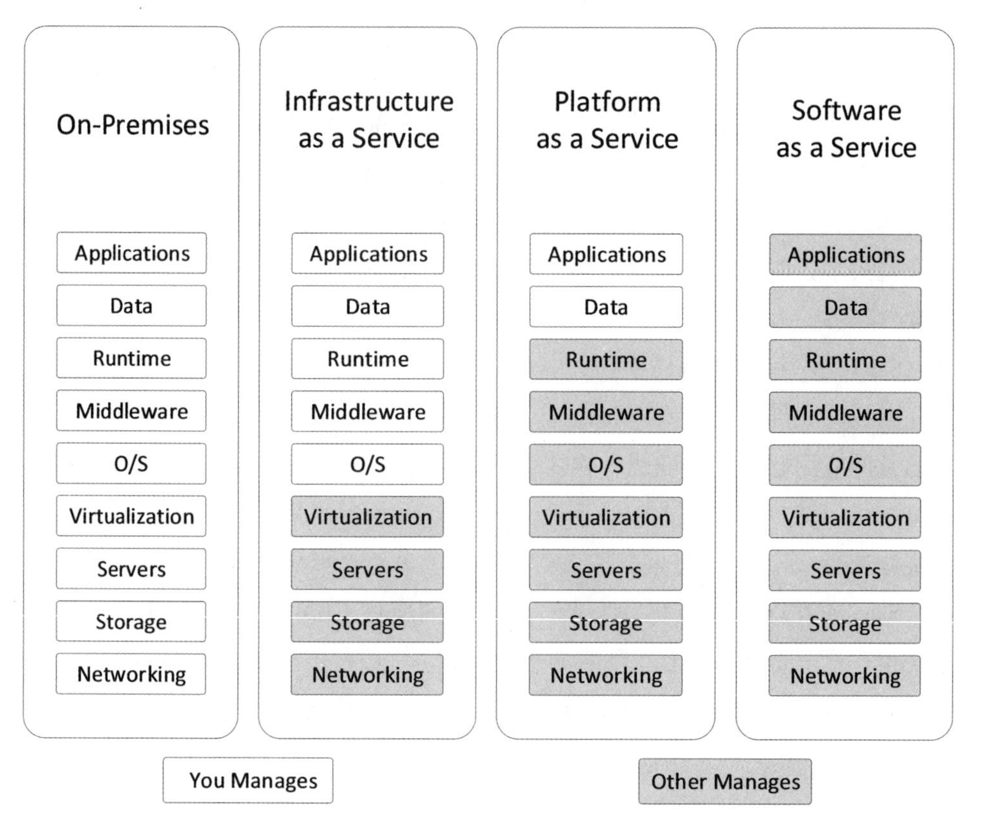

图 2.6　云交付模型图

• 基础架构即服务（IaaS）。在 IaaS 层，资源可作为服务提供、费用因消费而异、服务高度可扩展、通常在单个硬件上包括多个用户、为组织提供对基础架构的完全控制、动态灵活。IaaS 是最灵活的云计算模型，轻松实现存储、网络、服务器和处理能力的自动部署，用户可以根据消耗量购买硬件，客户能够完全控制其基础架构，并且可以根据需要购买资源，扩展它的高度。

与 SaaS 和 PaaS 一样，有些特定场景使用 IaaS 是最好的。如果用户是初创公司或小公司，IaaS 是一个很好的选择，因此，用户不必花费时间或金钱来创建硬件和软件。有些大型组织希望完全控制其应用程序和基础架构，同时，又想仅购买实际消耗或需要的硬件，IaaS 对他们也是有益的。对于快速发展的公司而言，IaaS 可能是一个不错的选择，因为用户不必在需求变化和发展时承诺使用特定的硬件或软件。如果用户不确定新应用程序需要什么，这也会有所帮助，因为可以根据需要进行扩展或缩小。

• 平台即服务（PaaS）。PaaS 具有许多将其定义为云服务的特征，如虚拟化技术。随着业务的变化，资源可以轻松扩展或缩小。它提供各种服务以协助开发、测试和部署应用程序，许多用户可以访问同一个开发应用程序，Web 服务和数据库是集成的。PaaS 使应用程序的开发和部署变得简单、经济高效、可扩展、高度可用，使开发人员能够创建自定义应用程序，而无需维护软件，大大减少了编码量，并通过自动化业务策略，允许轻松迁移到混合模型。

在许多情况下，使用 PaaS 是有益的甚至是必要的。如果有多个开发人员在同一个开发项目上工作，或者必须包含其他供应商，PaaS 可以为整个过程提供极大的速度和灵活性。如果用户希望能够创建自己的自定义应用程序，PaaS 也是有益的。云服务还可以大大降低成本，并且可以简化用户在快速开发或部署应用程序的过程。

• 软件即服务（SaaS）。供应商借助 SaaS 提供了应用程序，并使用户从所有基础组件中抽象出来。SaaS 在统一的地方管理，托管在远程服务器上，可以通过互联网访问、用户不用考虑硬件或软件更新，大大减少安装、管理和升级软件等烦琐任务所花费的时间和金钱，为员工和公司提供了很多方便，这让技术人员可以花更多时间来处理组织内更紧迫的事情和问题。

如果组织或企业是一家初创公司或小公司，需要快速启动电子商务，没有时间处理服务器问题或软件；或者需要协作的短期项目；或者需要通过 Web 和移动访问应用程序，这一应用程序又不是常用的，例如税务软件，SaaS 是非常便捷的一种服务方式。

2.2.5　云交付模型组合

云交付模型之间的关系主要可以从两个角度进行分析：其一是用户体验角度，从这个角度而言，不同云交付模型之间的关系是独立的，因为它们面对不同类型的用户；其二是技术角度，从这个角度而言，它们并不是简单的继承关系（SaaS 基于 PaaS，而 PaaS 基于 IaaS），首先 SaaS 可以是基于 PaaS 或者直接部署于 IaaS 之上，其次 PaaS 可以构建于 IaaS 之上，也可以直接构建在物理资源之上。这三个基本的云交付模型包括自然的供应层次结构，从而为探索模型的组合应用提供了机会。接下来的部分将简要介绍与两种常见组合有关的注意事项。

（1）IaaS+PaaS

PaaS 环境将建立在与 IaaS 环境中提供的物理和虚拟服务器及其他 IT 资源相当的基础架构上。图 2.7 显示了如何在概念上将这两个模型组合成一个简单的分层体系结构。

云提供商通常不需要从自己的云中提供 IaaS 环境即可向云消费者提供 PaaS 环境，那么，图 2.7 提供的体系结构视图将如何有用或适用？假设提供 PaaS 环境的云提供商选择从其他云提供商租用 IaaS 环境。

这种安排的动机可能是出于经济原因，或者可能是因为第一云提供商通过为其他云消费者提供服务而接近超出其现有能力。或者，也许特定的云消费者对将数据物理存储在特定区域（不同于第一云提供商的云所在的位置）提出了法律要求，如图 2.8 所示，其中 Cloud Provider X 提供的服务物理上托管在属于 Cloud Provider Y 的虚拟服务器上。物理上保留了留在特定区域的法律要求的敏感数据在物理上位于该区域的云 B 中。

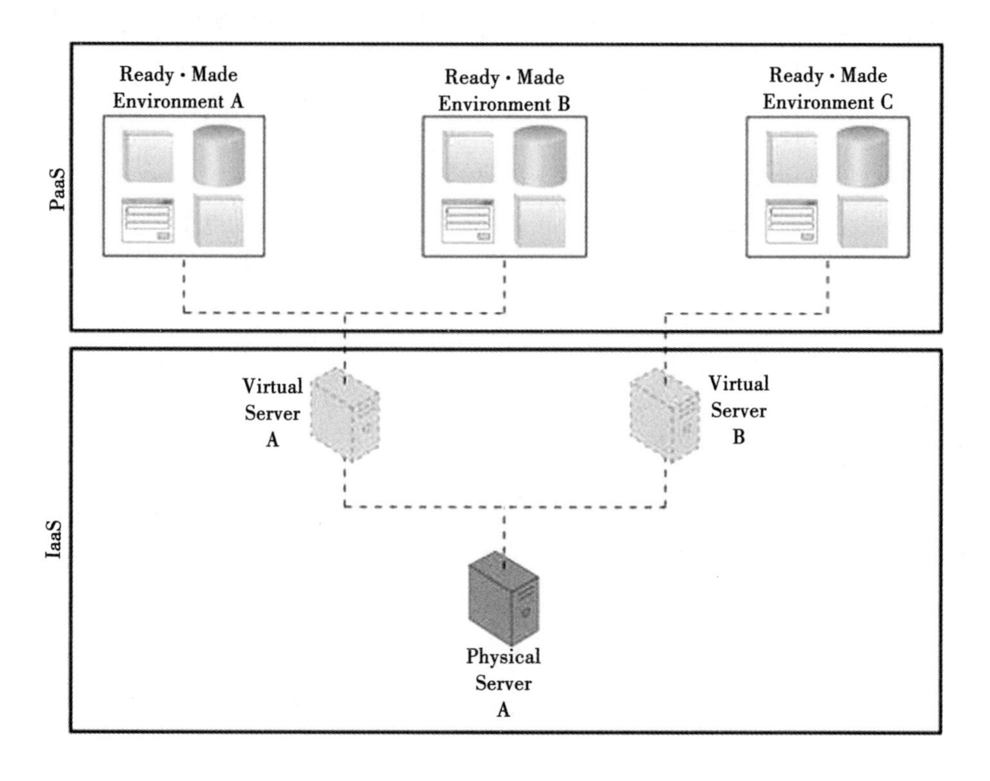

图 2.7 基于底层 IaaS 环境提供的 IT 资源的 PaaS 环境

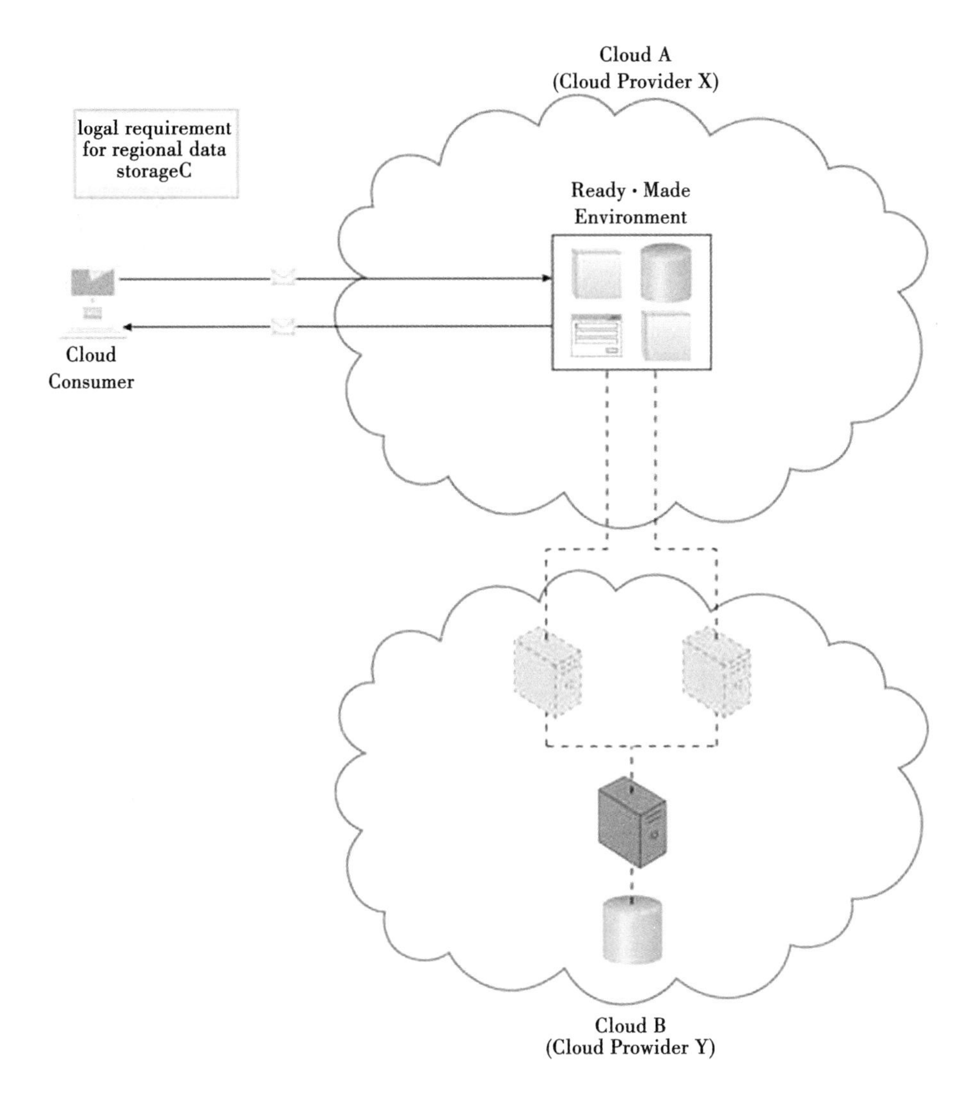

图 2.8　Cloud Provider X 和 Y 之间的合同示例

（2）IaaS+PaaS+SaaS

可以将所有三种云交付模型结合起来，以建立相互构建的 IT 资源层。例如，通过添加前面的分层体系结构，云消费者组织可以使用 PaaS 环境提供的现有环境来开发和部署自己的 SaaS 云服务，可以将其用作商业产品，具体结构如图 2.9 所示。

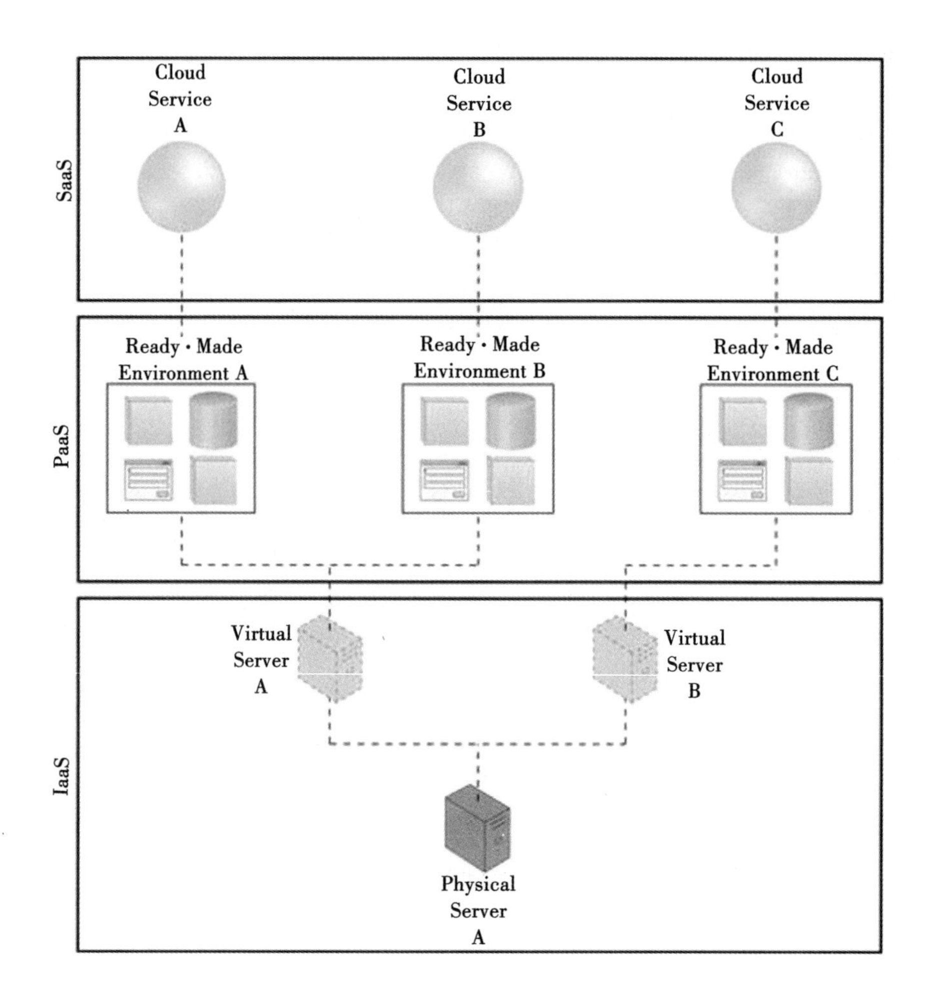

图 2.9 由包含三个 SaaS 云服务实现的 IaaS 和 PaaS 环境组成的架构的简单分层视图

2.3 云部署模型

云计算将计算作为一种服务交付给用户而不是一种产品，在这种服务中，计算资源、软件和信息如同日常的水、电一样通过互联网交付给计算机和其他的计算媒介。按照云计算的部署模式，云可以分为四种，分别是私有云、社区云、公有云和混合云。私有云由单一组织独占使用；社区云是由一个特定社区独占使用，该社区由具有共同关切（如使命、安全要求、政策等）的多个组织组成；公有云由公众开放使用；混合云则是前述的两种以上模式的混合。

2.3.1 公有云

公有云是面向大众提供计算资源的服务。由商业机构、学术机构或政府机构拥有、管理和运营，公有云在服务提供商的场所内部署。用户通过互联网使用云服务，根据使用情况或通过订购的方式付费。对于需要快速获得计算资源而无需支付大额先期费用的企业来讲，公有云是一种理想的选择。借助公有云，企业可以通过公共互联网向云服务提供商购买虚拟化的计算、存储、网络服务。这有助于企业加快上市时间、快速扩展、获得敏捷性，从而快速尝试新的应用程序及服务。

公有云的优势是成本低、扩展性非常好，能够以低廉的价格提供有吸引力的服务给最终用户，创造新的业务价值。公有云作为一个支撑平台，还能够整合上游的服务（如增值业务、广告）提供者和下游最终用户，打造新的价值链和生态系统。它使客户能够访问和共享基本的计算机基础设施，其中包括硬件、存储和带宽等资源。公有云具有高可伸缩性/敏捷性，无需购买新的服务器即可缩放，即用即付定价，只需为使用的资源付费，无需支付 CapEx 费用，不负责维护或更新硬件，设置和使用所需的技术知识非常少，可以利用云提供商的技能和专业知识来确保工作负荷的安全性和高可用性。常见用例场景是在云提供商拥有的硬件和资源上部署 Web 应用或博客站点，通过在此方案中使用公有云，云用户可以快速创建网站或博客，专注于维护网站，而无需担心购买、管理或维护其运行的硬件的问题。

公有云的缺点是对云端的资源缺乏控制，有着保密数据的安全性、网络性能和匹配性问题，通常不能满足许多安全法规遵从性要求，因为不同的服务器驻留在多个国家，并具有各种安全法规。而且，网络问题可能发生在在线流量峰值期间。虽然公共云模型提供按需付费的定价方式，它通常具有成本低的特点，但在移动大量数据时，其费用会迅速增加。使用公有云可能无法满足特定的安全要求，也可能无法满足政府政策、行业标准或法律要求，不拥有硬件或服务，也无法按照个人意愿管理它们，很难满足某些独特的业务需求，例如必须维护旧版应用程序。

公有云主要分为以下三类：①免费向用户开放并通过广告支撑的服务，众所周知的就是搜索引擎和电子邮件服务。这些服务可能只限个人或非商业用途使用，且可能将用户的注册和使用信息与从其他来源获取的信息结合起来，向用户发送个性化广告。此外，这些服务可能不具备通信加密等保护措施。②需付费的服务。此类服务与第一类服务相似，但可以用低成本的方式为客户提供服务，因为服务提供条款都是没有商量余地的，且只能由云服务商单方面进行修改。此类服务的保护机制要超出第一类服务，且可由客户进行配置。③需付费且服务条款可由客户和云服务商进行协商的云计算服务。图 2. 10 描述了公有云场景，所有客户均能访问任何可用的云基础设施。

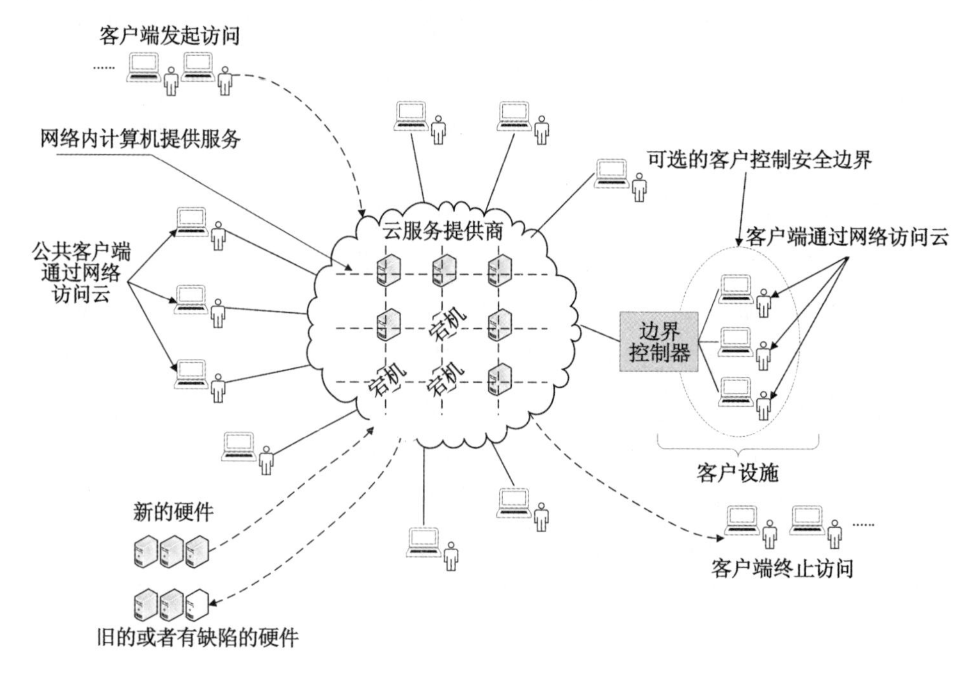

图 2. 10　公有云场景

2. 3. 2　社区云

社区云（Community Cloud）是由几个组织共享的云端基础设施，它们支持特定的社群，有共同的关注事项，例如使命任务、安全需求、策略与法规遵循考量等。管理者可能是组织本身，也能是第三方；管理位置可能在组织内部，也可能在组织外部。因此，在社区云的环境下，要跨机构地管理用户，在统一身份认证和各个机构的自主性之间达成良好的平衡，做到既方便用户使用，又能在良好的授权控制前提下实现资源的高效利用。

社区云是多机构的联合，在使用 A 机构的资源时，对用户的授权则是在 B 机构的身份管理系统中实现，这其中的代理关系是社区云模式下的一类基本场景，需要得到很好的解决。代理授权的解决方案中涉及一些开放标准，采用的是 OAuth2，它可以支持多类应用，包括 Web、桌面和无线客户端等，并且简单方便。

认证联盟的建立是为了实现跨系统、跨机构及多个云应用之间的协作，从身份管理角度涉及两个核心概念：身份标识的提供者（Identity Provider，IdP）和服务提供者（Service Provider，SP）。科技云的应用服务如团队文档库、学术会议平台、科研主页，以及很多研究所的信息化服务等，都是服务提供者。当多个身份标识服务达成一致的约定，并同时支持应用服务，就构成了认证联盟。这方面的技术也已经有基本成熟的技术标准，通过认证联盟建立统一的身份管理服务，对于推进社区云、推进不同机构之间的合作具有关键性的作用。

社区云的特点是云基础设施由若干特定的客户共享。这些客户具有共同的特性（如任务、安全需求和策略等）。与私有云类似，社区云的云基础设施的建立、管理和运营既可以由一个客户或多个客户实施，也可以由其他组织或机构实施。

图 2.11 描述了场内社区云的部署场景，每个参与组织或机构可以提供云服务、使用云服务，或既提供云服务也使用云服务，但至少有一个社区云成员提供云服务。提供云计算服务的各个成员分别控制了一个云基础设施的安全边界和云计算服务的安全边界。使用社区云的客户可以在接入端建立一个安全边界。

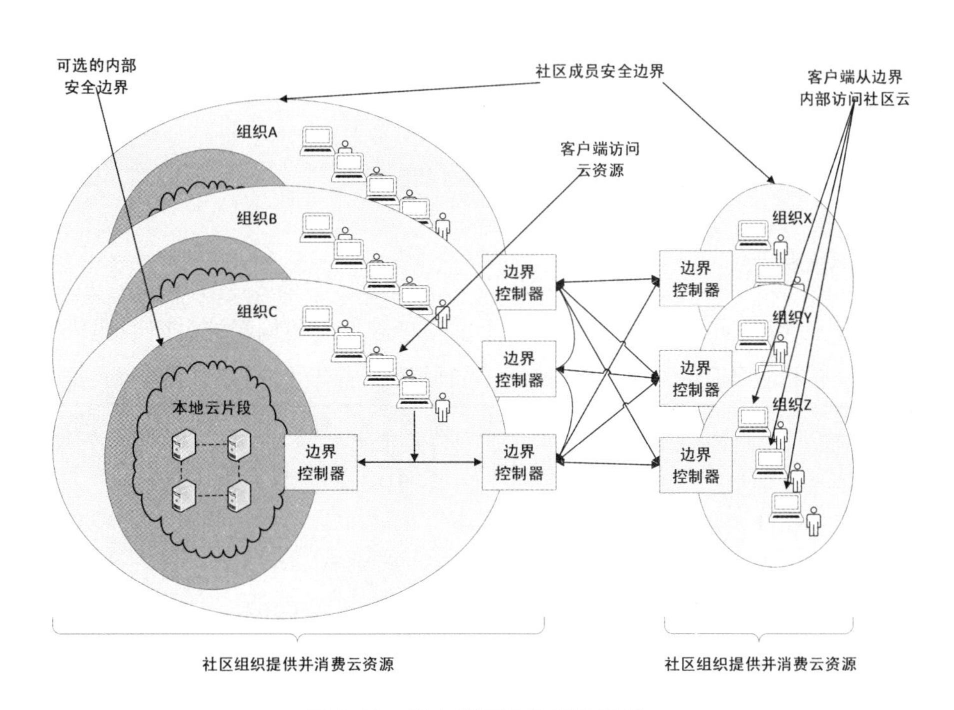

图 2.11　场内社区云的部署场景

图 2. 12 描述的场外社区云由一系列参与组织（包括云服务商和客户）构成，该场景与场外私有云类似：服务端的责任由云服务商管理，云服务商实现了安全边界，防止社区云资源与其他供应商安全边界以外的云资源混合。与场外私有云相比，一个明显的不同之处在于云服务商可能需要在参与组织之间实施恰当的共享策略。

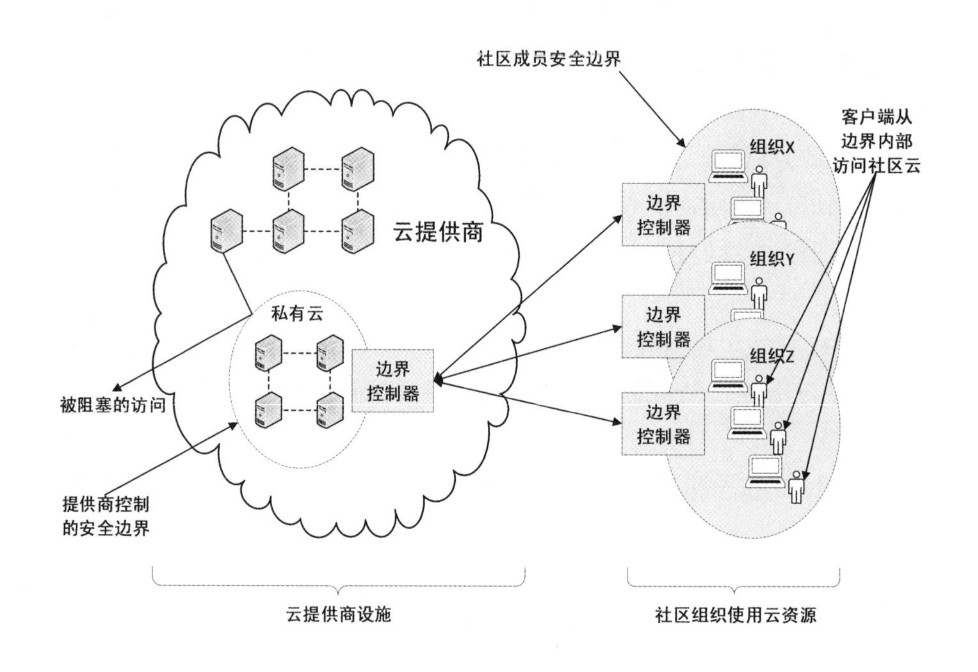

图 2. 12　场外社区云

2. 3. 3　私有云

私有云（Private Clouds）是为一个客户单独使用而构建的，因而提供对数据、安全性和服务质量的最有效控制。如果想要最有效地控制资源和数据，并且希望有长期成本效率最高的解决方案，那么，私有云很可能是用户的最佳选择，私有云的托管方是自己的数据中心，并由自己的 IT 团队维护。由于自己购买和安装硬件，这就涉及了大量的资本支出，而且需要持续投入管理和运营成本，能以较少的实际硬件来交付更多的计算能力。在私有云上运行工作负载，总体拥有成本（TCO）会有所降低。它还能支持无法转至公有云的遗留应用程序。私有云可部署在企业数据中心的防火墙内，也可以将它们部署在一个安全的主机托管场所。私有云极大地保障了安全问题，目前有些企业已经开始构建自己的私有云。

私有云提供了更高的安全性，因为单个公司是唯一可以访问它的指定实体，这也使组织更容易订制其资源以满足特定的 IT 要求，但是私有云的安装成本很高。此外，企业仅限于合同中规定的云计算基础设施资源。私有云的高度安全性可能会使得从远程位置访问也变得很困难。私有云可按需提供数据可用性，并确保可靠性和对关键任务工作负载的支持。由于能够控制资源的使用方式，可以根据不断变化的工作负载需求快速做出响应。

在私有云模式中，云平台的资源为包含多个用户的单一组织专用。私有云可由该组织、第三方或两者联合拥有、管理和运营。私有云的部署场所可以是在机构内部，也可以在外部。下面是私有云的两种实现形式。

• 内部（on-premise）私有云：也被称为内部云，由组织在自己的数据中心内构建，如图 2. 13 所示。为有效控制云基础设施，客户可以控制云基础设施的安全访问边界。边界内的客户可以直接访问，边界外的客户只能通过边界控制器访问云基础设施。该形式在规模和资源可扩展性上有局限，但是却有利于标准化云服务管理流程，具有安全性。组织依然要为物理资源承担资金成本和维护成本。这种方式适合那些需要对应用、平台配置和安全机制完全控制的机构。

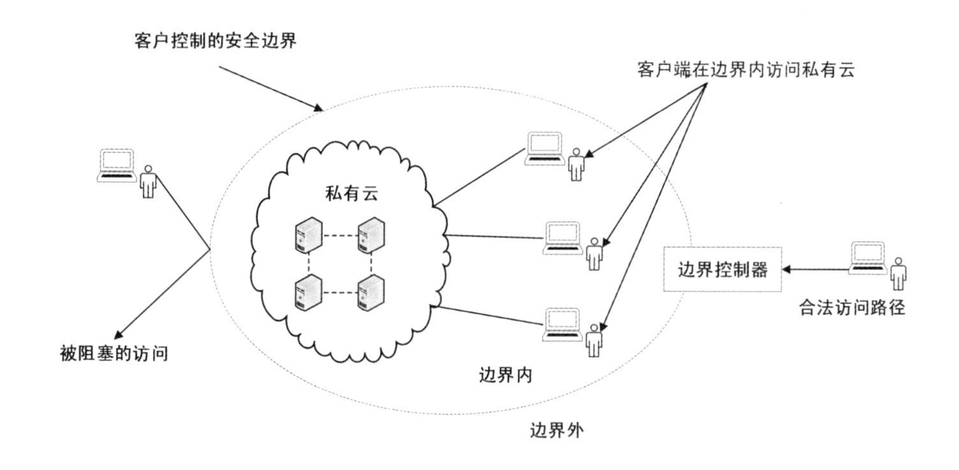

图 2. 13　场内私有云

• 外部（off-premise）私有云：这种私有云部署在组织外部，由第三方机构负责管理。第三方为该组织提供专用的云环境，并保证隐私和机密性。场外私有云具有两个安全边界，一个安全边界由云客户实现，另一个安全边界由云服务商实现。云服务商控制访问客户所使用的云基础设施的安全边界，客户控制客户端的安全边界。两个安全边界通过一条受保护的链路互联。场外私有云的数据和处理过程的安全依赖于两个安全边界及边界之间的链接的强度和可用性。该方案相对内部私有云成本更低，也更便于扩展业务规模。

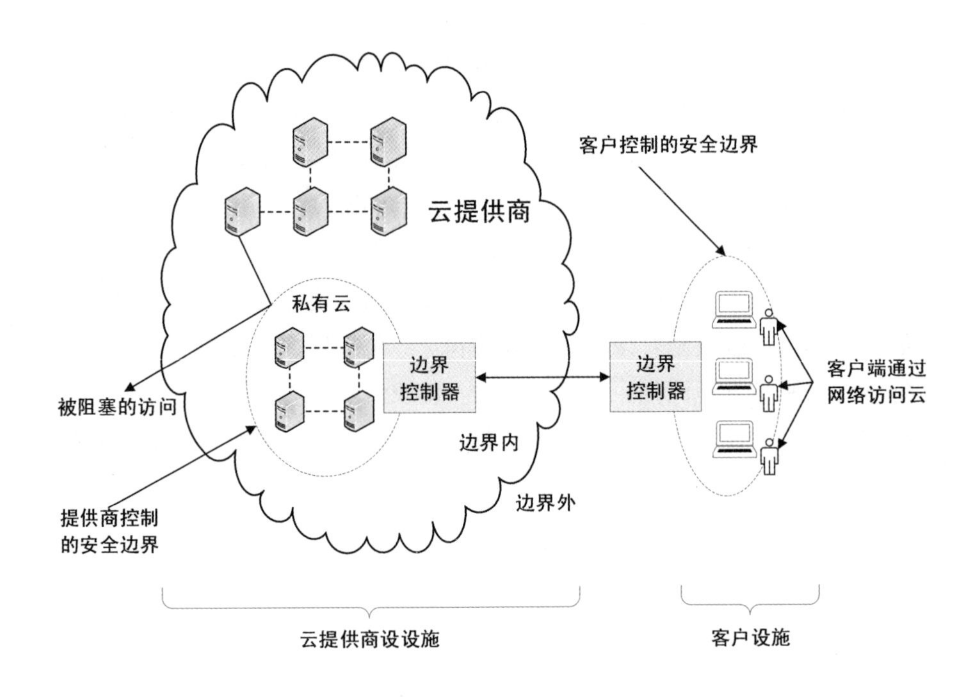

图 2.14　场外私有云

2.3.4　混合云

混合云，多指的是“云融合”，这在企业用户当中越来越普及。私有云与公共云紧密集成在一起时就形成了混合云，使 IT 有更多的灵活性，可以选择将应用放在哪里运行，在成本和安全性之间进行平衡。之所以出现这种融合，其中一个原因是私有云的成本逐渐降低并越来越灵活，同时公共云越来越安全、透明。

混合云的特点是云基础设施由两种或者两种以上相对独立的云（私有云、公有云或社区云）组成，并用某种标准或者专用技术绑定在一起，这使数据和应用具有可移植性。因为混合云由两个或多个云（私有云、社区云或公有云）组成，所以，会比其他的部署模型更为复杂。每个成员依然是独立的个体，通过标准技术或专有技术与其他成员绑定，从而实现应用和数据在成员间的可移植性。

混合云可使所有系统继续运行并保持可访问性，即使所用的操作系统或硬件已过时，它可以灵活地在本地运行，而不是在云中运行，用户可以利用公有云提供商提供的规模效益，获得服务和资源（如果较便宜）。或对自己的现有设备进行补充（如果服务和资源不是较便宜）。如果需要完全控制环境，可以使用自己的设备来满足安全性、合规性或旧版方案要求；也可能比选择一个部署模型更昂贵，因为它涉及一些前期的 CapEx 成本，设置和管理可能会更复杂。

目前，不同云端工作负载的可移植性仍然存在很多问题。例如，数据延迟问题意味着大多数组织仍在运行一种模式，在该模式中，针对特定工作负载的所有业务逻辑和数据都位于单一的云端。当组织可以完全控制私有云，但对各种公共云工作负载的控制能力不足时，很难保持高度响应和可用的服务。

真正的混合云计算部署需要适当的连接、管理和支持新兴技术，下面对这些新型技术进行介绍。

（1）混合云连接

企业在开始采用混合云部署之前，需要关注支持与本地部署的数据中心进行高性能互联的公共云提供商提供的服务。AWS Direct Connect，Microsoft Azure ExpressRoute 和 Google Cloud Interconnect 都提供这些服务，但不能直接连接到私有数据中心。他们的服务终止于指定的网络接入点（POPs），各组织必须依靠租用线路或其他 WAN 连接到他们的私有设施，使用 802. 1Q 虚拟局域网或多协议标签交换链路来确保高水平的可用性和性能，主要功能应包括工作负载调配，并确定任何问题的根本原因。

有些托管服务提供商拥有网络接入点（POPs），因此，组织可以将这些私有云放置在这些设施中，以避免这些额外的步骤。其他托管服务提供商提供了自己的连接和公共云提供商连接的组合。他们还可以向客户提供在其自有设施内托管的公共云服务提供商所提供的服务。

（2）混合云管理

企业还需要实施全面的混合云管理，无论工作人员身在何处，都必须能够监控和控制工作负载。其关键功能应包括工作负载调配（通常通过使用 Docker 或 LXD 等容器），并确定任何问题的根本原因。在这些工作负载的生命周期管理中，具备关闭它们并根据需要恢复资源和许可证的能力，这是另一个重要特征。

（3）混合云和微服务

企业应该寻找更先进的技术，例如使用微服务目录的能力和即时协商技术合同。迄今为止，对这种方法提供帮助的标准很少，但是对于混合云计算部署，必须是松散的耦合规则。

目前，绝大多数微服务耦合本质上是硬编码的，调用服务 A 就可以知道响应服务 B 的位置，并且相应地编码和交互。在将来，只要满足一组技术和业务策略（如每个时间单元的交易和每次使用的成本），调用服务就能够请求和利用任何响应服务，无论是在私有云中还是公共云中。

2.4 小结

中国在网络连接技术高速发展的背景下，正在形成一个以云为核心的新型计算体系结构，我国各行业云进程不断加快，用户对云网融合的需求日益增加。云计算已经从基础设施云化、架构云原生化，走向第三个阶段，即云网端融合的新体系架构阶段。随着中国云网端技术的进一步融合，无论是企业还是个人，计算都进一步向云上迁移。

本章对云计算的体系结构进行了介绍。首先从云计算体系结构、服务层次和技术层次对云的体系结构进行了介绍，接着介绍了云的三种交付模型，并做了对比，最后介绍了公有云、社区云、私有云和混合云这四类云部署模型。

第 3 章　虚拟化技术

3.1　虚拟化技术概述

虚拟化是一种资源管理技术，它将计算机的各种实体资源（CPU、内存、磁盘空间、网络适配器等）进行抽象、转换以后，呈现出来，并可供分区、组合为一个或多个计算机配置环境。这些资源的新虚拟部分不受现有资源的架设方式、地域或物理配置所限制。一般所指的虚拟化资源包括计算能力和数据存储。其虚拟化层次如图 3.1 所示。

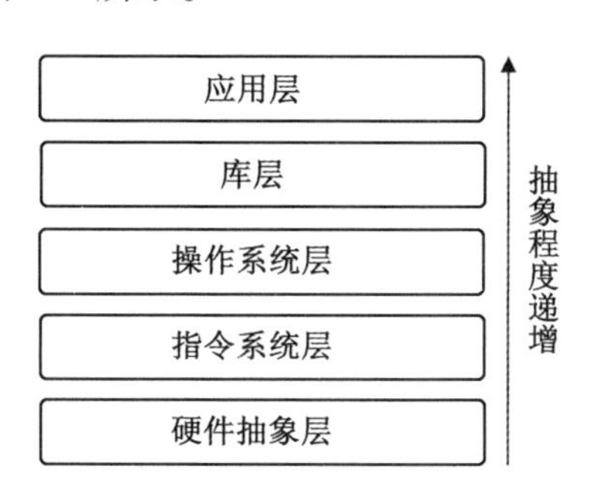

图 3.1　虚拟化层次图

最底层的虚拟化是硬件支持的虚拟化，如 Intel 虚拟化技术（VT-x）和 AMD 的 AMD-V，上有操作系统级别的虚拟化，如 KVM、ESXI 等，最上层的还有应用虚拟化，如 JVM。

云计算的核心技术之一就是虚拟化技术。云计算虚拟化是指通过虚拟化技术将一台计算机虚拟为多台逻辑计算机。在一台计算机上同时运行多个逻辑计算机，每个逻辑计算机可运行不同的操作系统，并且应用程序都可以在相互独立的空间内运行而互不影响，从而显著提高计算机的工作效率。

虚拟化使用软件的方法重新定义划分 IT 资源，可以实现 IT 资源的动态分配、灵活调度、跨域共享，提高 IT 资源利用率，使 IT 资源能够真正成为社会基础设施，服务于各行各业中灵活多变的应用需求。

3.1.1 虚拟化方式

虚拟化技术有很多实现方式，比如根据虚拟化的程度和级别，有软件虚拟化和硬件虚拟化、全虚拟化和半虚拟化。

（1）软件虚拟化

软件虚拟化就是采用纯软件的方法在现有的物理平台上实现物理平台访问的截获和模拟，该物理平台往往不支持硬件虚拟化。

常见的软件虚拟化技术 QEMU，通过纯软件来仿真 X86 平台处理器的指令，然后解码和执行。该过程并不在物理平台上直接执行，而是通过软件模拟实现，因此，往往性能比较差，但是可以在同一平台上模拟出不同架构平台的虚拟机。

VMware 则采用了动态二进制翻译技术。VMM 在可控的范围内，允许客户机的指令在可控的范围内直接运行。客户机指令在运行前会被 VMM 扫描，其中突破 VMM 限制的指令被动态替换为可以在物理平台上直接运行的安全指令，或者替换为对 VMM 的软件调用。因此其性能比 QEMU 有大幅提升，但是失去了跨平台虚拟化的能力。

（2）硬件虚拟化

硬件虚拟化就是物理平台本身提供了对特殊指令的截获和重定向的硬件支持，新的硬件会提供额外的资源来帮助软件实现对关键硬件资源的虚拟化，从而提升性能。

比如 X86 平台，CPU 带有特别优化过的指令集来控制虚拟过程，通过这些指令集，VMM 会将客户机置于一种受限模式下运行，一旦客户机试图访问硬件资源，硬件会暂停客户机的运行，将控制权交回给 VMM 处理。同时，VMM 还可以利用硬件的虚拟化增强技术，将客户机对硬件资源的访问，完全由硬件重定向到 VMM 指定的虚拟资源。

由于硬件虚拟化可提供全新的架构，支持操作系统直接在上面运行，无需进行二进制翻译转换，减少性能开销，极大地简化了 VMM 的设计，从而使 VMM 可以按标准编写，通用性更好，性能更强。

但是硬件虚拟化技术是一套解决方案，在完整的情况下需要 CPU、主板芯片组、BIOS 和软件的支持。Intel 在其处理器产品线中实现了 Intel VT 虚拟化技术（包括 Intel VT-x/d/c）。AMD 也同样实现了其芯片级的虚拟化技术 AMD-V。

（3）完全虚拟化

完全虚拟化技术又叫硬件辅助虚拟化技术，最初使用的虚拟化技术就是全虚拟化（Full Virtualization）技术，它在虚拟机（VM）和硬件之间加了一个软件层 Hypervisor，或者叫作虚拟机管理程序或虚拟机监视器（VMM）。

完全虚拟化技术几乎能让任何一款操作系统不用改动就能安装到虚拟服务器上，而它们不知道自己运行在虚拟化环境下。主要缺点是，性能方面不如裸机，因为 VMM 需要占用一些资源，给处理器带来开销。

（4）半虚拟化

半虚拟化技术，也叫作准虚拟化技术，它就是在全虚拟化的基础上，对客户操作系统进行了修改，增加了一个专门的 API，这个 API 可以将客户操作系统发出的指令进行最优化，即不需要 VMM 耗费一定的资源进行翻译操作。因此，VMM 的工作负担变得非常小，整体的性能也有很大的提高。缺点是要修改包含该 API 的操作系统，但是对于某些不含该 API 的操作系统（主要是 Windows）来说，就不能用这种方法。

半虚拟化技术的优点是性能高。经过半虚拟化处理的服务器可与 VMM 协同工作，其响应能力几乎不亚于未经过虚拟化处理的服务器。它的客户操作系统（Guest OS）集成了虚拟化方面的代码。该方法无需重新编译或引起陷阱，因为操作系统自身能够与虚拟进程进行很好的协作。

3.1.2　典型的虚拟化技术

虚拟化技术指的是软件层面的实现虚拟化的技术，整体上分为开源虚拟化和商业虚拟化两大阵营。典型的代表有 Xen、KVM、WMware、Hyper-V、Docker 容器等。

这里介绍一下开源的 KVM、Xen、微软的 Hyper-V 技术及 Docker 容器。

（1）KVM

KVM 是基于内核的虚拟机，KVM 是集成到 Linux 内核的 VMM，是 X86 架构且硬件支持虚拟化技术的 Linux 的全虚拟化解决方案。它是 Linux 的一个很小的模块，利用 Linux 做大量的事，如任务调度、内存管理与硬件设备交互等。

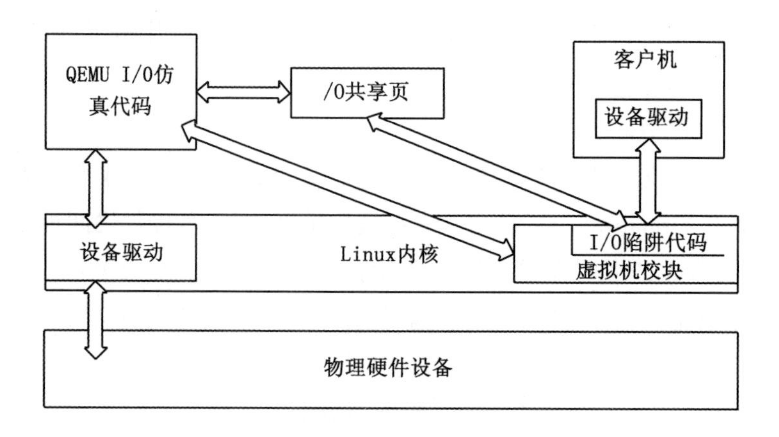

图 3.2　KVM 框架

如图 3.2 所示，KVM 继承了 Linux 系统管理内存的诸多特性，比如，分配给虚拟使用的内存可以被交换至交换空间、能够使用大内存页以实现更好的性能，以及对 NUMA 的支持能够让虚拟机高效访问更大的内存空间等。

KVM 基于 Intel 的 EPT 或 AMD 的 RVI 技术可以支持更新的内存虚拟功能，这可以降低 CPU 的占用率，并提供较高的吞吐量。此外，KVM 还借助于 KSM 这个内核特性实现了内存页面共享。因此，KSM 技术可以降低内存占用，进而提高整体性能。

（2）Xen

Xen 是一个基于 x86 架构，发展最快、性能最稳定、占用资源最少的开源虚拟化技术，如图 3.3 所示是 Xen 框架。在 Xen 使用的方法中，没有指令翻译。其功能实现通过两种方法：一种是使用一个能理解和翻译虚拟操作系统发出的未修改指令的 CPU（此方法称作完全虚拟化）；另一种是修改操作系统，从而使它发出的指令最优化，便于在虚拟化环境中执行（此方法称作准虚拟化）。

在 Xen 环境中，主要有两个组成部分。一个是虚拟机监控器（VMM），VMM 层在硬件与虚拟机之间，是必须最先载入到硬件的第一层。Hypervisor 载入后，就可以部署虚拟机了。另一个是虚拟机，在 Xen 中，虚拟机叫作“domain”。在这些虚拟机中，其中一个扮演着很重要的角色，就是 domain0，它具有很高的特权。通常，在任何虚拟机之前安装的操作系统才有这种特权。通过 domain0，管理员可以利用一些 Xen 工具来创建其他虚拟机（Xen 术语叫 domainU）。这些 domainU 也叫无特权 domain。

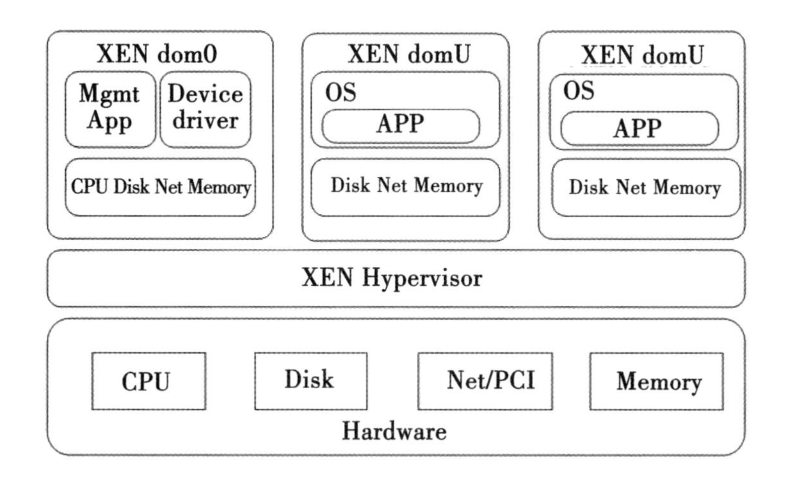

图 3.3 Xen 框架

（3）Hyper-V

Hyper-V 采用微内核的架构，兼顾了安全性和性能的要求。Hyper-V 底层的 VMM 运行在最高的特权级别下，微软将其称为 Ring 1（而 Intel 则将其称为 root mode），而虚拟机的 OS 内核和驱动运行在 Ring 0，应用程序运行在 Ring 3 下，这种架构就不需要采用复杂的 BT（二进制特权指令翻译）技术，这就可以进一步提高安全性。

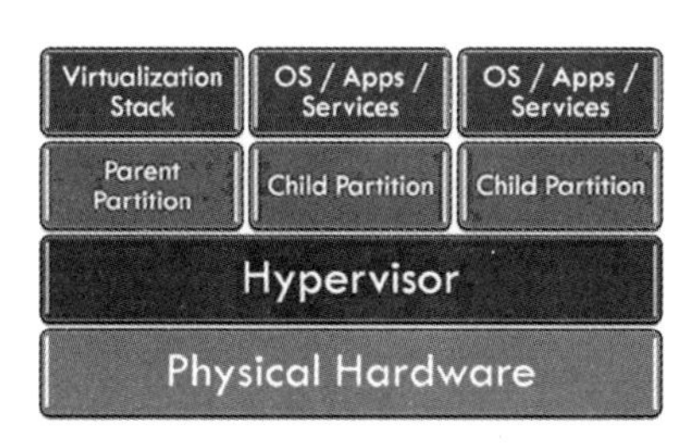

图 3.4 Hyper-V 框架

Hyper-V 采用基于 VM bus 的高速内存总线架构，来自虚拟机的硬件请求（显卡、鼠标、磁盘、网络）可以直接经过 VSC，通过 VM bus 总线发送到根分区的 VSP，VSP 调用对应的设备驱动，可以直接访问硬件，中间不需要 Hypervisor 的帮助。

由于 Hyper-V 底层的 VMM 代码量很小，不包含任何第三方的驱动，非常精简，所以安全性更高。由于 Hyper-V 不再像以前的 Virtual Server，每个硬件请求都需要经过用户模式、内核模式的多次切换转移，所以这种架构效率很高。

（4）Docker 容器

Docker 容器是一个开源的应用容器引擎，使用该引擎，开发者可以把他们的应用及依赖包打包到一个可移植的容器中，然后发布到任何流行的 Linux 机器上，也可以实现虚拟化。容器是完全使用沙箱机制，相互之间不会有任何接口（类似 iPhone 的 APP）。容器几乎没有性能开销，可以很容易地在机器和数据中心中运行。最重要的是，容器不依赖任何语言、框架和系统。

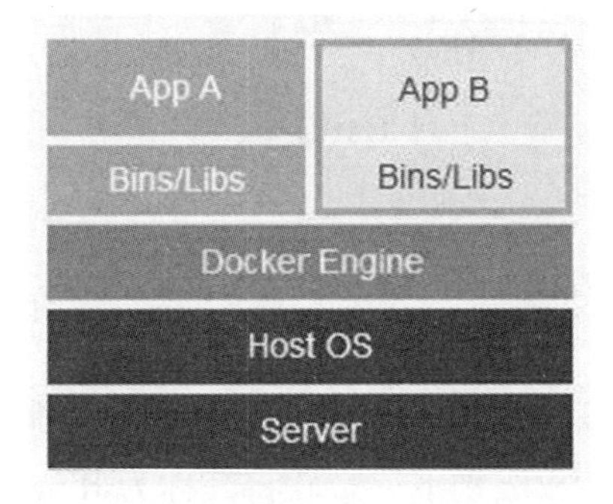

图 3.5　Docker 容器框架

如图 3.5 所示，Docker 在一个单一的容器内捆绑了关键的应用程序组件，这也就让该容器可以在不同平台和云计算之间实现便携性。因此，Docker 就成为了需要实现跨多个不同环境运行的应用程序的理想容器技术。

Docker 还可以让使用微服务的应用程序得益，所谓微服务就是把应用程序分解成为专门开发的更小服务。这些服务使用通用的 RESTAPI 来进行交互。通过使用完全封装的 Docker 容器，开发人员可以针对采用微服务的应用程序开发出更为高效的分发模式。

3.1.3　虚拟化的优势

（1）节省资源

对于计算虚拟化，将服务的资源细化，化大为小，这样可以更加精细地进行资源的划分和管理，从而节省资源，使用更少的物理机服务器。对于网络资源来说可以通过软件模拟来节省昂贵的网络设备。存储也是一样，通过分布式的存储，替换部分专有的存储设备，从而达到节省成本的目的。

（2）服务隔离

在传统的部署模式下，一个物理机上面可能部署多个服务，每个服务共享资源互相关联，通过虚拟化，生成一个独立的运行环境，这样提供了服务隔离，保证服务运行的稳定和安全。

（3）快速配置

对于传统的服务器，即便是通过 pxe 安装也需要很长的时间，同时还要安装各种服务的依赖环境，配置相当麻烦，而虚拟化技术将运行环境打包成一个虚拟机镜像，甚至是一个 Docker 的 image，这样可以实现一键秒级的启动。

（4）服务的灾备

通过虚拟机的迁移技术，结合网络的 SDN 技术等，可以实现虚拟机的在线迁移，这为灾备提供了很好支持，虚拟机可以随时做镜像和快照，通过快照也可以迅速地启动虚拟机。

（5）屏蔽物理硬件和操作系统

通过虚拟化技术，可以在不同架构的服务器运行相同的操作系统，可以在 Linux 的宿主机上运行 Windows 操作系统，也可以在 Windows 的宿主机上运行 Linux 操作系统。

3.2　计算虚拟化

计算虚拟化可以狭义地理解为 CPU 和内存虚拟化。CPU 虚拟化就是把物理 CPU 抽象成虚拟 CPU 供 Guest OS 使用，任意时刻，一个物理 CPU 上只能运行一个虚拟 CPU，虚拟 CPU 本质上就是一个进程。内存虚拟化，就是通过 VMM（hypervisor）管理物理机上内存，并按照每个虚拟机对内存的需求划分机器内存，同时保证各个虚拟机内存相互隔离。在内存虚拟化中，需要维护逻辑内存（Guest OS）与机器内存之间的映射关系。虚拟内存管理常用四种技术：内存气泡、内存零页共享、内存交换技术和 Docker 页。

计算虚拟化广义的理解还包括 I/O 虚拟化，即由多个 VM 共享一个物理设备，设备如磁盘、网卡。一般借用 TDMA 的思想，通过分时多路技术进行复用。

3.2.1　基本概念

计算虚拟化就是在虚拟系统和底层硬件之间抽象出 CPU 和内存，以供虚拟机使用。计算虚拟化技术需要模拟出一套操作系统的运行环境，在这个环境中可以安装 Windows，也可以部署 Linux，这些操作系统被称作 Guest OS。它们相互独立，互不影响。计算虚拟化可以将主机单个物理核虚拟出多个 vCPU，这些 vCPU 本质上就是运行的线程，考虑到系统调度，所以并不是虚拟的核数越多越好。计算虚拟化把物理机上面内存进行逻辑划分出多个段，供不同的虚拟机使用，每个虚拟机看到的都是自己独立的内存，从这个意义上讲，计算虚拟化包含了 CPU 虚拟化和内存虚拟化。

（1）CPU 虚拟化

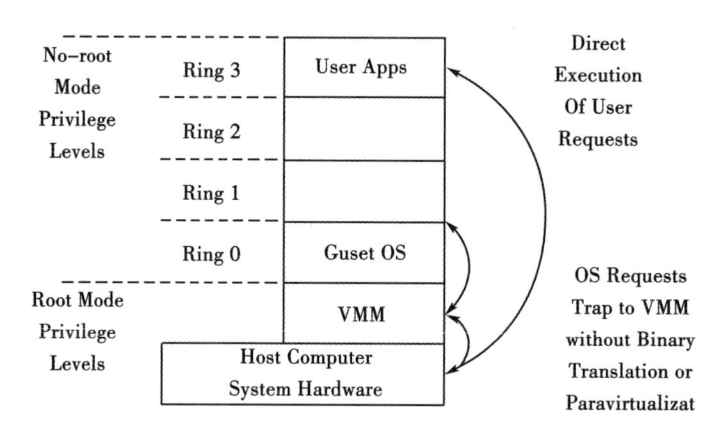

图 3.6　CPU 运行模式图

如图 3.6 所示，CPU 具有根模式和非根模式，每种模式下又有 Ring 0 和 Ring 3。宿主机运行在根模式下，宿主机的内核处于 Ring 0，而用户态程序处于 Ring 3，Guest OS 运行在非根模式。相似地，Guest OS 的内核运行在 Ring 0，用户态程序运行在 Ring 3。处于非根模式的 Guest OS，当外部中断或缺页异常，还有在主动调用 VMCALL 指令调用 VMM 服务的时候（与系统调用类似），硬件自动挂起 Guest OS，CPU 会从非根模式切换到根模式，整个过程称为 VM exit，相反地，VMM 通过显式调用 VMLAUNCH 或 VMRESUME 指令切换到 VMX non-root operation 模式，硬件自动加载 Guest OS 的上下文，于是 Guest OS 获得运行，这种转换称为 VM entry。

（2）内存虚拟化

虚拟机的内存虚拟化类似现在的操作系统支持的虚拟内存方式，应用程序看到邻近的内存地址空间，这个地址空间无须和下面的物理机器内存直接对应，操作系统保持着虚拟页到物理页的映射。现在所有的 x86 CPU 都包括了一个称为内存管理的模块 MMU 和 TLB，通过 MMU 和 TLB 来优化虚拟内存的性能。KVM 实现客户机内存的方式是，利用 mmap 系统调用，在 QEMU 主线程的虚拟地址空间中申明一段连续的大小的空间用于客户机物理内存映射。

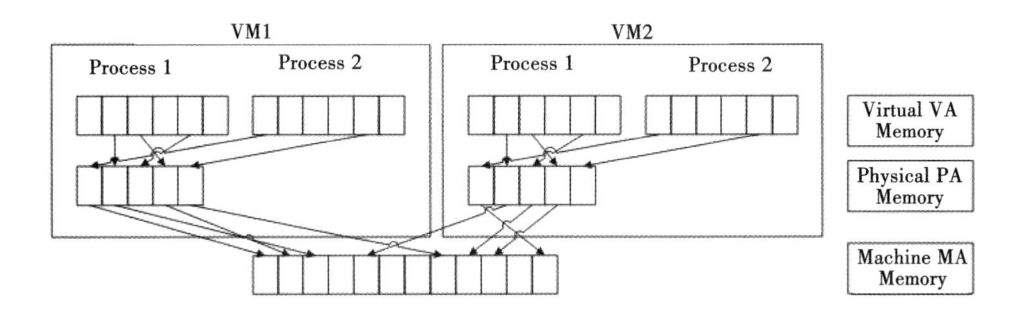

图 3.7　KVM 内存虚拟化框图

如图 3.7 所示，KVM 为了在一台机器上运行多个虚拟机，需要增加一个新的内存虚拟化层，必须虚拟 MMU 来支持客户操作系统，来实现 VA→PA→MA 的翻译。客户操作系统继续控制虚拟地址到客户内存物理地址的映射（VA→PA），但是，客户操作系统不能直接访问实际机器内存，因此，VMM 需要负责映射客户物理内存到实际机器内存（PA→MA）。

（3）I/O 虚拟化

I/O 虚拟化在虚拟化技术中算是比较复杂，也是最重要的一部分。从整体上看，I/O 虚拟化也包括基于软件的虚拟化和硬件辅助的虚拟化，软件虚拟化部分又可以分为全虚拟化和半虚拟化；如果根据设备类型再细分，又可以分为字符设备 I/O 虚拟化（键盘、鼠标、显示器）、块设备 I/O 虚拟化（磁盘、光盘）和网络设备 I/O 虚拟化（网卡）等。

I/O 虚拟化具体实现分为全虚拟化和半虚拟化。

全虚拟化就是 VMM 完全虚拟出一套宿主机的设备模型，宿主机有什么就虚拟出什么，这样，虚拟机发出的任何 I/O 请求都是无感知的，也是说，虚拟机认为自己在“直接”使用物理的 I/O 设备，其实不是，全是虚拟出来的。

虚拟机是宿主机上的一个进程，应该可以以类似的 I/O 请求方式访问到宿主机上的 I/O 设备，但是，虚拟机处在非 Root 的虚拟化模式下，请求无法直接下发到宿主机，必须借助 VMM 来截获并模拟虚拟机的 I/O 请求。每一种 VMM 的实现方案都不一样，像 qemu-kvm，截获操作是由内核态的 kvm 来完成，模拟操作是由用户态的 qemu 来完成的，这也是 kvm 不同于其他 VMM 实现方案的地方。从层次上看，虚拟机发出 I/O 请求到完成相应的 I/O 操作，中间要经过虚拟机的设备驱动，到 VMM 的设备模型，再到宿主机的设备驱动，最终才到真正的 I/O 设备。

设备模型就是 VMM 中进行设备模拟，并处理所有设备请求和响应的逻辑模块，对于 qemu-kvm，qemu 其实就可以看作一个设备模型。

设备模型的逻辑层次关系。对于不同构造的虚拟机，其逻辑层次是类似的：VMM 截获虚拟机的 I/O 操作，将这些操作传递给设备模型进行处理，设备模型运行在一个特定的环境下，这可以是宿主机，可以是 VMM 本身，也可以是另一个虚拟机。

所以，设备模型在这里起着一个桥梁的作用，由虚拟机设备驱动发出的 I/O 请求先通过设备模型转化为物理 I/O 设备的请求，再通过调用物理设备驱动来完成相应的 I/O 操作。反过来，设备驱动将 I/O 操作结果通过设备模型，返回给虚拟机的虚拟设备驱动程序。

半虚拟化的提出就是解决全虚拟化的性能问题的。通过上面的介绍不难看出，这种截获再模拟的方式导致一次 I/O 请求要经过多次的内核态和用户态的切换，性能肯定不理想。半虚拟化就是尽量避免这种情况的发生。

半虚拟化中，虚拟机能够感知到自己处于虚拟化状态，虚拟机和宿主机之间通过某种机制来达成这种感知，也就是两者之间需要建立一套通信接口，虚拟机的 I/O 请求走这套接口，而不是走截获模拟那种方式，这样就可以提升性能。这套接口比较好的一个实现就是 virtio，Linux 2. 6. 30 版本之后就被集成到了 Linux 内核模块中。

以 Intel VT-d 为首的技术就是硬件辅助的 I/O 虚拟化技术，但是业界一般不是直接使用硬件，而是配合相应的软件技术来完成的，比较常用的两门技术是 PCI Pass-Through 和 SR-IOV。

3. 2. 2　实现方式

如图 4. 8 所示，计算虚拟化的技术主要包括 Hypervisor 虚拟化和容器虚拟化。

Hypervisor 虚拟机：存在于硬件层和操作系统层间的虚拟化技术。虚拟机通过“伪造”一个硬件抽象接口，将一个操作系统及操作系统层以上的层嫁接到硬件上，实现和真实物理机几乎一样的功能。

容器：存在于操作系统层和函数库层之间的虚拟化技术。容器通过“伪造”操作系统的接口，将 API 抽象层、函数库层以上的功能置于操作系统上，

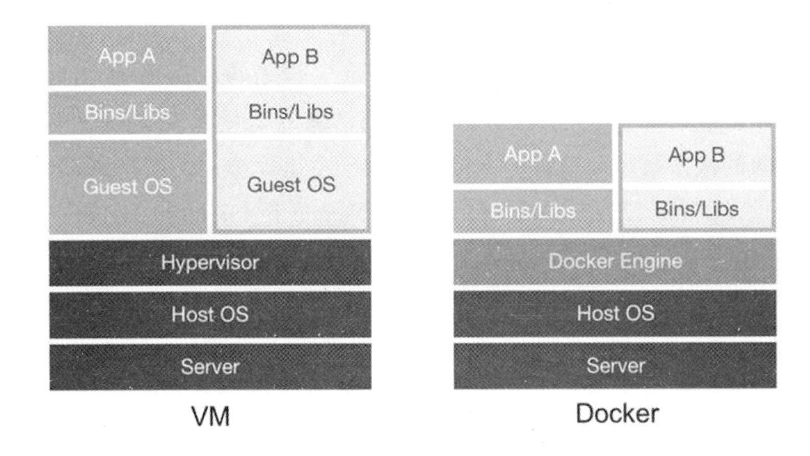

图 3.8　Hypervisor 虚拟化和容器虚拟化对比图

因为它比虚拟机高了一层，也就需要少一层东西，所以，容器占用资源少。

（1）Hypervisor 虚拟化

Hypervisor 是一种运行在物理服务器和操作系统之间的中间软件层，可允许多个操作系统和应用共享一套基础物理硬件，因此，也可以看作虚拟环境中的“元”操作系统，它可以协调访问服务器上的所有物理设备和虚拟机，也叫虚拟机监视器 VMM。

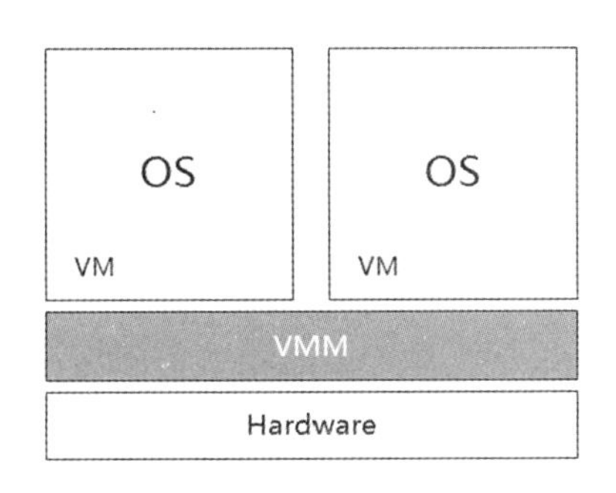

图 3.9　Hypervisor 虚拟化原理图

如图 3.9 所示，Hypervisor 是所有虚拟化技术的核心。非中断地支持多工作负载迁移的能力是 Hypervisor 的基本功能。当服务器启动并执行 Hypervisor 时，它会给每一台虚拟机分配适量的内存、CPU、网络和磁盘，并加载所有虚拟机的客户操作系统。

常见的 Hypervisor 分两类。

① Type-Ⅰ（裸机型）。指 VMM 直接运作在裸机上，使用和管理底层的硬

件资源，Guest OS 对真实硬件资源的访问都要通过 VMM 来完成，作为底层硬件的直接操作者，VMM 拥有硬件的驱动程序。裸金属虚拟化中 Hypervisor 直接管理调用硬件资源，不需要底层操作系统，也可以理解为 Hypervisor 被做成了一个很薄的操作系统。这种方案的性能处于主机虚拟化与操作系统虚拟化之间。代表是 VMware ESX Server、Citrix Xen Server 和 Microsoft Hyper-V、Linux KVM。

② Type-Ⅱ型（宿主型）。指 VMM 之下还有一层宿主操作系统，由于 Guest OS 对硬件的访问必须经过宿主操作系统，因而，带来了额外的性能开销，但可充分利用宿主操作系统提供的设备驱动和底层服务来进行内存管理、进程调度和资源管理等。主机虚拟化中 VM 的应用程序调用硬件资源时需要经过：VM 内核→Hypervisor→主机内核，导致性能是虚拟化技术中最差的。主机虚拟化技术代表是 VMware Server（GSX）、Workstation 和 Microsoft Virtual PC、Virtual Server 等。

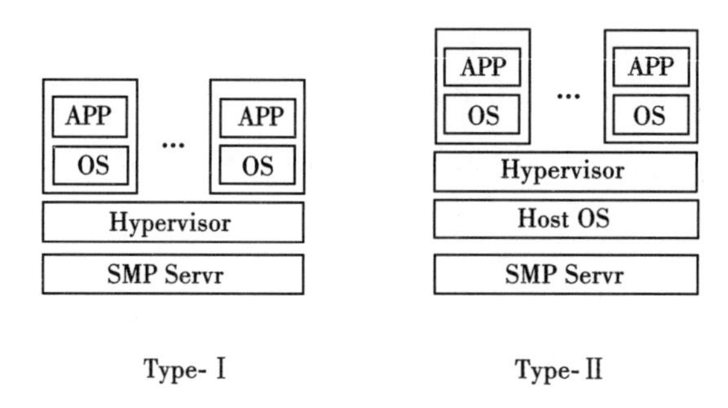

图 3.10 Hypervisor 示例图

由于主机宿主型 Hypervisor 的效率问题，多数厂商采用了裸机型 Hypervisor 中的 Linux KVM 虚拟化。

① Hypervisor 实现 CPU 虚拟化的方法。

虚拟机通过 VMM 实现 Guest CPU 对硬件的访问，根据其原理不同有三种实现技术。

• 基于二进制翻译的全虚拟化。客户操作系统运行在 Ring 1，它在执行特权指令时，会触发异常（CPU 的机制，没权限的指令会触发异常），然后 VMM 捕获这个异常，在异常里面做翻译、模拟，最后返回到客户操作系统内，客户操作系统认为自己的特权指令工作正常，继续运行。正常简单的一条指令，执行完就结束，现在却要通过复杂的异常处理过程，所以，这个性能损耗就非常大，如图 3. 11 所示。

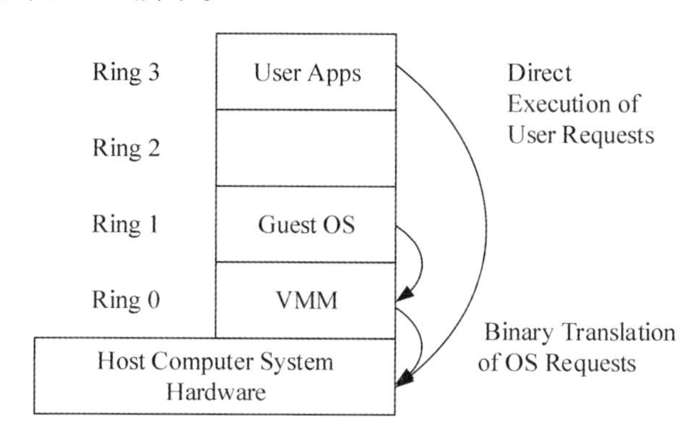

图 3. 11　基于二进制翻译的全虚拟化

• 半虚拟化。半虚拟化的原理是修改 Guest OS 核心中部分代码，植入了 Hypercall（超级调用），从而使 Guest OS 会将与特权指令相关的操作都转换为发给 VMM 的 Hypercall（超级调用），由 VMM 继续进行处理。而 Hypercall 支持的批处理和异步这两种优化方式，使得通过 Hypercall 能得到近似于物理机的速度。

这样，就能让原本不能被虚拟化的命令（nonvirtualizable instructions）可以经过 Hypercall interfaces 直接向硬件提出请求，Guest OS 的部分还是一样在 Ring 0，不用被调降到 Ring 1。

半虚拟化的优点是 CPU 和 I/O 损耗减到最小，理论上性能胜过全虚拟化技术，缺点则是必须要修改 OS 内核才行，只有 SUSE 和 Ubuntu 等少数 Linux 版本才支持，OS 兼容性不佳，因为微软不肯修改自家的操作系统内核，因此，如果是 Windows 系统，就无法使用半虚拟化了。

• CPU 硬件辅助虚拟化。Intel 与 AMD 从 CPU 根本架构着手，更改原来的特权等级 Ring 0，1，2，3，将之归类为 Non-Root Mode，又新增了一个 Root Mode 特权等级（有人称为 Ring-1），OS 便可以在原来 Ring 0 的等级，而 VMM 则调整到更底层的 Root Mode 等级。如图 3. 12 所示。

目前主要有 Intel 的 VT-x 和 AMD 的 AMD-V 这两种技术。其核心思想都是通过引入新的指令和运行模式，使 VMM 和 Guest OS 分别运行在不同模式（Root Mode 和 Non-Root Mode）下，且 Guest OS 运行在 Ring 0 下。通常情况下，Guest OS 的核心指令可以直接下达到计算机系统硬件执行，而不需要经过 VMM。当 Guest OS 执行到特殊指令的时候，系统会切换到 VMM，让 VMM 来

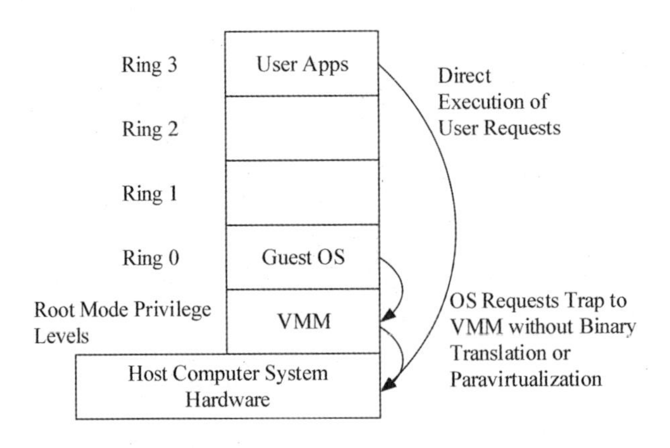

图 3.12　CPU 硬件辅助虚拟化

处理特殊指令。

② Hypervisor 实现内存虚拟化的方法。

内存虚拟化主要有以下三种方法：虚拟内存、影子页表、EPT 技术。

- 虚拟内存。虚拟机本质上是 Host 机上的一个进程，本可以使用 Host 机的虚拟地址空间，但由于在虚拟化模式下，虚拟机处于 Non-Root Mode，无法直接访问 Root Mode 下的 Host 机上的内存。

VMM 是解决该问题的主要方法，VMM 需要截获虚拟机的内存访问指令，然后模拟 Host 上的内存，相当于 VMM 在虚拟机的虚拟地址空间和 Host 机的虚拟地址空间中间增加了一层，即虚拟机的物理地址空间，也可以看作 QEMU 的虚拟地址空间。

所以，内存软件虚拟化的目标就是要将虚拟机的虚拟地址（GVA）转化为 Host 的物理地址（HPA），中间要经过虚拟机的物理地址（GPA）和 Host 虚拟地址（HVA）的转化，即

$$GVA \rightarrow GPA \rightarrow HVA \rightarrow HPA$$

其中，前两步由虚拟机的系统页表完成，中间两步由 VMM 定义的映射表（由数据结构 KVM_memory_slot 记录）完成，它可以将连续的虚拟机物理地址映射成非连续的 Host 机虚拟地址，后面两步则由 Host 机的系统页表完成。如图 3.13 所示。

可以看到，传统的内存虚拟化方式中虚拟机的每次内存访问都需要 VMM 介入，并由软件进行多次地址转换，其效率是非常低的。因此，才有了影子页表技术和 EPT 技术。

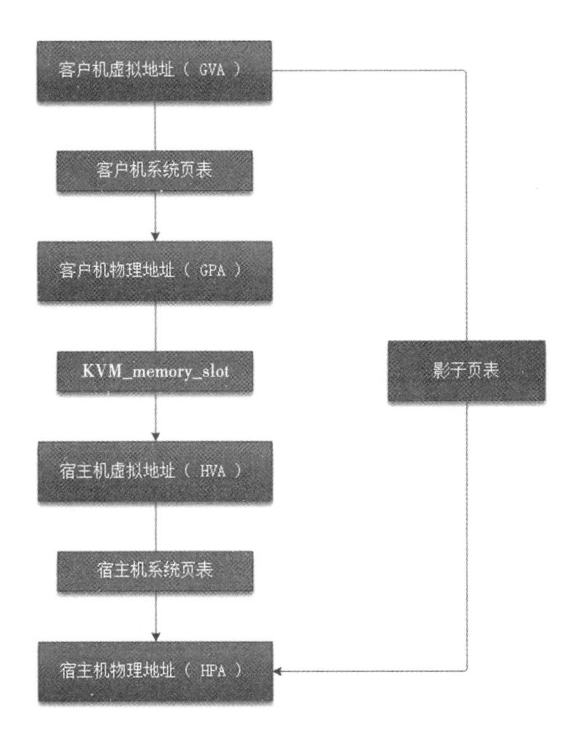

图 3.13　传统内存虚拟化原理图

• 软件内存虚拟化技术：影子页表技术。影子页表简化了地址转换的过程，实现了 Guest 虚拟地址空间到 Host 物理地址空间的直接映射。要实现这样的映射，必须为 Guest 的系统页表设计一套对应的影子页表，然后将影子页表装入 Host 的 MMU 中，这样，当 Guest 访问 Host 内存时，就可以根据 MMU 中的影子页表映射关系，完成 GVA 到 HPA 的直接映射，而维护这套影子页表的工作则由 VMM 来完成。由于 Guest 中的每个进程都有自己的虚拟地址空间，这就意味着 VMM 要为 Guest 中的每个进程页表都维护一套对应的影子页表，当 Guest 进程访问内存时，才将该进程的影子页表装入 Host 的 MMU 中，完成地址转换。

这种方式虽然减少了地址转换的次数，但本质上还是纯软件实现的，效率还是不高，而且 VMM 承担了太多影子页表的维护工作。

为了改善这个问题，提出了基于硬件的内存虚拟化方式，将这些烦琐的工作都交给硬件来完成，从而大大提高了效率。

• 硬件辅助的内存虚拟化：EPT 技术。这方面 Intel 和 AMD 走在了最前面，Intel 的 EPT 和 AMD 的 NPT 是硬件辅助内存虚拟化的代表，两者在原理上类似，本文重点介绍一下 EPT 技术。

图 3. 14 是 EPT 的基本原理图示，EPT 在原有 CR3 页表地址映射的基础上引入了 EPT 页表来实现另一层映射，这样，GVA→GPA→HPA 的两次地址转换都由硬件来完成。

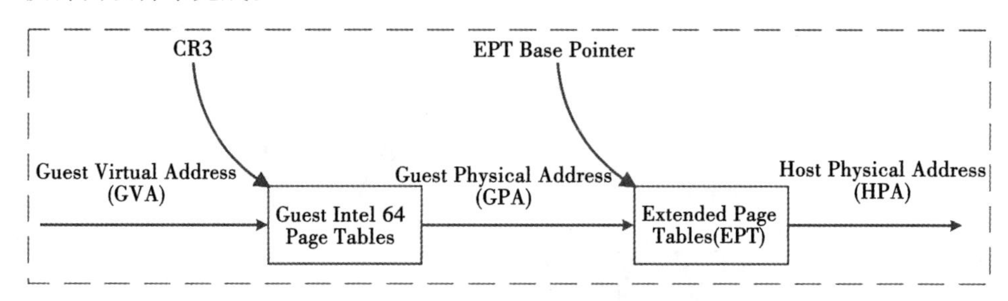

图 3. 14　EPT 技术原理图

内存虚拟化经历从虚拟内存，到传统软件辅助虚拟化，影子页表，再到硬件辅助虚拟化，EPT 技术的进化，从而效率越来越高。

③ Hypervisor 实现 I/O 虚拟化的方法。

从处理器的角度看，外设是通过一组 I/O 资源（端口 I/O 或者是 MMIO）进行访问的，所以，设备的相关虚拟化被称为 I/O 虚拟化，如外存设备：硬盘、光盘、U 盘；网络设备：网卡；显示设备：VGA（显卡）；键盘鼠标：PS/2、USB。

还有一些如串口设备、COM 口等设备统称 I/O 设备。所谓 I/O 虚拟化就是提供这些设备的支持，其思想就是 VMM 截获客户操作系统对设备的访问请求，然后，通过软件的方式来模拟真实设备的效果。一般 I/O 虚拟化的方式有以下三种，如图 3. 15 所示。

• 模拟 I/O 设备。完全使用软件来模拟，这是最简单但性能最低的方式，对于 I/O 设备来说，模拟和完全虚拟化基本相同。VMM 给 Guest OS 模拟出一个 I/O 设备及设备驱动，Guest OS 要想使用 IO 设备需要调内核然后通过驱动访问到 VMM 模拟的 I/O 设备，然后到达 VMM 模拟设备区域。VMM 模拟了这么多设备及 VMM 之上运行了那么多主机，所以，VMM 也提供了一个 I/O Stack（多个队列）用来调度这些 I/O 设备请求到真正的物理 I/O 设备之上。经过多个步骤才完成一次请求。例如 Qemu、VMware Workstation。

• 半虚拟化。半虚拟化比模拟性能要高，其通过系统调用直接使用 I/O 设备，跟 CPU 半虚拟化差不多，虚拟化明确知道自己使用的 I/O 设备是虚拟出

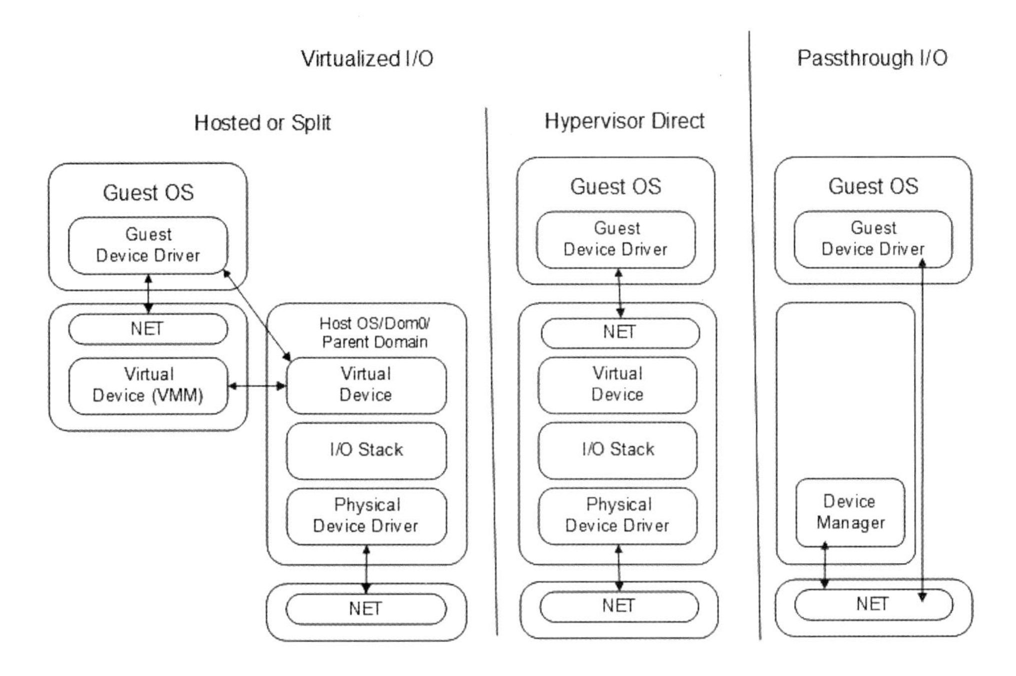

图 3.15　I/O 虚拟化的三种方式

来的而非模拟。VMM 给 Guest OS 提供了特定的驱动程序，在半虚拟化 I/O 中也称为“前端 I/O 驱动”；跟模拟 I/O 设备工作模式不同的是，Guest OS 本身的 I/O 设备不需要处理 I/O 请求了，当 Guest OS 有 I/O 请求时通过自身驱动直接发给 VMM 进行处理，而在 VMM 的这部分设备处理称为“后端 I/O 驱动”。例如 Xen、virtio。

• I/O 透传技术。I/O 透传技术（I/O through）比模拟和半虚拟化性能都好，几乎进阶于硬件设备，Guest OS 直接使用物理 I/O 设备，操作起来比较麻烦。其思想就是提供多个物理 I/O 设备，如硬盘提供多块、网卡提供多个，然后规划好宿主机运行 Guest OS 的数量，通过协调 VMM 来达到每个 Guest OS 对应一个物理设备。另外，要想使用 I/O 透传技术，不光提供多个 I/O 设备，还需要主板上的 I/O 桥提供支持透传功能才可以，一般 Intel 提供的这种技术叫 VT-d，是一种基于北桥芯片的硬件辅助虚拟化技术，主要功能是用来提高 I/O 灵活性、可靠性和性能。例如：Intel VT-d。

具体 I/O 设备的虚拟化实现：磁盘虚拟化的方式就是通过模拟的技术实现。网卡的虚拟化方式一般使用模拟、半虚拟化、IO 透传技术都可以，其实现方式根据 VMM 的不同有所不同，一般的 VMM 都会提供所有的方式。显卡虚拟化通常使用的方式叫 frame buffer（帧缓存机制），通过 frame buffer 给每个虚拟机一个独立的窗口去实现。键盘鼠标通常都是通过模拟的方式实现的，通过焦点捕获将模拟的设备跟当前设备建立关联，比如用户使用 Vmware workstation 时把鼠标点进虚拟机后，相当于被此虚拟机捕获了，所有的操作都是针对此虚拟机。

（2）容器虚拟化

容器最初由 LXC（Linux Container）提供，Docker 最初的实现是借助 LXC 来实现，后 Docker 公司自主研发 Libcontanier 代替 LXC。Docker 类似于虚拟机中的 Hypervisor，它集中管理容器的创建、执行、销毁等生命周期，并控制容器与容器之间如何合理地共享 OS 提供的内核服务。Docker 可以被认作为一个框架，这个框架自底向上，提供了一系列方便快捷管理和操作容器的方法。

容器技术即在操作系统层上创建一个个容器，这些容器共享下层的操作系统内核和硬件资源，但是每个容器可单独限制 CPU、内存、硬盘和网络容量，并且拥有单独的 IP 地址和操作系统管理员账户，可以关闭和重启。与虚拟机最大的不同是，容器里不用再安装操作系统，因此，浪费的计算资源也就大大减少了，这样同样一台计算机就可以服务于更多的租户，如图 3.16 所示。

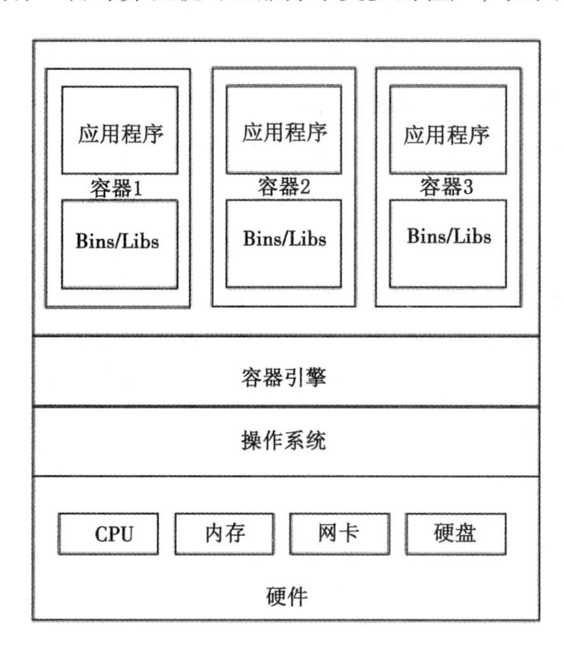

图 3.16　容器技术示意图

Docker 是一个开源的应用容器引擎，让开发者可以打包他们的应用及依赖包到一个可移植的容器中，然后发布到任何流行的 Linux 机器或 Windows 机器上，也可以实现虚拟化，容器是完全使用沙箱机制，相互之间不会有任何接口。

一个完整的 Docker 由以下几个部分组成：Docker Client 客户端，Docker Daemon 守护进程，Docker image 镜像，Docker Container 容器，Docker Repository 仓库。

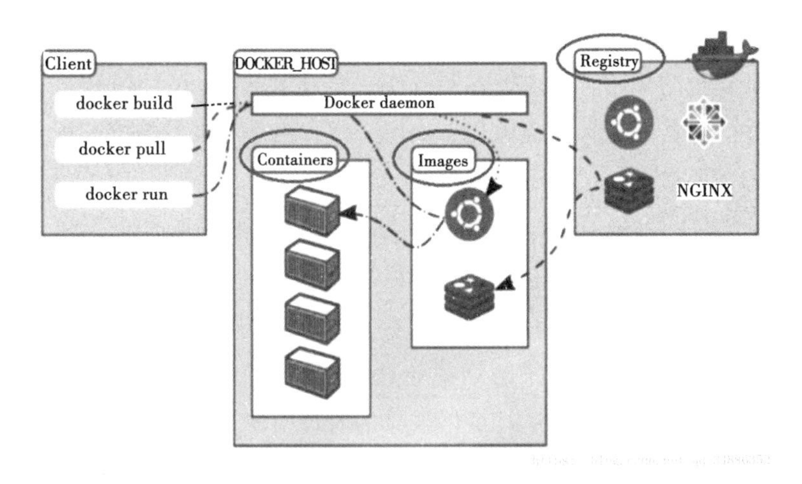

图 3.17 Docker 组成

如图 3.17 所示，Docker 引擎可以直观理解为就是在某一台机器上运行的 Docker 程序，实际上它是一个 C/S 结构的软件，有一个后台守护进程在运行，每次运行 Docker 命令的时候实际上都是通过 RESTful Remote API 来和守护进程进行交互的，即使在同一台机器上也是如此。

Docker client 是 Docker 架构中用户用来和 Docker daemon 建立通信的客户端，用户使用的可执行文件为 Docker，通过 Docker 命令行工具可以发起众多管理 container 的请求。Docker client 发送容器管理请求后，由 Docker daemon 接受并处理请求，当 Docker client 接收到返回的请求响应并简单处理后，Docker client 一次完整的生命周期就结束了，当需要继续发送容器管理请求时，用户必须再次通过 Docker 可以执行文件创建 Docker client。

Docker daemon 是一个守护进程，它是驱动整个 Docker 的核心引擎。Docker daemon 是 Docker 架构中一个常驻在后台的系统进程，功能是接收处理 Docker client 发送的请求。该守护进程在后台启动一个 server，server 负载接受

Docker client 发送的请求，接受请求后，server 通过路由与分发调度，找到相应的 handler 来执行请求。Docker daemon 启动所使用的可执行文件也为 Docker，与 Docker client 启动所使用的可执行文件 Docker 相同，在 Docker 命令执行时，通过传入的参数来判别 Docker daemon 与 Docker client。

Docker 镜像（image）就是一个只读的模板。镜像可以用来创建 Docker 容器，一个镜像可以创建很多容器。

Docker 容器（Container）是独立运行的一个或一组应用。容器就是镜像创建的运行实例，它可以被启动、开始、停止、删除。每个容器都是相互隔离的，以保证安全的平台。可以把容器看作一个建议的 Linux 环境和运行在其中的应用程序。容器的定义和镜像几乎一模一样，也是一堆层的统一视角，唯一区别在于容器的最上一层是可读可写的。

Docker 仓库（Repository）是集中存放镜像文件的场所。仓库和仓库注册服务器是有区别的。仓库注册服务器上往往存放着很多个仓库，每一个仓库又包含了多个镜像，每个镜像有不同的标签（tag）。仓库分为公开仓库和私有仓库两种形式，最大的公开仓库是 Docker Hub。

Docker 本身是一个容器运行载体或称为管理引擎。我们把应用程序或配置依赖打包好形成一个可交付的运行环境，这个打包好的运行环境就好像 image 镜像文件，只有通过这个镜像文件才能生成 Docker 容器。image 文件可以看作容器的模板。Docker 根据 image 文件生成容器的实例，可以生成多个同时运行的容器实例。

容器技术，在计算机上虚拟出独立的空间，再基于物理计算机的内核给自己用，以下是容器虚拟化技术的优势。

- 容器可以制造一个权限隔离监牢。
- 执行效率高，在计算机系统中只是一个进程，使用方便，效率更高。
- 方便部署，更容易保持运行环境的一致性。

容器产品提供商 Parallels 针对 Linux 和 Windows 操作系统分别推出了两套应用软件容器产品：OpenVZ 和 Parallels Containers for Windows。其中 OpenVZ 是开源的，Windows 版是商用的，最新版 Parallels Containers for Windows 6.0 支持 Windows Server 2012 Data Center Edition。

微软目前也推出了两种容器产品：Windows Server Container 和 Hyper-V Container。后者的隔离效果介于容器和虚拟机之间。开源容器项目 Docker 绝对是后起之秀，它受到谷歌公司的大力推崇，发展迅速。

3.3　存储虚拟化

随着存储的需求呈螺旋式向上增长，公司内的存储服务器和阵列都无一例外地随之成倍增长。对于这种存储管理困境的解决办法便是存储虚拟化。存储虚拟化可以使管理程序员将不同的存储作为单个集合的资源来进行识别、配置和管理。存储虚拟化是存储整合的一个重要组成部分，它能减少管理问题，而且能够提高存储利用率，这样，可以降低新增存储的费用。

3.3.1　基本概念

权威机构 SNIA（存储网络工业协会）给出的定义：“通过将存储系统/子系统的内部功能从应用程序、计算服务器、网络资源中进行抽象、隐藏或隔离，实现独立于应用程序、网络的存储与数据管理。”

存储虚拟化的思想是将资源的逻辑映像与物理存储分开，从而为系统和管理员提供一幅简化、无缝的资源虚拟视图。

对于用户来说，虚拟化的存储资源就像是一个巨大的“存储池”，用户不会看到具体的磁盘、磁带，也不必关心自己的数据经过哪一条路径和通往哪一个具体的存储设备。

从管理的角度来看，虚拟存储池采取集中化的管理，并根据具体的需求把存储资源动态地分配给各个应用。

根据云存储系统的构成和特点，可将虚拟化存储的模型分为三层：物理设备虚拟化层、存储节点虚拟化层、存储区域网络虚拟化层。

（1）物理设备虚拟化层

主要用来进行数据块级别的资源分配和管理，利用底层物理设备创建一个连续的逻辑地址空间，即存储池。根据物理设备的属性和用户的需求，存储池可以有多个不同的数据属性，例如读写特征、性能权重和可靠性等级。

（2）存储节点虚拟化层

可实现存储节点内部多个存储池之间的资源分配和管理，将一个或者多个按需分配的存储池整合为在存储节点范围内统一的虚拟存储池。这个虚拟化层由存储节点虚拟模块在存储节点内部实现，对下管理按需分配的存储设备，对上支持存储区域网络虚拟化层。

（3）存储区域网络虚拟化层

可实现存储节点之间的资源分配和管理，集中地管理所有存储设备上的存储池，以组成一个统一的虚拟存储池。这个虚拟化层由虚拟存储管理模块在虚拟存储管理服务器上实现，以带外虚拟化方式管理虚拟存储系统的资源分配，为虚拟磁盘管理提供地址映射、查询等服务。

存储虚拟化可在三个层次上实现，分别是基于主机的虚拟化、基于存储设备的虚拟化、基于网络的虚拟化。它有两种实现方式，分别是带内虚拟化、带外虚拟化。实现的结果有块虚拟化，磁盘虚拟化，磁带、磁带驱动器、磁带库虚拟化，文件系统虚拟化，文件/记录虚拟化。图 3. 18 所示为存储虚拟化实现模式。

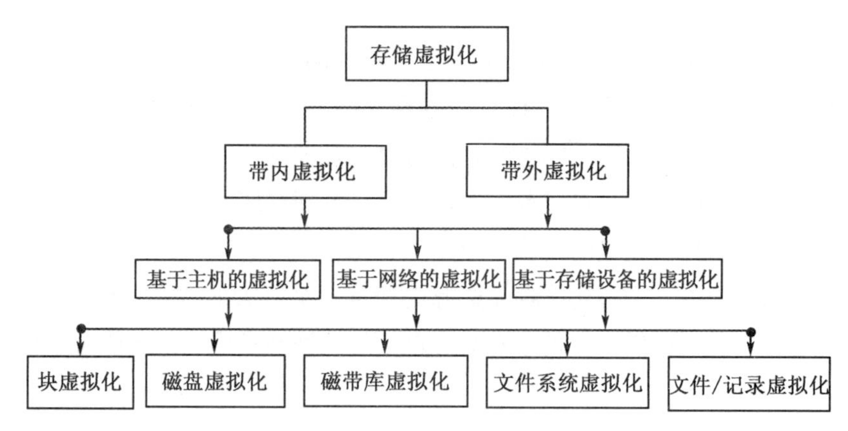

图 3. 18　存储虚拟化实现模式

存储虚拟化技术将底层存储设备进行抽象化统一管理，向服务器层屏蔽存储设备硬件的特殊性，而只保留其统一的逻辑特性，从而实现了存储系统的集中、统一、方便的管理。

虚拟化存储有多种分类方法，根据在 I/O 路径中实现虚拟化的位置不同，虚拟化存储可以分为主机的虚拟存储、网络的虚拟存储、存储设备的虚拟存储。根据控制路径和数据路径的不同，虚拟化存储分为对称虚拟化、不对称虚拟化。

与传统存储相比，虚拟化存储的优点主要体现在：磁盘利用率高，传统存储技术的磁盘利用率一般只有 30%～70%，而采用虚拟化技术后的磁盘利用率高达 70%～90%；存储灵活，可以适应不同厂商、不同类别的异构存储平台，为存储资源管理提供了更好的灵活性；管理方便，提供了一个大容量存储系统集中管理的手段，避免了存储设备扩充所带来的管理方面的麻烦；性能更好，虚拟化存储系统可以很好地进行负载均衡，把每一次数据访问所需的带宽合理地分配到各个存储模块上，提高了系统的整体访问带宽。

虚拟化技术已经在存储领域得到广泛的应用。各个存储设备厂商也陆续推出了自己的虚拟化存储产品。这些应用包括以下四个。

① 数据中心：应用虚拟化技术提供计算和存储服务中心、网络管理中心、灾难恢复中心、IT 资源租赁中心等服务。

② 电信行业：随着产业的发展，电信行业面临两方面的挑战，一方面是降低 IT 架构的成本，另一方面是提高 IT 架构的可用性。虚拟化技术正是解决这些问题的有效办法。

③ 银行证券保险行业：利用虚拟化进行容灾，采取“两地三中心”方案，即生产中心、同城灾备中心、异地灾备中心。同城灾备中心负责一般性灾难的防范，异地灾备中心用来防范大范围的灾难。利用虚拟化技术，可以在统一的虚拟化基础架构中，实现跨数据中心的虚拟化管理。

④ 政府信息系统：政府数据存储系统的建设正受到前所未有的重视。系统利用先进的存储虚拟化技术，建立统一、标准、共享的数据资源存储平台，能够有效地管理庞大、繁多、复杂的数据及相关的设备，提高资源利用率，并建立起全面的数据安全保障体系。

3.3.2　实现方式

存储虚拟化的三种实现方法如下。

（1）基于主机的虚拟存储。基于主机的虚拟存储完全依赖存储管理软件，无需任何附加硬件。基于主机的存储管理软件，在系统和应用级上，实现多机间的共享存储、存储资源管理（存储媒介、卷、文件管理）、数据复制和数据迁移、远程备份、集群系统、灾难恢复等存储管理任务。

基于主机的虚拟存储又可分为数据块以上虚拟层和数据块存储虚拟层。

① 数据块以上虚拟层（Actualization above Block）。它是存储虚拟化的最顶层，通过文件系统和数据库给应用程序提供一个虚拟数据视图，屏蔽了底层实现。

② 数据块存储虚拟层（Block Storage Virtualzation）。通过基于主机的卷管理程序和附加设备接口，给主机提供一个整合的存储访问视图。卷管理程序为

虚拟存储设备创建逻辑卷，并负责数据块 I/O 请求的路由。

基于主机的虚拟存储依赖于代理或管理软件，它们安装在一个或多个主机上，实现存储虚拟化的控制和管理。由于控制软件运行在主机上，这就会占用主机的处理时间。因此，这种方法的可扩充性较差，实际运行的性能不是很好。基于主机的方法也有可能影响到系统的稳定性和安全性，因为用户有可能不经意间越权访问到受保护的数据。这种方法要求在主机上安装适当的控制软件，因此，一个主机的故障可能影响整个 SAN 系统中数据的完整性。软件控制的存储虚拟化还可能由于不同存储厂商软硬件的差异而带来不必要的互操作性开销，所以，这种方法的灵活性也比较差。但是，因为不需要任何附加硬件，所以，基于主机的虚拟化方法最容易实现，其设备成本最低。

（2）基于存储设备的虚拟化。基于存储设备的虚拟存储是存储设备虚拟层管理共享存储资源，并匹配可用资源和访问请求。基于存储设备的虚拟方法目前最常用的是虚拟磁盘。虚拟磁盘是指把多个物理磁盘按照一定方式组织起来形成一个标准的虚拟逻辑设备。虚拟磁盘主要由功能设备、管理器及物理磁盘组成。

① 功能设备：它是主机所看到的虚拟逻辑单元，可以当作一个标准的磁盘设备使用。

② 管理器：它通过一系列“逻辑磁道与物理磁道”指针转换表完成逻辑磁盘到物理磁盘卷的间接地址映射。

③ 物理磁盘：它是用于存储的物理设备。虚拟磁盘提供远远大于磁盘实际物理容量的虚拟空间。不管功能磁盘分配了多少空间，如果没有数据写到虚拟磁盘上，就不会占用任何物理磁盘空间。

基于存储设备的存储虚拟化方法依赖于提供相关功能的存储模块。如果没有第三方的虚拟软件，基于存储的虚拟化经常只能提供一种不完全的存储虚拟化解决方案。对于包含多厂商存储设备的 SAN 存储系统，这种方法的运行效果并不是很好。依赖于存储供应商的功能模块将会在系统中排斥 JBODS（简单的硬盘组）和简单存储设备的使用，因为这些设备并没有提供存储虚拟化的功能。当然，利用这种方法意味着最终将锁定某一家单独的存储供应商。

（3）基于网络的虚拟存储。网络虚拟层包括了绑定管理软件的存储服务器和网络互联设备。基于网络的虚拟化是在网络设备之间实现存储虚拟化功能，它将类似于卷管理的功能扩展到整个存储网络，负责管理 Host 视图、共享存储资源、数据复制、数据迁移及远程备份等，并对数据路径进行管理，避免性能瓶颈。

基于网络的虚拟存储可采用对称或非对称的虚拟存储架构。

在非对称架构中，虚拟存储控制器处于系统数据通路之外，不直接参与数据的传输。服务器可以直接经过标准的交换机对存储设备进行访问。虚拟存储控制器对所有存储设备进行配置，并将配置信息提交给所有服务器。服务器在访问存储设备时，不再经过虚拟存储控制器，而是直接使存储设备并发工作，同样达到了增大传输带宽的目的。

非对称结构控制信息和数据走不同的路径，非对称结构性和可扩展性比较好，但安全性不高。

在对称式架构中，虚拟存储控制设备直接位于服务器与存储设备之间，利用运行其上的存储管理软件来管理和配置所有存储设备，组成一个大型的存储池，其中的若干存储设备以一个逻辑分区的形式，被系统中所有服务器访问。

虚拟存储控制设备有多个数据通路与存储设备连接，多个存储设备并发工作，所以，系统总的存储设备访问效率可达到较高水平。

在对称结构中，虚拟存储控制设备可能成为瓶颈，并易出现单点故障；由于不再是标准的 SAN 结构，对称结构的开放性和互操作性差。

基于网络的虚拟化方法是在网络设备之间实现存储虚拟化功能，具体有下面两种方式。

① 基于互联设备的虚拟化。基于互联设备的虚拟化方法能够在专用服务器上运行，使用标准操作系统，例如 Windows、Sun Solaris、Linux 或供应商提供的操作系统。这种方法运行在标准操作系统中，具有基于主机方法的诸多优势——易使用、设备便宜。许多基于设备的虚拟化提供商也提供附加的功能模块来改善系统的整体性能，能够获得比标准操作系统更好的性能和更完善的功能，但需要更高的硬件成本。

但是，基于设备的方法也继承了基于主机虚拟化方法的一些缺陷，因为它仍然需要一个运行在主机上的代理软件或基于主机的适配器，任何主机的故障或不适当的主机配置都可能导致访问到不被保护的数据。同时，在异构操作系统间的互操作性仍然是一个问题。

② 基于路由器的虚拟化。基于路由器的方法是在路由器固件上实现存储虚拟化功能。供应商通常也提供运行在主机上的附加软件来进一步增强存储管

理能力。在此方法中，路由器被放置于每个主机到存储网络的数据通道中，用来截取网络中任何一个从主机到存储系统的命令。由于路由器潜在地为每一台主机服务，大多数控制模块存在于路由器的固件中，相对于基于主机和大多数基于互联设备的方法，这种方法的性能更好、效果更佳。由于不依赖在每个主机上运行的代理服务器，这种方法比基于主机或基于设备的方法具有更好的安全性。当连接主机到存储网络的路由器出现故障时，仍然可能导致主机上的数据不能被访问。但是只有连接于故障路由器的主机才会受到影响，其他主机仍然可以通过其他路由器访问存储系统。路由器的冗余可以支持动态多路径，这也为上述故障问题提供了一个解决方法。由于路由器经常作为协议转换的桥梁，基于路由器的方法也可以在异构操作系统和多供应商存储环境之间提高互操作性。

3.4 网络虚拟化

网络虚拟化就是在一个物理网络上模拟出多个逻辑网络。

最初的网络虚拟化起源于 VLAN，它是一个局域网技术，能够将一个局域网的广播域隔离为多个广播域，常被用来实现一个站点内不同部门间的隔离。VLAN 的出现在很大程度上就是为了解决泛洪问题。

VPN 被定义为通过一个公用网络（通常是因特网）建立一个临时的、安全的连接，它是一条穿过混乱的公用网络的安全、稳定隧道。使用这条隧道可以对数据进行几倍加密，达到安全使用互联网的目的。VPN 的出现解决了多个站点间跨越 Internet 进行通信的问题，这些通信数据是不允许暴露在公网上的。因此，各种 VPN 类技术极大地推动了网络虚拟化的发展。

网络虚拟化可以帮助保护 IT 环境，防止来自 Internet 的威胁，同时，使用户能够快速安全地访问应用程序和数据。以 VLAN 为起源，依赖于 VPN 的发展，这些传统的网络虚拟化技术经过多年的考验，已经成为网络业务的支撑性技术。

3.4.1 基本概念

（1）VM 虚拟交换

VMware 虚拟网络是指通过 VMware 虚拟技术生成的网络，它主要由六个部分组成：虚拟主机、虚拟交换机、虚拟网桥、虚拟 NAT 设备、虚拟 DHCP 服务器、虚拟网卡。其中，虚拟交换机和实际物理交换机一样，可以将不同的网络连接起来。VMware 可以根据需要创建虚拟交换机，并可以将多个虚拟机连接到同一个虚拟交换机上。对于虚拟网络的配置，既可以在安装过程中进行设置，也可以在安装后进行配置。

VMware 为虚拟机的网络配置提供了四种不同的模式：桥接模式（Bridged）、网络地址转换模式（NAT）、主机模式（Host-Only）和定制模式（Custom）。VMware 虚拟交换机有特殊的命名规则，格式为 VMnet+交换机编号，并且默认有不同类型的网络和其相关联。

（2）云数据中心的网络虚拟化

云计算环境下的网络虚拟化主要需要解决端到端的问题，问题分为以下情况。

• 在服务器内部，随着越来越多的服务器被虚拟化，网络已经延伸到 Hypervisor 内部，网络通信的端已经从以前的服务器变成了运行在服务器中的虚拟机，数据包从虚拟机的虚拟网卡流出，通过 Hypervisor 内部的虚拟交换机，再经过服务器的物理网卡流出到上联交换机。在整个过程中，虚拟交换机、网卡的 I/O 问题及虚拟机的网络接入都是研究的重点。

• 云数据中心的网络交换需要将物理网络和逻辑网络有效地分离，满足云计算多租户，它具有按需服务的特性，同时，具有高度的扩展性。

在云计算数据中心网络中，“大二层”的应用越来越广，交换技术成为主要技术。

物理设备虚拟化。

• Qbg：802.1Qbg，2008 年 11 月由 HP 和 IBM 提出，服务器厂商主导。以 VEPA 模式为基本实现手段（基于 MAC 地址识别虚拟机）。

• QBR：2008 年 5 月，Cisco 和 VMware 在 IEEE 提出 802.1Qbh；2011 年 7 月改名 802.1BR，基于新增 Tag 标识识别虚拟机。

• TRILL：Transparent Interconnection of Lots of Links。

• SPB：Shortest Path bridge。

服务器虚拟化。

• 链路虚拟化：利用 VMDQ 技术，可以给虚拟机的虚拟网卡分配一个单独的队列，这是实现 VM 直通的基础。

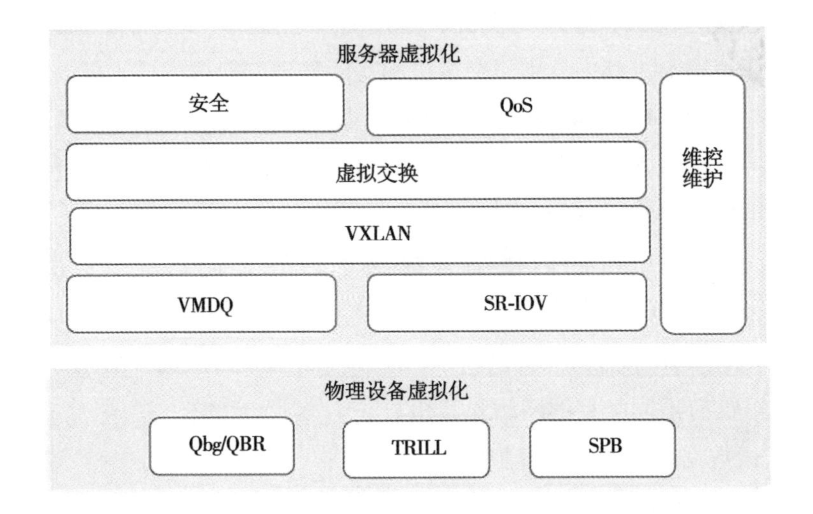

图 3.19 网络虚拟化两层视图

- SR-IOV：PCIe 的虚拟多设备技术。
- 叠加网络：使用 VXLAN，实现虚拟网络与物理网络的解耦。
- 虚拟交换：软件实现的虚拟交换、虚拟机流量的控制、安全隔离等。虚拟交换技术分为以下两种：

vSwitch（virtual Switch）：在服务器 CPU 上实现以太二层虚拟交换的功能，包括虚拟机交换、QoS 控制、安全隔离等。

eSwitch（embedded Switch）：在服务器网卡上实现以太网二层虚拟交换的功能，包括虚拟机交换、QoS 控制、安全隔离等。

数据中心传统的虚拟化做法是 VLAN+xSTP+自学习，VLAN 负责隔离，xSTP 负责拓扑整合，自学习负责转发，三者贯穿于传统数据中心的二层网络。不过三者各有各的问题：VLAN 虽然简单成熟，但作为虚网的标签可用的只有 4094 个；自学习要依靠泛洪这种极度浪费资源的行为在二层网络探路，而且汇聚/核心层设备 MAC 地址表压力太大；xSTP 更是老大难的问题——收敛慢、规模受限、链路利用率低、配置复杂等，还要考虑如何与其他二层协议配合设计。

（3）服务器内部（网络 I/O 虚拟化）的虚拟化

全虚拟化网卡：虚拟化层完全模拟出来的网卡。在 KVM 中，默认情况下，网络设备是由 QEMU 在 Linux 的用户空间模拟出来提供给虚拟机的。这样做的好处是可以模拟很多种类型的网卡，但是，网络 I/O 需要虚拟化引擎参与，产生了大量的VM exit/VM entry，效率低下。

半虚拟网卡：半虚拟化Guest OS知道自己是虚拟机，通过Frontend/Backend驱动模拟实现IO虚拟化。透传就是直接分配物理设备给VM用。

Virtio是一种半虚拟化的设备抽象接口规范。Virtio负责对虚拟机提供统一的接口，也就是说，在虚拟机里面的操作系统，统一加载virtio驱动就行。在虚拟机外，可以实现不同的virtio的后端，适配不用的硬件设备（比如存储设备、网络设备）。

（4）网络设备虚拟化

大二层网络的应用越来越广，面对着越来越大的流量压力和被迫闲置的链路带宽，隧道技术出现了，它逐渐代替了“VLAN+xSTP+自学习”的铁三角，成为了热门的新一代数据中心网络技术。

隧道技术属于数据平面的虚拟化。隧道技术对二层帧进行再封装，把底层网络当作“大二层交换机”的背板走线，底层网络可达之处便是二层网络可及之处，在组网的物理位置上提供了几乎无限的可扩展性。隧道技术种类多种多样，从技术发展和市场趋势来看，数据中心隧道的部署历经四代，逐步朝着“隧道下沉”的趋势演进。

第一代隧道部署位于数据中心间的互连，部署在数据中心核心层出口PE上，实际上就是VPN技术的应用。为了实现跨DC的二层网络，往往使用L2 VPN，以VPLS作为代表技术。隧道终结于DC边缘，DC内部为纯二层环境，通过STP组网，或者使用堆叠/虚拟机框技术。第一代隧道技术，应用部署非常成熟，其问题在于：内部仍为VLAN组网，受到租户数量的限制；VPLS技术开通复杂，可扩展性差，没有针对DC间流量的优化。

第二代隧道部署，表现在DC间互联隧道从核心层下移到汇聚层，以OTV为代表。针对第一代中VPLS类技术的缺陷进行了优化，主要包括ARP代理、未知流量抑制、出/入向流量路径优化、多宿主双活等。数据中心内部仍使用STP/堆叠/虚拟机框+VLAN组网。

第三代隧道部署，表现在数据中心内部通过隧道优化二层传输，代表技术为TRILL/SPB，部署在接入/汇聚交换机上。相比于堆叠/虚拟机框，TRILL/SPB具有更好的选路智能，二层可扩展性显著提高，不过可能需要代替掉数据中心原有的交换设备。这种部署下，DCI设备模拟的是TRILL/SPB域中连接不同DC中边缘RB/BCB的二层点对多点互连，它能看到的MAC地址是RB/

BCB 的 MAC 地址，由于两者都使用了二层的控制协议进行地址学习而非传统的二层自学习，设备的行为也与传统以太网设备有所区别。要配合 OTV/EVN 这类 DCI 技术使用，则需要在相应的 TRILL、SPB 网关上进行终结，使得 OTV/EVN 能够发挥自身的特性。当然要是两个域离得不远，比如说一个大楼一个域，那么 TRILL 本身也是可以作为 DCI 技术使用的。

第四代隧道部署中，隧道设备将与虚拟机直连，部署在物理接入交换机上甚至服务器内部的 HyperVisor 中，形成二层端到端的隧道，代表技术为 VxLAN。这类技术在接入设备上打隧道，将 IP 的智能用于传输，可扩展性无限。同时，这种部署对传输设备透明，对现网的改造最小甚至能够做到零改造，而且基于应用层的封装也能任意地进行语意的扩展。不过，在获得现有设备便利的同时，也意味着传输网络上的选路智能难以做到像 TRILL/SPB 一样的控制。这种部署方式中，由于中间的 underlay 网络是 IP，因此，通过 MPLS/BGP VPN 这类 L3 VPN 做 DCI 是可以的。当然 VxLAN 的 DCI 也可以通过 VxLAN 网关来实现，这需要将一个二层的端到端 VxLAN 隧道拆成三端。

总之，第一代的部署方式相对陈旧，基本已经为后续方式所代替。后面的三代技术，以第二代 OTV+VSS 组网方式最为成熟，它的运维经验非常丰富。

（5）网络多虚一技术

最早的网络多虚一技术的代表是交换机集群 Cluster 技术，多以盒式小交换机为主，当前数据中心里面已经很少使用。新的技术则主要分为两个方向，控制平面虚拟化与数据平面虚拟化。

① 控制平面虚拟化。控制平面虚拟化是将所有设备的控制平面合而为一，只有一个主体去处理整个虚拟交换机的协议处理、表项同步等工作。从结构上来说，控制平面虚拟化又可以分为纵向与横向虚拟化两种方向。

纵向虚拟化指不同层次设备之间通过虚拟化合多为一，相当于将下游交换机设备作为上游设备的接口扩展而存在，虚拟化后的交换机控制平面和转发平面都在上游设备上，下游设备只有一些简单的同步处理特性，报文转发也都需要上送到上游设备进行。可以理解为集中式转发的虚拟交换机。

横向虚拟化多是将同一层次上的同类型交换机设备虚拟合一，控制平面纵向工作，这些都由一个主体去完成，但转发平面上所有的机框和盒子都可以对流量进行本地转发和处理，是典型分布式转发结构的虚拟交换机。

控制平面虚拟化从一定意义上来说是真正的虚拟交换机，能够同时解决统一管理与接口扩展的需求问题，但是服务器多虚一技术目前无法做到所有资源的灵活虚拟调配，而只能基于主机级别，当多机运行时，协调者的角色（等同于框式交换机的主控板控制平面）对同一应用来说，只能主备，无法做到负载均衡。网络设备虚拟化也同样如此，以框式设备举例，不管以后能够支持多少台设备虚拟合一，只要不能解决上述问题，从控制平面处理整个虚拟交换机运行的物理控制节点主控板都只能以一块为主，其他都是备份角色（类似于服务器多虚一中的 HA Cluster 结构）。

总而言之，虚拟交换机支持的物理节点规模永远会受限于此控制节点的处理能力。三层 IP 网络多路径已经有等价路由可以使用，二层 Ethernet 网络的多路径技术在 TRILL/SPB 使用之前只有一个链路聚合，所以只做 VPC。

② 数据平面虚拟化。数据平面的虚拟化主要有 TRILL 和 SPB。两个协议都是用 L2 ISIS 作为控制协议在所有设备进行拓扑路径计算，转发的时候会对原始报文进行外层封装，以不同目的 Tag 在 TRILL/SPB 区域内部进行转发。对外界来说，可以认为 TRILL/SPB 区域网络就是一个大的虚拟交换机，Ethernet 报文从入口进去后，完整地从出口吐出来，内部的转发过程对外是不可见且无意义的。

这种数据平面虚拟化多合一已经是广泛意义上的多虚一，此方式在二层 Ethernet 转发时可以有效地扩展规模范围，作为网络节点的 N 虚一来说，控制平面虚拟化目前 N 还在个位到十位数范围，数据平面虚拟化的 N 已经可以轻松达到百位的范畴。但其缺点也很明显，引入了控制协议报文处理，增加了网络的复杂度，同时，由于转发时对数据报文多了外层头的封包解包动作，降低了 Ethernet 的转发效率。

从数据中心当前发展来看，规模扩充是首位的，带宽增长也是不可动摇的，因此，在网络多虚一方面，控制平面多虚一的各种技术除非能够突破控制层多机协调工作的技术枷锁，否则，只有在中小型数据中心里面刨食的份儿了，后期真正的大型云计算数据中心势必属于 TRILL/SPB 此类数据平面多虚一技术的天地。

（6）网络一虚多技术

网络一虚多，从 Ethernet 的 VLAN 到 IP 的 VPN 都是大家耳熟能详的成熟技术，FC 里面也有对应的 VSAN 技术。此类技术的特点就是在转发报文里多插入一个 Tag，供不同设备统一进行识别，然后对报文进行分类转发。例如，只能手工配置的 VLAN ID 和可以自协商的 MPLS Label。传统技术都是基于转发层面的，虽然在管理上也可以根据 VPN 进行区分，但是 CPU/转发芯片/内存这些基础部件都是只能共享的。

对于网络一虚多，服务器网卡的 IO 虚拟化技术 SR-IOV 是比较重要的。单根虚拟化 SR-IOV 是由 PCI SIG Work Group 提出的标准，Intel 已经在多款网卡上提供了对此技术的支持，Cisco 也推出了支持 IO 虚拟化的网卡硬件 Palo。Palo 网卡同时能够封装 VN-Tag，用于支撑其 FEX+VN-Link 技术体系。

SR-IOV 就是要在物理网卡上建立多个虚拟 IO 通道，并使其能够直接一一对应到多个 VM 的虚拟网卡上，用以提高虚拟服务器的转发效率。具体说是对进入服务器的报文，通过网卡的硬件查表取代服务器中间 Hypervisor 层的 vS-witch 软件查表并进行转发。另外，在理论上，SR-IOV 只要添加一块转发芯片，应该可以支持 VM 本地交换（其实就是个小交换机），但个人目前还没有看到实际产品。SR 里的 Root 是指服务器中间的 Hypervisor，单根就是说目前一块硬件网卡只能支持一个 Hypervisor。有单根就有多根，多根指可以支持多个 Hypervisor。

SR-IOV 只定义了物理网卡到 VM 之间的联系，而对外层网络设备来说，如果想识别具体的 VM 上的虚拟网卡 vNIC，则还要在物理网卡到接入层交换机之间定义一个 Tag 以区分不同 vNIC。此时，物理网卡提供的就是一个通道作用，可以帮助交换机将虚拟网络接口延伸至服务器内部对应到每个 vNIC。

目前最新的一虚多技术就是 Cisco 实现的 VDC，和 VM 一样可以建立多个 VDC 并将物理资源独立分配，目前的实现是最多可建立 4 个 VDC，其中还有一个是做管理的，是通过 OS-Level 虚拟化实现的。

（7）SDN 技术

随着 IaaS 的发展，数据中心网络对网络虚拟化技术的需求将会越来越强烈。SDN 出现不久后，SDN 初创公司 Nicira 就开发了网络虚拟化产品 NVP。Nicira 被 VMware 收购之后，VMware 结合 NVP 和自己的产品 vCloud Networking and Security（vCNS），推出了 VMware 的网络虚拟化和安全产品 NSX。NSX 可以为数据中心提供软件定义化的网络虚拟化服务。由于网络虚拟化是 SDN 早期少数几个可以落地的应用之一，所以，大众很容易将网络虚拟化和 SDN 弄混淆。SDN 不是网络虚拟化，网络虚拟化也不是 SDN。正如前面所说，网络虚拟化只是一种网络技术，而基于 SDN 的网络架构可以更容易地实现网络虚拟化。

SDN 是一种集中控制的网络架构，可将网络划分为数据层面和控制层面。而网络虚拟化是一种网络技术，可以在物理拓扑上创建虚拟网络。通过集中控制的方式，网络管理员可以通过控制器的 API 来编写程序，从而实现自动化的业务部署，大大缩短业务部署周期，同时，也实现随需动态调整。

通过 SDN 实现网络虚拟化需要完成物理网络管理、网络资源虚拟化和网络隔离三部分工作。而这三部分内容往往通过专门的中间层软件完成，称为网络虚拟化平台。虚拟化平台需要完成物理网络的管理和抽象虚拟化，并分别提供给不同的租户。此外，虚拟化平台还应该实现不同租户之间的相互隔离，保证不同租户互不影响。虚拟化平台的存在使得租户无法感知到网络虚拟化的存在，即虚拟化平台可实现用户透明的网络虚拟化。

（8）网络虚拟化的未来发展预测

网络虚拟化技术必定会成为网络技术发展的重中之重，谁能占领制高点谁就能引领数据中心网络的前进。

① VM 虚拟交换：最终将会出现硬件交换机进入服务器内部的结果，随着交换机芯片价格越来越便宜，芯片集成度越来越高，可以将交换机转发芯片集成到网卡上，或者直接集成到宿主机主板上。

② 云存储方面：FCoE 基于 Ethernet 带宽方面的优势，吸收了两者的长处，号称当代最伟大的万兆，具有不丢包、低延时、无损耗的特性。因此，FCoE 将会逐步取代 FC，使后端的存储网络和前端数据网络彻底融合，进一步简化网络结构，降低组网成本。

③ 二层交换虚拟化：TRILL 将会成为主流，在后续巨型数据中心内，基于 IP 层面的交换会导致传输效率降低和部署复杂度提升，因此仍然会以 Ethernet 技术为主，而 TRILL 是最有发展前景的公共标准。各个厂商的私有技术只能在小规模数据中心内有所应用。

④ 设备一虚多：服务器建 VM 是为了把物理服务器空余的计算能力全都利用上，而在云计算数据中心里，网络设备的接口密度和性能可以是无限扩展的，因此，网络设备一虚多技术应该不是未来的方向。

⑤ 设备多虚一：通过各个层次上的网络设备的多虚一，可以优化组网的逻辑结构，简化设计和管理，同时解决二层多路径等问题，提高接入带宽和上行带宽。设备多虚一技术的优点很多，但是它的进一步发展，取决于交换机主

控芯片的性能提升情况。

⑥ SDN：ICT 产业把 SDN 当作 IT 产业向网络领域延伸的重要呈现，即软件定义一切 SDN 技术与应用发展尚处起步阶段，最近几年可能会在 IDC、校园、公司内部网络先行使用。不久之后，SDN 的领域可能往传输网路、云端服务、无线通信等各个相关领域延伸。

3.4.2 实现方式

（1）虚拟交换机

虚拟化的环境中，在主机内部，各虚拟机通过模拟物理功能的虚拟交换机 vSwitch 相互通信，虚拟机和外界通信则是通过虚拟交换机捆绑的上联物理网卡来进行。这种纯软件实现的交换机功能的控制平面位于主机上，同时主机还负责数据平面。通过虚拟交换机，管理员可以灵活创建端口和端口组、网卡捆绑和 vLan 划分等配置。VMware 标准交换机提供流量调整功能，管理员可对端口设置平均带宽、峰值带宽和突发流量。在方物虚拟化的标准交换机中，管理员还可以对端口组设置最小带宽。

（2）分布式虚拟交换机

在 VMware vCenter Server 或者是方物的 vCenter 中均可以创建分布式交换机。分布式虚拟交换机可以带来的好处有两点：一是分布式交换机为虚拟交换管理提供了集中化的控制平面，可简化虚拟机网络连接的部署、管理和监控；二是虚拟机跨主机迁移时可保持网络运行状态，可提供更为高级的功能，比如网络 I/O 控制、负载平衡和分布式端口组等。

（3）网卡绑定

网卡捆绑又称绑定和组合等，它将主机上的多个物理网卡组合成单一的逻辑链路，为虚拟交换机提供带宽聚合和冗余性，可以在捆绑后实现负载平衡、故障检测、恢复、切换等设置。在方物虚拟化标准中，网卡绑定的主备模式可抵御网卡故障风险，负载均衡模式可在确保在网卡冗余的基础之上，均衡地将负载分担到多块网卡之上，保障虚机稳定高效使用网络。

（4）单根虚拟化 SR-IOV

服务器虚拟化运用逐步深入，在有些场景下，网络可能成为性能瓶颈。单根虚拟化可将 I/O 设备的统管理程序模拟功能卸载到专业化硬件和设备驱动器上。利用物理网卡的 VF 功能，SR-IOV 允许管理程序将虚拟功能映射到 VM 上，以实现本机设备性能和隔离安全。这种技术可降低网络功能对计算的消耗，在网络流量方面，该技术的网络功能能接近于物理功能出来的效果。

（5）VEPA

传统虚拟环境下，同一物理节点的不同虚拟机之间的流量发送是由虚拟交换机直接处理的，并不会发自物理网口。虚拟以太端口汇聚器（VEPA），采用VEPA方式，虚拟机内部之间流量不再由本地虚拟交换机处理，而是被强制发往物理网卡外部，由网卡上联的VEPA交换机接收处理后才发送回来。这种方式下，所有虚拟机流量被重新导向了上联物理交换机，用户可以轻松地以传统管理方式，在修改后的物理交换机上实现流量统计、安全控制管理，减少物理节点宝贵的CPU资源，CPU资源不必浪费在简单的网络I/O层面，提升效率。

（6）SDN

SDN强调网络的控制平面和数据平面分离，将复杂的网络进行具体细化的抽离，使之具有可扩展性和可编程性等。

虚拟化平台是介于数据网络拓扑和租户控制器之间的中间层。面向数据平面，虚拟化平台就是控制器，而面向租户控制器，虚拟化平台就是数据平面。所以，虚拟化平台本质上具有数据平面和控制层面两种属性。在虚拟化的核心层，虚拟化平台需要完成物理网络资源到虚拟资源的虚拟化映射过程。面向租户控制器，虚拟化平台充当数据平面角色，将模拟出来的虚拟网络呈现给租户控制器。从租户控制器上往下看，只能看到属于自己的虚拟网络，而并不了解真实的物理网络。而在数据层面的角度看，虚拟化平台就是控制器，而交换机并不知道虚拟平面的存在。所以，虚拟化平台的存在实现了面向租户和面向底层网络的透明虚拟化，其管理全部的物理网络拓扑，并向租户提供隔离的虚拟网络。

虚拟化平台不仅可以实现物理拓扑到虚拟拓扑“一对一”的映射，也应该能实现物理拓扑“多对一”的映射。而由于租户网络无法独占物理平面的交换机，所以，本质上虚拟网络实现了“一虚多”和“多虚一”的虚拟化。此处的“一虚多”是指单个物理交换机可以虚拟映射成多个虚拟租户网中的逻辑交换机，从而被不同的租户共享；“多虚一”是指多个物理交换机和链路资源被虚拟成一个大型的逻辑交换机，即租户眼中的一个交换机可能在物理上由多个物理交换机连接而成。

目前，SDN代表性的协议和技术为VXLAN和OpenFlow。VXLAN是一项多厂商支持的网络虚拟化技术，在摒弃传统二层网络内在的扩展问题的基础上，可供组建大规模的二层网络。采用类似 VLAN 的封装技术封装二层网络帧，可经由三层网络转发。从一个虚拟机的角度，无论物理主机的 IP 子网和 VLAN 划分如何，VXLAN 都可以使虚拟机部署在任何位置的任何主机上。

OpenFlow 的核心思想可以抽象出一个网络操作系统，它可屏蔽底层网络设备的具体细节，同时还为上层应用提供了统一的管理视图和编程接口。基于网络操作系统这个平台，用户可以开发各种应用程序，通过软件来定义逻辑上的网络拓扑，以满足对网络资源的不同需求，而无需关心底层网络的物理拓扑结构。

3.5 桌面虚拟化

桌面虚拟化的技术出现得比较早，简单地将桌面虚拟化技术分为以下三个阶段。

0.5 代技术：是用于 PC 上的桌面系统之上的虚拟化解决方案，其本身解决的是操作系统的安装环境与运行环境的分离，不依赖于特定的硬件。主要有以下四种：多用户形态、Windows 下的硬盘分区、桌面虚拟化协议和桌面操作系统虚拟化。

第一代桌面虚拟化技术：将远程桌面的远程访问能力与虚拟操作系统结合起来，把后台服务器桌面虚拟化，同时让用户能够通过各种手段，在任何时间、任何地点，通过任何可联网设备都能够访问到自己的桌面。

第二代桌面虚拟化技术：为了提高管理性，第二代桌面虚拟化技术进一步将桌面系统的运行环境与安装环境拆分，将应用与桌面进行拆分，将配置文件进行拆分，从而大大降低了管理复杂度与成本，提高了管理效率，如图 3.20 所示。

这样做方便运维人员集中管理，并且大大节约了采购和维护成本。

首先，第二代桌面虚拟化技术由于采用高级的位图流传输协议，可以传输图片。其次，解决了视频音频等的重定向问题，传输到客户端的不只是桌面的图像，还有声音。最后，第二代技术支持 U 盘等文件存储，可以将文件下载到本地。

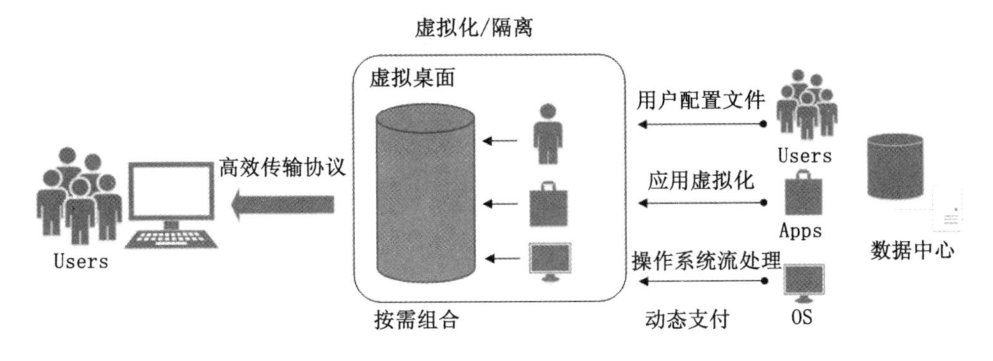

图 3.20 桌面虚拟化技术

3.5.1 基本概念

桌面虚拟化是指将计算机的终端系统（也称作桌面）进行虚拟化，以达到桌面使用的安全性和灵活性。可以通过任何设备，在任何地点、任何时间通过网络访问属于我们个人的桌面系统。

桌面虚拟化依赖于服务器虚拟化，在数据中心的服务器上进行服务器虚拟化，生成大量的、独立的桌面操作系统（虚拟机或者虚拟桌面），同时，根据专有的虚拟桌面协议发送给终端设备。用户终端通过以太网登录到虚拟主机上，只需要记住用户名和密码及网关信息，即可随时随地通过网络访问自己的桌面系统，从而实现单机多用户。

桌面虚拟化技术的价值如下。

① 更灵活的访问和使用。随着网络的发展，虚拟桌面技术带来的直接好处就是用户对桌面的访问不需要被限制在具体设备、具体地点和具体时间上。我们通过任何一种满足接入要求的设备，就可以访问自己的桌面。

② 更广泛与简化的终端设备支持。在虚拟桌面的推动下，未来的企业 IT 可能会更像一个电视网络，变得更加灵活、易用。我们可以使用各种设备，像看电视和选台一样去访问桌面或者应用。

③ 终端设备采购和维护成本大大降低。这种 IT 架构的简化，带来的直接好处就是终端设备的采购成本降低。另外，现有的 PC 系统也可以大大延长其使用周期，只要外设可用，就可以转化为普通终端，间接降低了电子垃圾的产生数量。

④ 集中管理，统一配置，使用安全。由于计算发生在数据中心，所有桌面的管理和配置都在数据中心进行，管理员可以在数据中心对所有桌面和应用

进行统一配置和管理。由于传递的只是最终运行图像，所有的数据和计算都发生在数据中心，则机密数据和信息不需要通过网络传递，增加了安全性。另外，这些数据也可以通过配置不允许被下载到客户端，保证用户不会带走、传播机密信息。

⑤ 降低耗电，节能减排。使用桌面虚拟化技术，一年的电费也会降低90%左右。需要强调的是，桌面虚拟化的优势是具有典型规模效应的，终端数量越多，上述的收益和优势越突出。

3.5.2 实现方式

目前市场上已经有 VMware Horizon Viewer、Citrix Xen Desktop 和微软 VDI 方案等成熟的商业解决方案，但是价格不菲，不是所有企业都能接受的。近几年，随着 KVM 虚拟化技术逐渐成熟，很多桌面虚拟化解决方案开始以 KVM 为虚拟化引擎。

桌面虚拟化用户的桌面操作系统集中运行在服务器端，服务器端应用 VMware、Xen、KVM 和 Typer-V 等虚拟化技术，在一台物理服务器上运行多个桌面操作系统。而用户使用 PC、瘦客户端等终端设备，通过 ICA、RDP、PCoIP 和 SPICE 等远程访问协议连接到桌面操作系统。由此可见，虚拟化技术和远程访问协议是 VDI 的两大核心技术。

提供桌面虚拟化解决方案的主要厂商包括微软、VMware、Citrix，而使用的远程访问协议主要利用以下三种协议。

① 第一种是 RDP 协议，早期由 Citrix 开发，后来被微软购买并集成在 Windows 中的 RDP 协议，这种协议被微软桌面虚拟化产品使用，而基于 VMware 的 Sun Ray 等硬件产品，也都是使用 RDP 协议。

② 第二种就是 Citrix 自己开发的独有的 ICA 协议，Citrix 将这种协议使用到其应用虚拟化产品与桌面虚拟化产品中。

③ 第三种是加拿大的 Teradici 公司开发的 PCoIP 协议，用于 VMware 的桌面虚拟化产品，可以提供高质量的虚拟桌面用户体验。

这三家厂商后台的服务器虚拟化技术，微软采用的是 Hyper-v，VMware 使用的是自己的 vSphere，Citrix 可以使用 XenServer、Hyper-v 和 vSphere。

（1） KVM 桌面虚拟化

KVM 是 Kernel Virtual Machine 的简写，目前 Red Hat 只支持在 64 位的 RHEL5.4 及以上的系统运行 KVM，同时，硬件需要支持 VT 技术。KVM 的前

身是 QEMU，2008 年被 Red Hat 公司收购并获得一项 hypervisor 技术，不过 Red Hat 的 KVM 被认为是未来 Linux hypervisor 的主流，准确来说，KVM 仅仅是 Linux 内核的一个模块。管理和创建完整的 KVM 虚拟机，需要更多的辅助工具。

KVM 是 Linux 自带的一款优秀虚拟化软件，和 Xen 都是开源的，所以很多中小企业选择 KVM 搭建自己的云平台。

KVM 代表基于内核的虚拟机，致力于与内核本身进行深度集成，比主要存在于用户空间（User Space）中的虚拟机管理程序在性能上更有优势。

KVM 是开源生态系统中唯一与特定商业利益集团没有关联的主要的虚拟机管理程序。Xen 也是免费的、开源的，但是它归思杰所有。虽然 Virtual Box 代码大部分是开放的，但是一些代码是专有的，属于甲骨文，而 VMware 实际上就是闭源。

在 virt-manager 等工具的帮助之下，建立一个 KVM 虚拟机，运行作为访客系统的 Windows、Linux 或其他各种操作系统，快捷又简单。KVM 是轻量级的虚拟机，资源消耗比 VM 低，但是性能有限。

（2）Citrix 桌面虚拟化

Citrix Xen Server 是领先的虚拟化管理平台，针对应用程序、桌面和服务器虚拟化基础架构进行了优化。在 Xen Server 上整合和控制工作量使得任何垂直或任何规模的企业均能够改造其业务 IT 计算基础架构。

Citrix Xen Desktop 是一套桌面虚拟化解决方案，可将 Windows 桌面和应用转变为一种按需服务，向任何地点、使用任何设备的任何用户交付。使用 Xen Desktop，不仅可以安全地向 PC、Mac、平板设备、智能电话、笔记本电脑和瘦客户端交付单个 Windows、Web 和 SaaS 应用或整个虚拟桌面，而且可以为用户提供高清体验。

Citrix® XenApp™是一款按需应用交付解决方案，允许在数据中心对任何 Windows 应用进行虚拟化、集中保存和管理，然后随时随地通过任何设备按需交付给用户。

AppDNA 应用测试、纠错和打包、实现应用的轻松迁移部署。

XenClient 支持在移动和离线的状态下轻松使用虚拟桌面。

Citrix Receiver 可支持几乎所有类型的客户端，包括 Windows、Mac、Linux 台式机和笔记本；瘦客户端及最新的 iOS、Android、RIM 和 webOS 平板电脑及智能电话。通过支持集中化和虚拟化基础架构，Citrix Receiver 可帮助 IT 部门有效提升用户体验，同时，提供足够的安全性和可扩展性，来确保全面的数据、应用和桌面支持。

VDI-in-a-Box 是专为帮助桌面 IT 部门更简单、自动而且经济高效地完成虚拟桌面管理，为用户交付出色的体验而设计的。

GoToMyPC 远程安全地访问用户的 Mac 或 PC。

（3）Hyper-V 桌面虚拟化

Hyper-V 是微软的一款虚拟化产品，是微软第一个采用类似 VMware 和 Citrix开源 Xen 的基于 Hypervisor 的技术。Hyper-V 是微软提出的一种系统管理程序虚拟化技术，能够实现桌面虚拟化。

Hyper-V 的定位更多偏向于服务器虚拟化，除了系统部署配置外，在正常运行的情况下，一般无需长期直接在这个控制台连接到虚拟机上进行操作，为系统保留更多的资源。只要服务器配置强劲，可以在 Hyper-V 创建更多的虚拟桌面会话主机或服务器，用于发布和后台服务。Hyper-V 的管理器就如同一台隐形的机柜，机柜中放置一组各式的服务器，平常没什么大问题时都可以利用 3389 远程桌面连接来调试服务器。

（4）VMware 虚拟化桌面

VMware VDI 的优势源自 VMware 服务器虚拟化的成功，并已被 IT 业界验证。在 VDI 中，ESX Server 包含的不是一系列虚拟服务器，而是虚拟桌面，每个 VM 都是使用用户的操作系统和应用程序载入或动态供应的。它拥有熟悉的用户体验。这是一个 VMware 的解决方案，而不是一种产品，因为它涉及使用虚拟化提供虚拟桌面给使用者。

VMware VDI 易于管理，它集成了 VMware Infrastructure 3 和 VMware Virtual Desktop Manager 2，通过管理在数据中心上运行的多个 PC 系统，并安全灵活地分发给客户端使用。

典型的 VMware VDI 环境包括以下三个组件：VMware Infrastructure 3、VMware Virtual Desktop Manager、客户端。此外，要运行 VMware Virtual Desktop Manager 软件，还需要有 Microsoft Active Directory。

运行 VMware VDI 的同时，可以使用 VDM，它是一种企业级桌面管理服务器，可以安全地将用户连接到数据中心的虚拟桌面，并提供易于使用的基于 Web 的界面来管理集中的环境。企业可以在位于中央数据中心的虚拟机内部运行桌面。使用 VMware Virtual Desktop Manager 连接代理，用户可通过远程显示协议（如 RDP）从 PC 或瘦客户端远程访问这些桌面。

使用 VMware VDI 既可以对企业资产进行严格的控制，又可以简化桌面管理。这一综合性的桌面虚拟化解决方案可以使用户通过数据中心对虚拟机进行管理，从而取代传统的 PC 机。

VDI 是一种基于服务器的计算技术，但是与终端服务或共享应用程序解决方案相比，它有以下优点。

① 与应用程序共享技术不同的是，在集中式服务器上运行的 VMware VDI 桌面是完全独立的，这有助于阻止对桌面映像进行未经授权的访问，并同时提高可靠性。

② 使用虚拟机模板和自动部署功能可以轻松地部署 VMware 桌面，而且无须更改应用程序，用户只需通过远程连接即可访问同一桌面。

③ 公司可以利用 VMware Infrastructure 3 组件（如 VMware Consolidated Backup）和共享存储来提供终端服务解决方案，目前无法提供桌面灾难恢复功能。

④ VMware VDI 仍享有基于服务器的计算技术所能带来的一些引人注目的好处，包括简化桌面管理及能够从中央位置升级和修补系统。

VMware VDI 也存在一些缺点。VMware VDI 主要的问题是需要强大的数据中心支持，这对数据存储设备的要求很高。VMware VDI 更适宜拥有广大的数据中心或者磁盘阵列的大企业，中小企业部署 VDI 有些得不偿失。

3.6　小结

随着我国云计算技术的发展，越来越多的虚拟化技术应用到日常生活中，在企业中，虚拟化技术可以实现员工信息共享，提高协作能力和工作效率，提升系统运行效率，实现可持续发展，有效整合各种资源，提升系统的安全性等。我国已经发展出腾讯云、阿里云等云平台，华为公司也开发出了 openLooKeng，一款开源的高性能数据虚拟化引擎。总体来说，虚拟化技术的使用助力了经济的发展，推动了社会的进步。

本章对云计算的虚拟化技术进行了概述。首先介绍了虚拟化的定义，接着介绍了常见的虚拟化技术方式：软件虚拟化、硬件虚拟化、全虚拟化和半虚拟化，以及典型的虚拟化技术：开源的 KVM、Xen，微软的 Hyper-V 技术和 Docker 容器，最后介绍了虚拟化技术的优势。本章由于篇幅原因，没有介绍如何创建虚拟器件，如何部署虚拟化服务，如何运行、维护虚拟化的关键技术，读者可以查阅相关技术资料掌握具体的实现技术。

参考文献

[1] 林昆.基于 Intel VT-d 技术的虚拟机安全隔离研究[D].上海:上海交通大学,2011.

[2] 郝旭东.Intel VT-d 技术的研究及其在 KVM 虚拟机上的实现[D].成都:电子科技大学,2009.

[3] 马秀芳,李红岩.计算机虚拟化技术浅析[J].电脑知识与技术,2010(33):9408-9409.

[4] 党闰民,宁勇,孔德生.计算机虚拟化技术的分析及其实践应用[J].科技传播,2013(20):204-205.

[5] 诸葛华.计算机虚拟化技术在教学及其相关领域的应用[J].新疆广播电视大学学报,2010(3):60-62.

[7] 舒继武.存储虚拟化[J].中国教育网络,2007(4):67-70.

[8] 吴松,金海.存储虚拟化研究[J].小型微型计算机系统,2003,24(4):728-732.

[9] 谭生龙.存储虚拟化技术的研究[J].网络新媒体技术,2010,31(1):33-38.

[10] 谢长生,金伟.SAN 网络级存储虚拟化实现方式的研究与设计[J].计算机应用研究,2004,21(4):191-193.

[11] 常征.存储虚拟化技术的研究与比较[J].安徽电气工程职业技术学院学报,2011,16(b10):142-144.

[12] 马锡坤,于京杰,杨国斌.存储虚拟化技术在医院信息系统平台中的作用[J].中国医疗设备,2011,26(10):39-40.

[13] 许守东.云计算技术应用与实践[M].北京:中国铁道出版社,2013.

[14] 李飞.信息安全理论与技术[M].西安:西安电子科技大学出版社,2016.

第 4 章　分布式技术框架

在 20 世纪 60 年代，大型主机凭借其超强的计算和 IO 处理能力及在稳定性和安全性方面的卓越表现，在很长的一段时间里引领了计算机行业的发展。随着计算需求的增长与计算场景的多样化，集中式的处理模式越来越显得捉襟见肘，同时，随着 PC 技术的成熟和普及，产生了大量闲散的计算单元，网格计算的概念随之也被提出，并随着计算机网络化和微型化的发展趋势，不断演进发展[1]，分布式计算的理论和实践逐渐走向成熟，计算机系统也开始从集中式向分布式架构演进。

分布式计算是和集中式计算相对立的概念，分布式计算是将需要大量计算的应用分割成小部分，由多台计算机分别处理，最后把这些计算结果综合起来得到最终的结果[2]。

4.1　分布式技术原理

分布式计算就是利用网络把成千上万台计算机连接起来，组成一台虚拟的超级计算机，并利用它们的空闲时间和存储空间来完成单台计算机无法完成的超大规模计算事务的求解。分布式计算主要研究的是分布式操作系统和分布式计算环境两个方面。

分布式计算的优点：可以快速访问、多用户使用。每台计算机可以访问系统内其他计算机的信息文件；系统设计上具有更大的灵活性，既可为独立的计算机用户的特殊需求服务，也可为联网的企业需求服务，实现系统内不同计算机之间的通信；每台计算机都可以拥有和保持所需要的最大数据和文件；减少了数据传输的成本和风险。为分散节点和中心枢纽节点双方提供更迅速的信息通信和处理方式，为每个分散的数据库提供作用域，数据存储于许多存储单元中，但任何用户都可以进行全局访问，使故障的不利影响最小化，以较低的成本来满足企业的特定要求。

分布式计算工作原理：需要巨大的计算能力才能解决的问题课题一般是跨学科的、极富挑战性的、人类亟待解决的科研课题。在以前，这些问题都应该由超级计算机来解决，但是超级计算机的造价和维护成本非常昂贵，这不是一个普通的科研组织所能承受的。随着科学的发展，一种低价的、高效的、维护方便的计算方法应运而生——分布式计算。分布式计算是利用互联网上的计算机中央处理器的闲置处理能力来解决大型计算问题的一种计算科学。随着计算机的普及，越来越多的电脑处于闲置状态，即使在开机状态下中央处理器的潜力也远远不能被完全利用。互联网的出现使得连接调用所有这些拥有限制计算资源的计算机系统成为了现实。一个非常复杂的问题往往很适合于划分为大量的、更小的计算片断的问题，服务端负责将计算问题分成许多小的计算部分，然后把这些部分分配给许多联网参与计算的计算机进行并行处理，最后将这些计算结果综合起来得到最终的结果。

4.1.1 分布式计算和并行计算

分布式计算、并行计算、网格计算和云计算都属于高性能计算（HPC）的范畴，它们的主要目的在于对大数据的分析与处理，但它们却存在很多差异[3]。本节主要介绍分布式计算和并行计算的工作原理、特点、运用的场合与区别和联系。

4.1.1.1 分布式计算

分布式计算主要研究分散系统如何进行计算。分散系统是一组计算机，通过计算机网络相互连接和通信形成的系统。分布式计算是把需要进行大量计算的工程数据分区成小块，由多台计算机分别计算并上传运算结果后，将结果统一合并得出数据结论的计算方式。

广义分布式计算就是在两个或多个软件中互相共享信息，这些软件既可以在同一台计算机上运行，也可以在通过网络连接起来的多台计算机上运行[4]。

（1）分布式计算比其他算法具有以下三个优点

① 稀有资源可以共享；

② 通过分布式计算可以在多台计算机上平衡计算负载；

③ 可以把程序放在最适合运行它的计算机上。

其中，共享稀有资源和平衡负载是计算机分布式计算的核心思想之一。

（2）分布式计算可以分为以下三类

① 传统的 C/S 模型。如 HTTP/FTP/SMTP/POP/DBMS 等服务器，客户端

向服务器发送请求，服务器处理请求，并把结果返回给客户端。客户端处于主动，服务器处于被动，这种调用是显式的远程调用或本地调用，每个细节都必须很清楚[5-6]。

② 集群技术。集群是一组相互独立的、通过高速网络互联的计算机，它们构成了一个组并以单一系统的模式加以管理。一个客户与集群相互作用时，集群就像是一个独立的服务器。通过集群技术，可以在付出较低成本的情况下获得在性能、可靠性、灵活性方面相对较高的收益，其任务调度则是集群系统中的核心技术。

③ 通用型分布式计算环境。如 CORBA（专注于企业级应用）/DCOM/RMI/DBUS（专注于桌面环境）等，这些技术（规范）差不多都具有网络透明性，被调用的方法可能在另外一个进程中，也可能在另外一台机器上。调用者基本上不用关心是本地调用还是远程调用。当然正是这种透明性，造成了分布式计算的滥用，分布式计算用起来方便，大家以为它是免费的。实际上，分布式计算的代价是可观的。跨进程的调用，速度可能会降低一个数量级，跨机器的调用，速度可能降低两个数量级。建议减少使用分布式计算，即使要使用，也要使用粗粒度的调用，以减少调用的次数。

（3）分布式计算简单模型

在传统的方法中，调用一个对象的函数很简单，首先创建这个对象，然后调用它的函数就可以了。而在分布式的环境中，对象在另外一个进程中，在完全不同的地址空间里，要调用它的函数就会遇到阻力和困难。要简化软件的设计，网络操作必须透明化，调用者和实现者都无需关心网络操作。要做到这一点，可以选择图 4.1 所示的分布式计算简单模型方法[7]。

在客户端引入一个代理（Proxy）对象，Proxy 全权代理实际对象，调用者甚至都不知道它是一个代理，可以像调用本地对象一样调用这个对象。当调用者调用 Proxy 的函数时，Proxy 并不做实际的操作，而是把这些参数打包成一个网络数据包，并把这个数据包通过网络发送给服务器。

在服务器引入一个桩（Stub）对象，Stub 收到 Proxy 发送的数据包之后，把数据包解开，重新组织为参数列表，并用这些参数传递给实际对象的函数。实际对象执行相关操作，把结果返回给 Stub，Stub 再把结果打包成一个网络数据包，并把这个数据包通过网络发送给客户端的 Proxy。

Proxy 收到结果数据包后，把数据包解开为返回值，返回给调用者，至此，

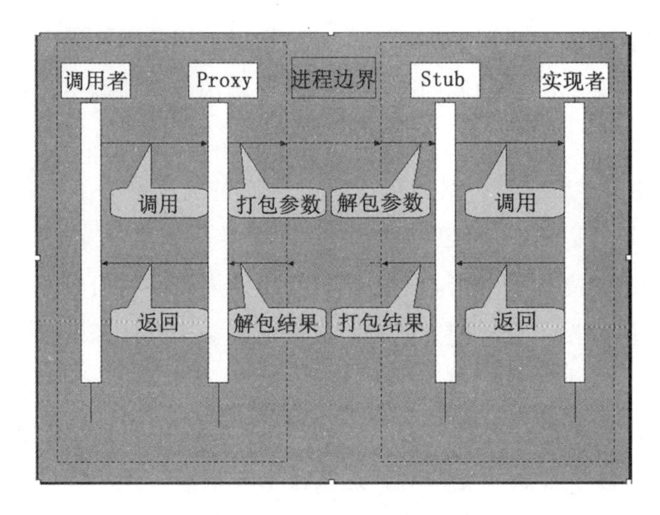

图 4.1 分布式计算简单模型

整个操作完成。像 DCOM 和 CORBA 等采用这种操作方法，先用 IDL 语言描述出对象的接口，然后用 IDL 编译器自动产生 Proxy 和 Stub 代码，整个过程完全不需要开发人员操心。

图 4.1 的模型仍然不完整，因为现实中的对象并不是一直处于被动的地位，而是在一定的条件下，会主动触发一些事件，并把这些事件上报给调用者。也就是说，这是一个双向的动作，单纯的 C/S 模型无法满足要求，而要采用 P2P 的方式。原先的客户端同时作为一个服务器存在，接受来自自己服务器的请求。像 COM 就是这样做的，客户端要注册对象的事件，就要实现一个 IDispatch 接口，给对象反过来调用。

4.1.1.2 并行计算

并行计算或称平行计算，是相对于串行计算来说的。所谓并行计算可分为时间上的并行和空间上的并行。时间上的并行就是指流水线技术，而空间上的并行则是指用多个处理器并发的执行计算[8]。

并行计算（Parallel Computing）是指同时使用多种计算资源解决计算问题的过程。为执行并行计算，计算资源应包括一台配有多处理机（并行处理）的计算机、一个与网络相连的计算机专有编号，或者两者结合使用。并行计算的主要目的是快速解决大型且复杂的计算问题。

并行计算主要研究的是空间上的并行问题，从程序、算法和设计人员的角度来看，并行计算又可分为数据并行和任务并行。一般来说，因为数据并行主要是将一个大任务化解成相同的各个子任务，比任务并行要容易处理。

空间上的并行导致两类并行机的产生，按照 Michael Flynn（费林分类法）的说法分为单指令流多数据流（SIMD）和多指令流多数据流（MIMD），而常用的串行机也称为单指令流单数据流（SISD）。MIMD 类的机器又可分为常见的五类：并行向量处理机（PVP）、对称多处理机（SMP）、大规模并行处理机（MPP）、工作站机群（COW）、分布式共享存储处理机（DSM）。

（1）并行计算访存模型

并行计算机有以下五种访存模型。

① 均匀访存模型（UMA）。物理存储器被所有处理器均匀共享，所有处理器对所有 SM 访存的时间相同，每台处理器可带有高速私有缓存，外围设备共享。

② 非均匀访存模型（NUMA）。共享的 SM（共享内存）是由物理分布式的 LM（分布式本地内存）逻辑构成，处理器访存时间不一样，访问 LM 或 CSM（群内共享存储器）内存储器比访问 GSM（群间共享存储器）快。

③ 全高速缓存访存模型（COMA）。全高速缓存存储访问是 NUMA 的特例，实现全高速缓存。

④ 一致性高速缓存非均匀存储访问模型（CC-NUMA）。高速缓存一致性 NUMA：NUMA+高速缓存一致性协议。

⑤ 非远程存储访问模型（NORMA）。无 SM，所有 LM 私有，通过消息传递通信。

（2）并行计算模型

不像串行计算机那样，全世界基本上都在使用冯·诺伊曼的计算模型，并行计算机没有一个统一的计算模型。目前，已经有学者提出了以下四种有价值的参考模型。

① PRAM 模型（Parallel Random Access Machine）。并行随机存取机器，是一种抽象并行计算模型，它假设：存在容量无限大的 SM；有限或无限个功能相同的处理器，且均有简单算术运算和逻辑判断功能；任何时刻各处理器可通过 SM 交换数据。

② BSP 模型（MIMD-DM）。BSP（Bulk Synchronous Parallel）大同步并行机（APRAM 算作轻量）是一个分布式存储的 MIMD 模型，它的计算由若干全局同步分开的、周期为 L 的超级步组成，各超级步中处理器做 LM 操作并通过选路器接收和发送消息；然后做一次全局检查，以确定该超级步是否已经完成

（块内异步并行，块间显式同步）。

③ LogP 模型。LogP 模型是分布式存储、点到点通信的 MIMD 模型，采取隐式同步，而不是显式同步障。

④ 异步 APRAM 模型（MIMD-SM）。异步 APRAM 模型假设：每个处理器有 LM、局部时钟、局部程序；处理器通信经过 SM；无全局时钟，各处理器异步执行各自指令；处理器之间的指令相互依赖关系必须显式加入同步障；一条指令可以在非确定但有界时间内完成。

（3）并行算法基本设计策略

① 串改并：发掘和利用现有串行算法中的并行性，直接将串行算法改造为并行算法，这是最常用的设计思路，但并不普适，好的串行算法一般无法并行化。

② 全新设计：从问题本身描述出发，不考虑相应的串行算法，设计一个全新的并行算法。

③ 借用法：找出求解问题和某个已解决问题之间的联系，改造或利用已知算法应用到求解问题上。

（4）并行计算基本术语

① 节点度：射入或射出一个节点的边数。在单向网络中，入射和出射边之和称为节点度。

② 网络直径：网络中任何两个节点之间的最长距离，即最大路径数。

③ 对剖宽度：对分网络各半所必须移去的最少边数。

④ 对剖带宽：每秒钟内，在最小的对剖平面上通过所有连线的最大信息位（或字节）。

4.1.1.3 并行计算与分布式计算区别与联系

并行计算和分布式计算既有区别也有联系，从解决对象上看，两者都是大任务化为小任务，这是它们的共同之处。具体区别和联系如表 4.1 所示。

表 4.1 并行计算与分布式计算区别与联系

项目	并行计算	分布式计算
相	① 都是运用并行来获得更高性能计算，把大任务分为 N 个小任务	
同	② 都属于高性能计算（High Performance Computing，HPC）的范畴	
点	③ 主要目的都是对大数据的分析与处理	

表4.1(续)

项目		并行计算	分布式计算
不同点	时效性	强调	不强调
	独立性	弱，小任务计算结果决定最终计算结果	强，小任务计算结果一般不影响最终结果
	任务包的关系	关系密切	相互独立
	每个节点任务	必要，并且时间同步	不必要，时间没限制
	节点通信	必需	不必需，可以无网络
	应用的场合	科学计算等	海量数据处理等

① 简单地理解，并行计算借助并行算法和并行编程语言能够实现进程级并行（如 MPI）和线程级并行（如 openMP）。而分布式计算只是将任务分成小块到各个计算机，分别计算、各自执行。

② 粒度方面，并行计算中，处理器间的交互一般很频繁，往往具有细粒度和低开销的特征，并且被认为是可靠的。而在分布式计算中，处理器间的交互不频繁，交互特征是粗粒度，并且被认为是不可靠的。并行计算注重短的执行时间，分布式计算则注重长的正常运行时间。

③ 联系，并行计算和分布式计算两者是密切相关的。某些特征与程度（处理器间交互频率）有关。另一些特征则与侧重点有关（速度与可靠性），而且这两个特性对并行和分布两类系统都很重要。

④ 总之，这两种不同类型的计算在一个多维空间中代表不同但又相邻的点。

4.1.2 分布式存储

在这个数据爆炸的时代，产生的数据量不断地攀升，从 GB、TB、PB、ZB 中挖掘数据的价值也是企业不断追求的终极目标。但是要想对海量的数据进行挖掘，首先要考虑的就是海量数据的存储问题，比如 TB 量级的数据的存储。

谈到数据的存储，就不得不说磁盘的数据读写速度问题。早在 20 世纪 90 年代初期，普通硬盘可以存储的容量大概是 1 GB，硬盘的读取速度大概为 4.4 MB/s,读取一张硬盘大概需要 5 分钟。如今硬盘的容量都在 1 TB 左右了，扩展了近千倍，但是硬盘的读取速度大概是 100 MB/s。读完一个硬盘所需要的时间大概是 2.5 个小时。所以，如果基于 TB 级别的数据进行分析，仅硬盘读取完数据都要好几天了，更谈不上计算分析了。那么，该如何处理大数据的存储和计算分析呢?

分布式存储系统，是将数据分散存储在多台独立的设备上的存储系统。传统的网络存储系统采用集中的存储服务器存放所有数据，存储服务器成为系统性能的瓶颈，也是可靠性和安全性的焦点，不能满足大规模存储应用的需要。分布式网络存储系统采用可扩展的系统结构，利用多台存储服务器分担存储负荷，利用位置服务器定位存储信息，它不但提高了系统的可靠性、可用性和存取效率，还易于扩展[9]。

（1）常用的应用级的分布式文件存储

常见的分布式文件系统有 GFS、HDFS、Lustre、Ceph、GridFS、mogileFS、TFS、FastDFS 等，分别适用于不同的领域。它们都不是系统级的分布式文件系统，而是应用级的分布式文件存储服务。

（2）分布式文件存储选型比较

表 4.2　分布式文件存储系统整体对比

对比说明	TFS	FastDFS	MogileFS	MooseFS	GlusterFS	Ceph
开发语言	C++	C	Perl	C	C	C++
开源协议	GPL V2	GPL V3	GPL	GPL V3	GPL V3	LGPL
存储方式	块	文件/Trunk	文件	块	文件/块	对象/文件/块
集群节点通信协议	私有协议（TCP）	私有协议（TCP）	HTTP	私有协议（TCP）	私有协议（TCP）/RDAM（远程直接访问内存）	私有协议（TCP）
专用元数据存储点	占用 NS	无	占用 DB	占用（MFS）	无	支持
在线扩容	支持	支持	支持	支持	支持	支持
冗余备份	支持	支持	—	支持	支持	支持
单点故障	存在	不存在	存在	存在	不存在	存在
跨集群同步	支持	部分支持	—	—	支持	不适用
易用性	安装复杂，官方文档少	安装简单，社区相对活跃	—	安装简单，官方文档多	安装简单，官方文档专业化	安装简单，官方文档专业化
适用场景	跨集群的小文件	单集群的中小文件	—	单集群的大中文件	跨集群云存储	单集群的大中小文件

4.1.3　分布式海量数据管理

公开数据显示，2013 年，互联网搜索引擎巨头百度拥有的数据量接近 EB 级别。阿里、腾讯都声明自己存储的数据总量达到了百拍字节（PB）以上。此外，电信、医疗、金融、公共安全、交通、气象等方面保存的数据量也都达到数十或者百拍字节（PB）级别。全球数据量以每两年翻倍的速度增长，2010 年已经正式进入 ZB 时代，到 2020 年全球数据总量已经达到 44 ZB。究竟怎么去存储庞大的数据，是开展数据分析的企业当下面临的一个问题。传统的数据存储模式存储容量是有大小限制或者空间局限限制的，怎么去设计出一个可以支撑海量数据的存储方案是开展数据分析的首要前提。

总的来说：基于大数据、云计算的需求，加快了分布式系统的发展；开源分布式系统的发展，让海量数据存储和处理变得简单；产生了很多为了解决特定问题、服务特定业务的专有集群；集群之间数据无法共享，存在冗余甚至重复，迁移和复制代价高昂，同时还面临数据校验、验证和生命周期等各种复杂问题；如何实现多集群之间的数据共享、去重和逻辑上的规划，物理上的分布成为一个无法回避又急需解决的问题。

在如今的很多大数据应用场景中，由于不同的业务线和数据来源，不同的数据可能分布在不同的大数据系统中。这些数据彼此之间有着关联，却无法从大数据系统层面实现共享。不同的系统中，如果要访问到其他集群的数据，需要将数据进行拷贝和传输，即数据搬迁。即使有了数据搬迁，数据在全局上仍然存在重复冗余、一致性、数据校验、生命周期等一系列的问题。怎么样解决在不同系统之间数据和计算在全局上的优化、管理和调度？

分布式存储：将应用和服务进行分层和分割，然后将应用和服务模块进行分布式部署。这样做不仅可以提高并发访问能力，减少数据库连接和资源消耗，还能使不同应用复用共同的服务，使业务易于扩展。在多台不同的服务器中部署不同的服务模块，通过远程调用协同工作，对外提供服务[10]。下面介绍分布式存储节点距离计算、数据分布策略、计算调度、集群规划和云梯。

（1）分布式节点距离计算法则

在分布式系统中，分布式节点间的距离反映了两台机器之间在某个层面上的远近程度。比如，两台机器之间的网络带宽越宽，可以理解为距离越近，反之则越远。在 DFS 中最简单的距离计算法则是步长计算法则，其原理就是在网络拓扑图中从当前节点走到指定的节点需要走几步（即这两个节点之间的步长）。在实际的环境中，会在步长的计算法则的基础上根据实际的物理集群环境来调整一些权重，才能形成能够描述整个集群环境下的距离抽象模型。分布式节点间的距离计算法则对数据分布起着非常重要的指导作用，是数据分布的一个非常重要的决定因素。

（2）分布式文件系统中的数据分布策略

在 DFS 中，数据并不像普通的单机文件系统那样整块地进行全部文件数据的存储，而是将文件数据进行切块然后分别存储。比如一个 193 MB 的文件，如果按照 64 MB 进行划分，那么这个文件就会被切成四个 block，前三个 64 MB，最后一个 1 MB。冗余存储策略导致每个 block 就会有多个副本，分布在集群的各个机器上。常见的分布式策略通常遵循如下的原则：让同一个 block 的多个副本尽量分布在不同的磁盘、不同的机器、不同的机架及不同的数据中心。

（3）分布式计算调度

分布式计算的就近原则（即计算调度的 localization）：将计算发送到数据所在的节点上运行；将计算发送到离数据最近的节点上运行；将计算发送到数据所在的互联网数据中心（Internet Data Center，IDC）上运行。

分布式环境中，机器宕机可能是常态，当某些正在运行的计算任务的机器宕机的时候，分布式计算系统是怎么进行容错的？分布式计算作业中，每一个计算任务只处理整个计算作业中某一部分数据，而这一部分数据通常就是分布在某些 slave 节点上的 block 块。而由于 DFS 中的 block 都是冗余的，因此对某个 block 进行计算的机器宕机的时候，由于这块数据在其他节点上仍然有完好的副本，分布式计算系统完全可以将终端的任务重新发送到另外一台机器上进行计算。某些个别机器的宕机就不会影响到计算本身的完整性。

（4）跨 IDC 集群规划

考虑一种最极端的情况，即数据不仅分布在不同的集群上，而且集群还分布在不同的数据中心甚至不同地域的情况。在这样的情况下，我们通过什么样的方式来规划集群，达到数据共享并减少冗余、重复和高效访问的目的？

在实践中，阿里使用过两种集群规划的形式，其中一种如图 4.2 左图所示，在多个数据中心之间架设统一的分布式文件系统和分布式计算系统，让这些数据中心里的所有机器像一个整体一样，组成一个统一的分布式系统，让系统屏蔽掉内部跨数据中心的物理细节，并通过智能的数据、分布策略和计算调度策略来规避跨数据中心的物理网络限制。另一种如图 4.2 右图所示，其方案是分别在每一个数据中心上架设独立的分布式文件系统和分布式计算系统，组成多个独立的分布式系统组合。但在这些系统的上层架设一个屏蔽掉下面多系统环境的调度层来形成跨数据中心的系统，达到统一提供给用户层服务的目的。

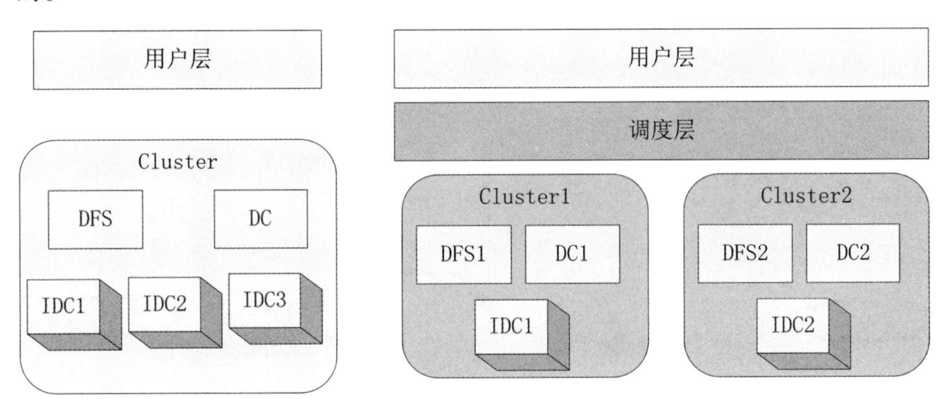

图 4.2　跨 IDC 集群规划

（5）云梯

云梯集群使用的是上述第一种集群规划方案，图 4.3 就是云梯跨集群方案的架构图。从架构图中可以看出，云梯集群跨越了两个数据中心，也就是机房一和机房二。机房一和机房二的所有机器构成了一个统一的分布式文件系统。其中一部分文件系统的 Name space 在机房一的 Master 上，另外一部分的 Name space 在机房二的 Master 上。机房二中运行的计算作业如果需要访问数据就在机房二，那么，就直接从机房二的 Master 上进行访问，不需要跨越机房间的带宽。而如果机房二中的计算作业要访问的是机房一中的数据，则有两种选择：第一是直接通过机房间的独享网络带宽来直读，这种方式对数据的访问次数在很少的情况下是可行的，但如果对同一份数据要多次跨机房访问，就会产生多次访问的带宽叠加，代价就会成倍地上升；第二则是将机房一中需要被机房二访问到的数据其中一个或多个副本放置在机房二，这样，当机房二中的计算任务需要访问机房一中的数据时会发现这份数据在机房二上也有副本，于是计算会发送到机房二中的计算节点上进行计算，大大节约了数据跨机房直读的带宽和效率。

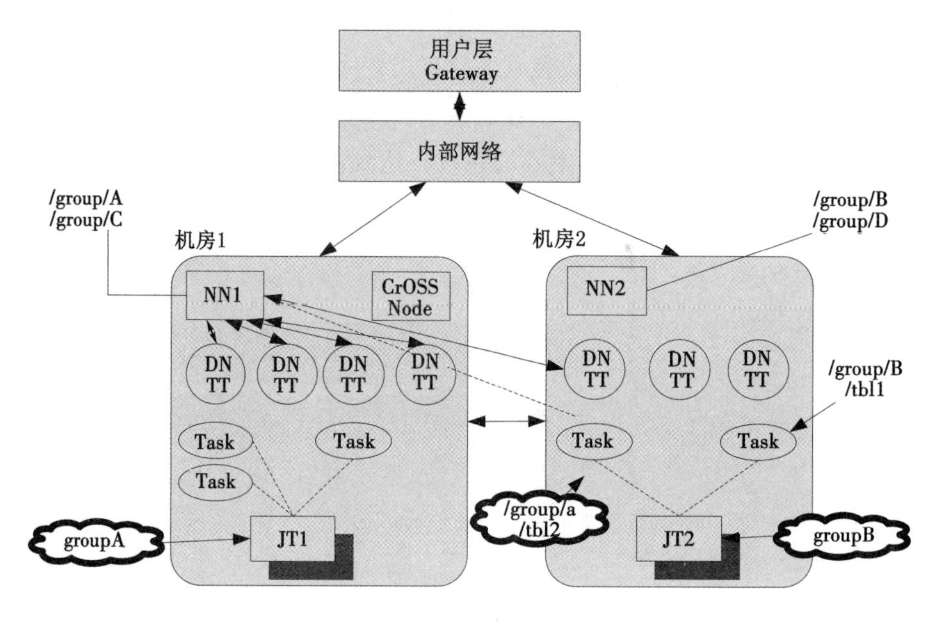

图 4.3 云梯跨集群方案架构图

4.2 分布式文件系统

分布式文件系统（Distributed File System，DFS）是指文件系统管理的物理存储资源不一定直接连接在本地节点上，而是通过计算机网络与节点相连。

信息爆炸时代中人们可以获取的数据成指数倍地增长，计算机通过文件系统管理、存储数据，但是单纯通过增加硬盘个数来扩展计算机文件系统的存储容量的方式，在容量大小、容量增长速度、数据备份、数据安全等方面的表现都不尽如人意。分布式文件系统可以有效地解决数据的存储和管理难题：将固定于某个地点的某个文件系统，扩展到任意多个地点或多个文件系统，众多的节点组成一个文件系统网络。每个节点可以分布在不同的地点，通过网络进行节点间的通信和数据传输。人们在使用分布式文件系统时，无需关心数据存储在哪个节点上、从哪个节点上获取，只需要像使用本地文件系统一样管理和存储文件系统中的数据[11]。

4.2.1 基本架构

系统分类如下。

• NFS 最早由 Sun 微系统公司作为 TCP/IP 网上的文件共享系统而开发。Sun 公司大约有超过 310 万个系统在运行 NFS，大到大型计算机、小到 PC 机，其中至少有 80%的系统是非 Sun 平台。

• AFS 是一种分布式的文件系统，用来共享与获得在计算机网络中存放的文件，使用户获得网络文件就像本地机器般方便。AFS 文件系统被称为“分布式”是因为文件可以分散地存放在很多不同的机器上，但这些文件对于用户而言是可及的，用户可以通过一定的方式得到这些文件。

• KFS 是基于 JAVA 的纯分布式文件系统，功能类似于 DFS、GFS、Hadoop，通过 HTTP WEB 为企业的各种信息系统提供底层文件存储及访问服务，搭建企业私有云存储服务平台。

• DFS 是 AFS 的一个版本，是开放软件基金会（OSF）的分布式计算环境 DCE 中的文件系统部分。

一个典型的 DFS 通常分为三个大的组件：Client、Master、Slave。图 4.4 给出了以淘宝为例的分布式系统框架结构。

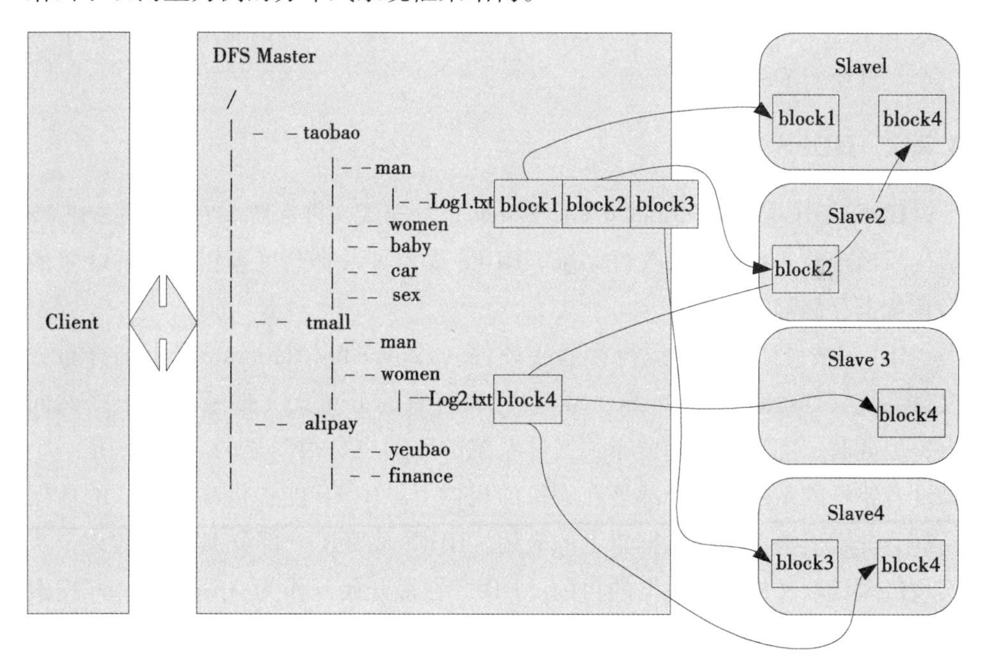

图 4.4　以淘宝为例的分布式系统框架结构

图 4.4 最左边是 Client，即客户端，用来提供用户访问 DFS 的组件，通过 Client 用户可以在 DFS 中创建目录。中间是 DFS 的 Master 组件，通常一个 DFS

中肯定会有一个 Master 节点，DFS 中必然会有很多的目录、子目录、文件等，DFS 通常都是按照树形的结构一层一层地向子目录和最终的叶子节点（文件）延伸，所以，DFS 的 Master 中缓存了 DFS 的整个目录数。

如图 4.4 的中间方框所示，log1. txt 这个文件就是在根—淘宝—man 这个目录下。由于 DFS 中文件的存储是分块存储，所以，Master 节点还保存了所有文件的分块信息及这些分块都是存在哪些 Slave 节点的位置信息。log1. txt 这个文件有三个分块数据，分别叫作 block1、block2、block3，并且这几个 block 实际的数据块分别存储在 Slave1、Slave2 和 Slave4 这三个 Slave 节点上。

图 4.4 中的右边就是 DFS 中的 slave 节点。通常一个 DFS 中至少会有一台到多台（不固定，两台甚至成千上万台）slave 节点。slave 节点就是 DFS 中文件的数据存储的最终地点，即属于某些文件的分块。这些分块跟其他机器上的某些分块按照一定的顺序组合起来就能拼凑成一个完整的数据文件，另外，在 DFS 中数据块的存储副本是可以进行控制的。比如图 4.4 中的 log2. txt 文件只有一个 block4，但是这个 block 被分别存储在 Slave1、Slave3、Slave4 这三台 slave 机器上。那么，这个 log2. txt 文件的副本数就是三，也就是说，DFS 中有这个文件所有 block 的三个副本。

4.2.2 HDFS 实现

HDFS（Hadoop Distributed File System）分布式文件系统，它是谷歌的 GFS 提出后出现的一种用户级文件系统。HDFS 提供了一个高度容错和高吞吐量的海量数据存储解决方案。

HDFS 被设计成适合运行在通用硬件（Commodity Hardware）上的分布式文件系统（Distributed File System）。它和现有的分布式文件系统有很多共同点，但同时，它和其他的分布式文件系统的区别也是很明显的。HDFS 是一个高度容错性的系统，适合部署在廉价的机器上。HDFS 能提供高吞吐量的数据访问，非常适合大规模数据集上的应用。HDFS 放宽了一部分 POSIX 约束，来实现流式读取文件系统数据的目的。HDFS 在最开始是作为 Apache Nutch 搜索引擎项目的基础架构而开发的，是 Apache Hadoop Core 项目的一部分。

4.2.2.1 体系结构

HDFS 采用了主从（Master/Slave）结构模型，一个 HDFS 集群是由一个 Namenode 和若干个 Datanode 组成的。其中，Namenode 作为主服务器，管理文件系统的命名空间和客户端对文件的访问操作；集群中的 Datanode 管理存储的数据[12]。

4.2.2.2　HDFS 特点

(1) 硬件容错

硬件错误是常态而不是异常。HDFS 可能由成百上千的服务器构成，每个服务器上存储着文件系统的部分数据。我们面对的现实是构成系统的组件数目巨大，而且任一组件都有可能失效，这意味着总是有一部分 HDFS 的组件是不工作的。因此，错误检测和快速、自动的恢复是 HDFS 最核心的架构目标。

(2) 流式数据访问

运行在 HDFS 上的应用和普通的应用不同，需要流式访问它们的数据集。HDFS 的设计中更多地考虑到了数据批处理，而不是用户交互处理。与数据访问的低延迟问题相比，更关键的在于数据访问的高吞吐量。POSIX 标准设置的很多硬性约束对 HDFS 应用系统不是必需的。为了提高数据的吞吐量，在一些关键方面对 POSIX 的语义做了一些修改。

(3) 大规模数据集

运行在 HDFS 上的应用具有很大的数据集。HDFS 上的一个典型文件大小一般都在 G 字节至 T 字节。因此，HDFS 被调节以支持大文件存储。它提供整体上较高的数据传输带宽，能在一个集群里扩展到数百个节点。一个单一的 HDFS 实例能支撑数以千万计的文件。

(4) 简单的一致性模型

HDFS 应用需要一个“一次写入多次读取”的文件访问模型。一个文件经过创建、写入和关闭之后就不需要改变。这一假设简化了数据一致性问题，并且使高吞吐量的数据访问成为可能。MapReduce 应用或者网络爬虫应用都非常适合这个模型。目前，还有计划在将来扩充这个模型，使之支持文件的附加操作。

(5) 异构软硬件平台间的可移植性

HDFS 在设计的时候就考虑到平台的可移植性，这种特性方便了 HDFS 作为大规模数据应用平台的推广。

(6) 移动计算比移动数据更划算

一个应用请求的计算，离它操作的数据越近就越高效，在数据达到海量级别的时候更是如此。因为这样就能降低网络阻塞的影响，提高系统数据的吞吐量。将计算移动到数据附近，比将数据移动到应用所在显然更好。HDFS 为应用提供了将它们自己移动到数据附近的接口。

4.2.2.3　HDFS 架构原理

HDFS 采用 master/slave 架构。一个 HDFS 集群是由一个 Namenode 和一定数目的 Datanodes 组成。Namenode 是一个中心服务器，负责管理文件系统的名字空间（Namespace）及客户端对文件的访问。集群中的 Datanode 一般是一个节点一个，负责管理它所在节点上的存储。HDFS 暴露了文件系统的名字空间，用户能够以文件的形式在上面存储数据。从内部看，一个文件其实被分成一个或多个数据块，这些块存储在一组 Datanode 上。Namenode 执行文件系统的名字空间操作，比如打开、关闭、重命名文件或目录。它也负责确定数据块到具体 Datanode 节点的映射，Datanode 负责处理文件系统客户端的读写请求。在 Namenode 的统一调度下进行数据块的创建、删除和复制，HDFS 架构如图 4.5 所示。

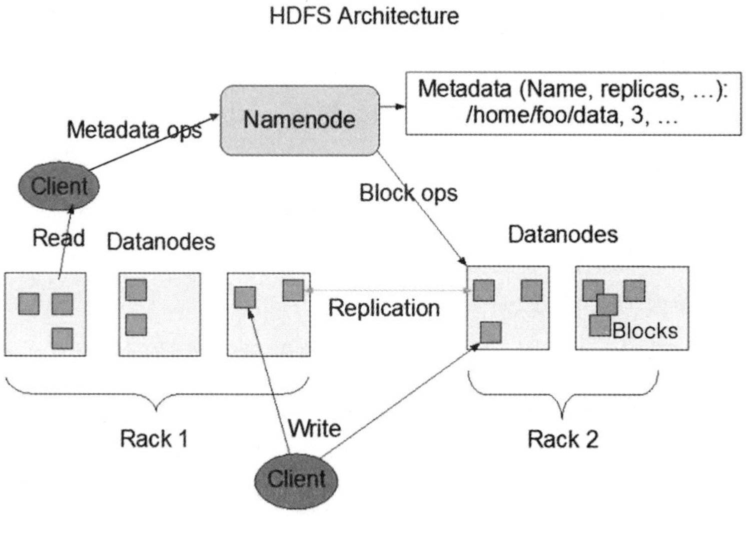

图 4.5　HDFS 架构

HDFS 架构中关键组件有两个，一个是 Namenode，另一个是 Datanode。

Datanode 负责文件数据的存储和读写操作，HDFS 将文件数据分割成若干块（block），每个 Datanode 存储一部分 block，这样文件就分布存储在整个 HDFS 服务器集群中。应用程序客户端（Client）可以并行对这些数据块进行访问，从而使得 HDFS 可以在服务器集群规模上实现数据并行访问，极大地提高访问速度。实践中，HDFS 集群的 Datanode 服务器会有很多台，一般是几百台到几千台的规模，每台服务器配有数块磁盘，整个集群的存储容量大概在几 PB 到数百 PB。

Namenode 负责整个分布式文件系统的元数据（Metadata）管理，也就是管理文件路径名，数据 block 的 ID 及存储位置等信息，承担着操作系统中文件分配表（FAT）的角色。HDFS 为了保证数据的高可用，会将一个 block 复制为多份（缺省情况为 3 份），并将 3 份相同的 block 存储在不同的服务器上。这样，当有磁盘损坏或者某个 Datanode 服务器宕机导致其存储的 block 不能访问的时候，Client 会查找其备份的 block 进行访问。

block 多份复制存储如图 4.6 所示，对于文件/users/sameerp/data/part-0，其复制备份数设置为 2，存储的 block ID 为 1 和 3。block1 的两个备份存储在 Datanode0 和 Datanode2 两个服务器上，block3 的两个备份存储在 Datanode4 和 Datanode6 两个服务器上，上述任何一台服务器宕机后，每个 block 都至少还有一个备份存在，不会影响对文件/users/sameerp/data/part-0 的访问。

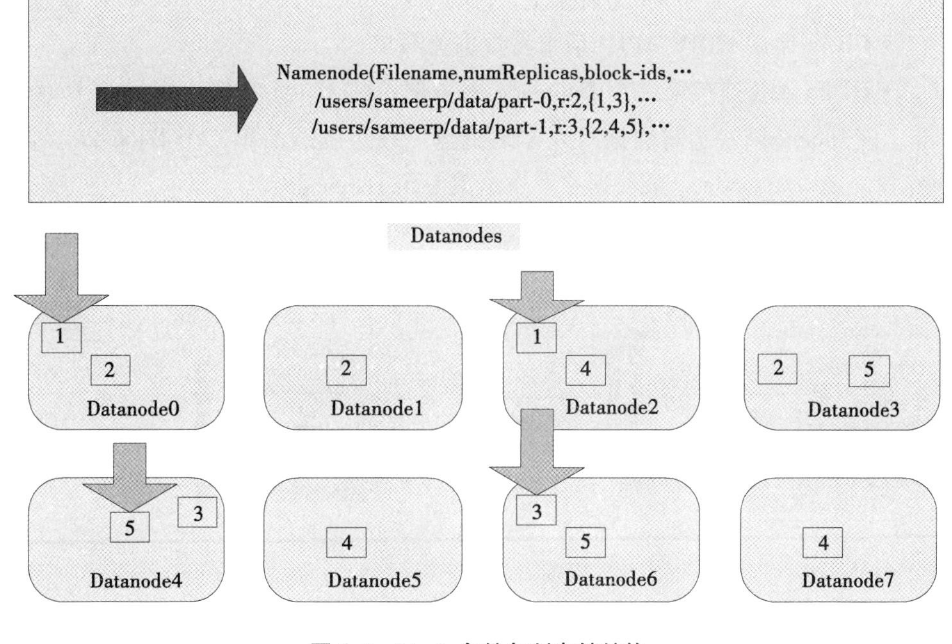

图 4.6　block 多份复制存储结构

图 4.6 是 HDFS 的 block 复制备份策略。事实上，Datanode 会通过心跳和 Namenode 保持通信，如果 Datanode 超时未发送心跳，Namenode 就会认为这个 Datanode 已经失效，并立即查找这个 Datanode 上存储的 block 有哪些，以及这

些 block 还存储在哪些服务器上，随后通知这些服务器再复制一份 block 到其他服务器上，保证 HDFS 存储的 block 备份数符合用户设置的数目，即使再有服务器宕机，也不会丢失数据。

4.2.2.4　HDFS 应用实现

Hadoop 分布式文件系统可以像一般的文件系统那样进行访问：使用命令行或者编程语言 API 进行文件读写操作。我们以 HDFS 写文件为例看 HDFS 处理过程，如图 4.7 所示。

HDFS 写文件操作过程如下。

- 应用程序 Client 调用 HDFS API，请求创建文件，HDFS API 包含在 Client 进程中。
- HDFS API 将请求参数发送给 Namenode 服务器，Namenode 在 meta 信息中创建文件路径，并查找 Datanode 中空闲的 block。然后将空闲 block 的 ID、对应的 Datanode 服务器信息返回给 Client。因为数据块需要多个备份，所以即使 Client 只需要一个 block 的数据量，Namenode 也会返回多个 Namenode 信息。
- Client 调用 HDFS API，请求将数据流写出。
- HDFS API 连接第一个 Datanode 服务器，将 Client 数据流发送给 Datanode，该 Datanode 一边将数据写入本地磁盘，一边发送给第二个 Datanode。同理，第二个 Datanode 记录数据并发送给第三个 Datanode。
- Client 通知 Namenode 文件写入完成，Namenode 将文件标记为正常，可以进行读操作了。

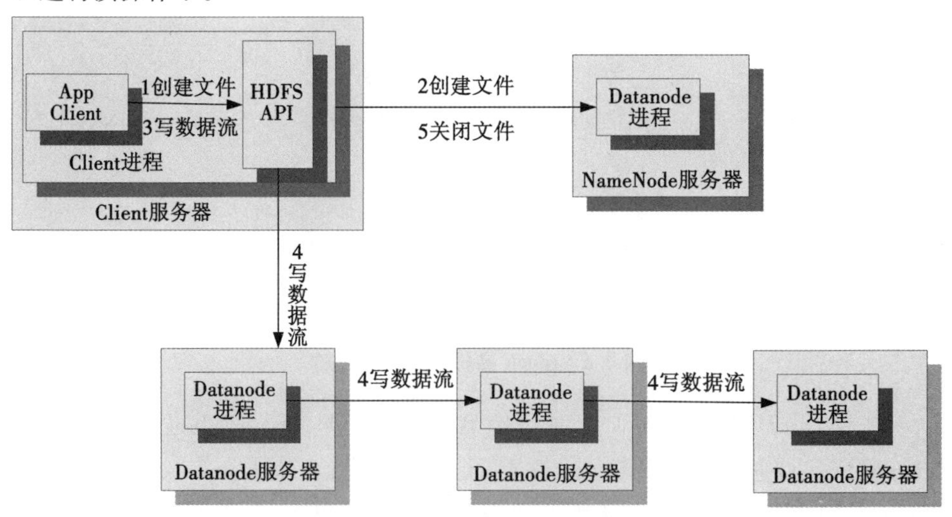

图 4.7　HDFS 处理写文件过程

HDFS 虽然提供了 API，但是在实践中，自己很少直接编程去读取 HDFS 中的数据，原因是在大数据场景下，移动计算比移动数据更划算。与其写程序去读取分布在这么多 Datanode 上的数据，不如将程序分发到 Datanode 上去访问其上的 block 数据。但是如何对程序进行分发？分发出去的程序如何访问 HDFS 上的数据？计算的结果如何处理？如果结果需要合并，该如何合并？Hadoop 提供了对存储在 HDFS 上的大规模数据进行并行计算的框架，就是下节要介绍的 MapReduce。

4.3　MapReduce

MapReduce 最早是由 Google 公司研究并提出的一种面向大规模数据处理的并行计算模型和方法。Google 公司设计 MapReduce 的初衷主要是为了解决其搜索引擎中大规模网页数据的并行化处理问题。Google 公司发明了 MapReduce 之后，首先用它重新改写了其搜索引擎中的 Web 文档索引处理系统。但由于 MapReduce 可以普遍应用于很多大规模数据的计算问题，因此自发明 MapReduce 以后，Google 公司内部进一步将其广泛应用于很多大规模数据处理。到目前为止，Google 公司内有上万个各种不同的算法问题和程序都使用 MapReduce 进行处理。

4.3.1　基本概念

MapReduce 是一种编程模型，用于大规模数据集（大于 1TB）的并行运算。概念“Map（映射）”和“Reduce（归约）”是它们的主要思想，主要是从函数式编程语言里借来的，还有从矢量编程语言里借来的特性。它极大地方便了编程人员在不会分布式并行编程的情况下，将自己的程序运行在分布式系统上。当前的软件实现是指定一个 Map（映射）函数，用来把一组键值对映射成一组新的键值对，指定并发的 Reduce（归约）函数，用来保证所有每一个映射的键值对共享相同的键组。

（1）MapReduce 定义

MapReduce 是面向大数据并行处理的计算模型、框架和平台，它隐含了以下三层含义。

① MapReduce 是一个基于集群的高性能并行计算平台（Cluster Infrastructure)。它允许用市场上普通的商用服务器构成一个包含数十、数百至数千个节点的分布和并行计算集群。

② MapReduce 是一个并行计算与运行软件框架（Software Framework）。它提供了一个庞大但设计精良的并行计算软件框架，能自动完成计算任务的并行化处理，自动划分计算数据和计算任务，在集群节点上自动分配、执行任务和收集计算结果，将数据分布存储、数据通信、容错处理等并行计算涉及的很多系统底层的复杂细节交由系统处理，大大减轻了软件开发人员的负担。

③ MapReduce 是一个并行程序设计模型和方法（Programming Model & Methodology）。它借助于函数式程序设计语言 Lisp 的设计思想，提供了一种简便的并行程序设计方法，用 Map 和 Reduce 两个函数编程实现基本的并行计算任务，提供了抽象的操作和并行编程接口，简单、方便地完成大规模数据的编程和计算处理。

（2）MapReduce 提供了的主要功能

① 数据划分和计算任务调度。系统自动将一个待处理的作业（Job）大数据划分为很多个数据块，每个数据块对应于一个计算任务（Task），并自动调度计算节点来处理相应的数据块。作业和任务调度主要负责分配和调度计算节点（Map 节点或 Reduce 节点），同时，负责监控这些节点的执行状态，并负责 Map 节点执行的同步控制。

② 数据/代码互定位。为了减少数据通信，一个基本原则是本地化数据处理，即一个计算节点尽可能处理其本地磁盘上所分布存储的数据，这实现了代码向数据的迁移；当无法进行这种本地化数据处理时，再寻找其他可用节点并将数据从网络上传送给该节点（数据向代码迁移），尽可能从数据所在的本地机架上寻找可用节点以减少通信延迟。

③ 系统优化。为了减少数据通信开销，中间结果数据进入 Reduce 节点前会进行一定的合并处理；一个 Reduce 节点所处理的数据可能会来自多个 Map 节点，为了避免 Reduce 计算阶段发生数据相关性，Map 节点输出的中间结果需使用一定的策略进行适当的划分处理，保证相关性数据发送到同一个 Reduce 节点；此外，系统还进行一些计算性能优化处理，如对最慢的计算任务采用多备份执行、选择最快完成者作为结果。

④ 出错检测和恢复。低端商用服务器构成的大规模 MapReduce 计算集群中，节点硬件（主机、磁盘、内存等）出错和软件出错是常态，因此，MapReduce需要能检测并隔离出错节点，并调度分配新的节点，接管出错节点的计算任务。同时，系统还将维护数据存储的可靠性，用多备份冗余存储机制提高数据存储的可靠性，并能及时检测和恢复出错的数据。

（3）MapReduce设计上的主要技术特征

① MapReduce并行计算集群会基于低端服务器实现。对于大规模数据处理，显而易见，由于有大量数据存储需要，基于低端服务器的集群远比基于高端服务器的集群优越，这就是为什么MapReduce并行计算集群会基于低端服务器实现的原因。

② 失效被认为是常态。MapReduce集群中使用大量的低端服务器，因此，节点硬件失效和软件出错是常态，因而一个良好设计、具有高容错性的并行计算系统不能因为节点失效而影响计算服务的质量，任何节点失效都不应当导致结果的不一致或不确定性；任何一个节点失效时，其他节点要能够无缝接管失效节点的计算任务；当失效节点恢复后应能自动无缝加入集群，而不需要管理员人工进行系统配置。MapReduce并行计算软件框架使用了多种有效的错误检测和恢复机制，如节点自动重启技术，使集群和计算框架具有对付节点失效的健壮性，能有效处理失效节点的检测和恢复。

③ 把处理向数据迁移。为了减少大规模数据并行计算系统中的数据通信开销，把数据传送到处理节点（数据向处理器或代码迁移），应当考虑将处理向数据靠拢和迁移。MapReduce采用了数据/代码互定位的技术方法，首先，计算节点将尽量负责计算其本地存储的数据，以发挥数据本地化特点，当节点无法处理本地数据时，再采用就近原则寻找其他可用计算节点，并把数据传送到该可用计算节点。

④ 顺序处理数据，避免随机访问数据。大规模数据处理的特点决定了大量的数据记录难以全部存放在内存，而通常只能放在外存中进行处理。由于磁盘的顺序访问要远比随机访问快得多，因此，MapReduce主要设计为面向顺序式大规模数据的磁盘访问处理。为了实现面向大数据集批处理的高吞吐量的并行处理，MapReduce可以利用集群中的大量数据存储节点同时访问数据，以此利用分布集群中大量节点上的磁盘集合提供高带宽的数据访问和传输。

⑤ 为应用开发者隐藏系统层细节。MapReduce提供了一种抽象机制将程序员与系统层细节隔离开来，程序员仅需描述需要计算什么（What to compute），而具体怎么去计算（How to compute）就交由系统的执行框架处理，这

样，程序员可从系统层细节中解放出来，而致力于应用本身的计算问题的算法设计。

⑥ 平滑无缝的可扩展性。可扩展性主要包括两层意义上的扩展性：数据扩展性和系统规模扩展性。理想的软件算法应可以随着数据规模的扩大而表现出持续的有效性，性能上的下降程度应与数据规模扩大的倍数相当；在集群规模上，要求算法的计算性能应可以随着节点数的增加保持接近线性程度的增长。绝大多数现有的单机算法都达不到以上理想的要求；把中间结果数据维护在内存中的单机算法在大规模数据处理时很快失效；从单机到基于大规模集群的并行计算需要完全不同的算法设计。MapReduce 在很多情形下能实现以上理想的扩展性特征。

（4）MapReduce 的基本模型

MapReduce 借鉴了 Lisp 函数式语言中的思想，用 Map 和 Reduce 两个函数提供了高层的并发编程模型抽象。

① Map：（K1：V1）→［（K2：V2）］

② Reduce：（K2：［V2］）→［（K3：V3）］

每个 Map 都处理结构、大小相同的初始数据块，也就是（K1：V1），其中 K1 是主键，可以是数据块索引，也可以是数据块地址；V1 是数据。经过 Map 节点的处理后，生成了很多中间数据集，用［］表示数据集。而 Reduce 节点接收的数据是对中间数据合并后的数据，也就是把 key 值相等的数据合并在一起了，即（K2：［V2］）；再经过 Reduce 处理后，生成处理结果。

4.3.2 实现原理

（1）运行原理

MapReduce 是一个基于集群的计算平台，是一个简化分布式编程的计算框架，是一个将分布式计算抽象为 Map 和 Reduce 两个阶段的编程模型[15]，图 4.8 是 MapReduce 运行原理图。

由图 4.8 可以看到，MapReduce 存在以下 4 个独立的实体。

① JobClient：运行于 client node，负责将 MapReduce 程序打成 Jar 包存储到 HDFS，并把 Jar 包的路径提交到 Jobtracker，由 Jobtracker 进行任务的分配和监控。

② JobTracker：运行于 name node，负责接收 JobClient 提交的 Job，调度 Job 的每一个子 task 运行于 TaskTracker 上，并监控它们，如果发现有失败的

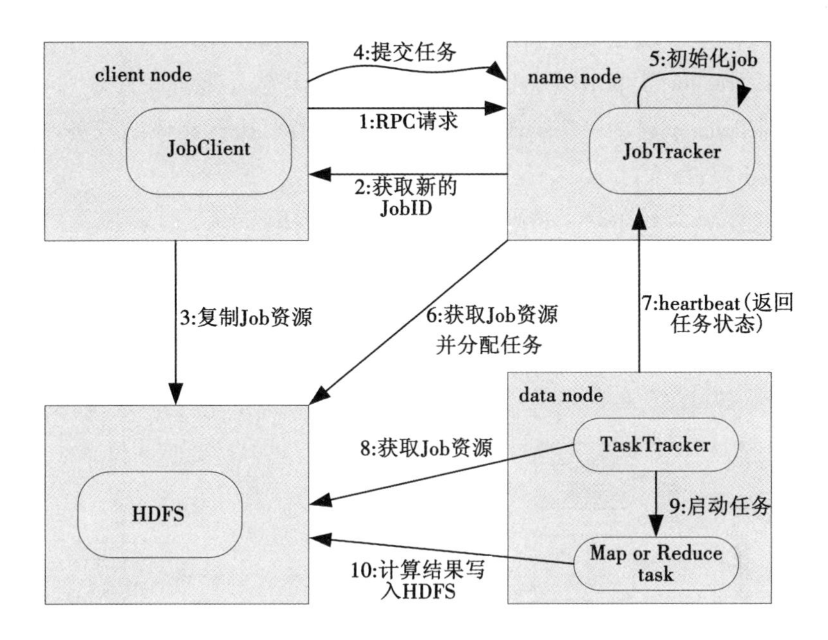

图 4.8　MapReduce 运行原理

task 就重新运行它。

③ TaskTracker：运行于 data node，负责主动与 JobTracker 通信，接收作业，并直接执行每一个任务。

④ HDFS：用来与其他实体共享作业文件。

各实体间通过以下过程完成一次 MapReduce 作业。

• JobClient 通过 RPC 协议向 JobTracker 请求一个新应用的 ID，用于 MapReduce 作业的 ID。

• JobTracker 检查作业的输出说明。例如，如果没有指定输出目录或目录已存在，作业就不提交，错误抛回给 JobClient，否则，返回新的作业 ID 给 JobClient。

• JobClient 将作业所需的资源（包括作业 JAR 文件、配置文件和计算所得的输入分片）复制到以作业 ID 命名的 HDFS 文件夹中。

• JobClient 通过 submitApplication（）提交作业。

• JobTracker 收到调用它的 submitApplication（）消息后，进行任务初始化。

• JobTracker 读取 HDFS 上要处理的文件，开始计算输入分片，每一个分片对应一个 TaskTracker。

• TaskTracker 通过心跳机制领取任务（任务的描述信息）。

• TaskTracker 读取 HDFS 上的作业资源（JAR 包、配置文件等）。

• TaskTracker 启动一个 java child 子进程，用来执行具体的任务（MapperTask 或 ReducerTask）。

• TaskTracker 将 Reduce 结果写入到 HDFS 当中。

（2）工作原理

图 4.9 给出了 MapReduce 工作原理图。

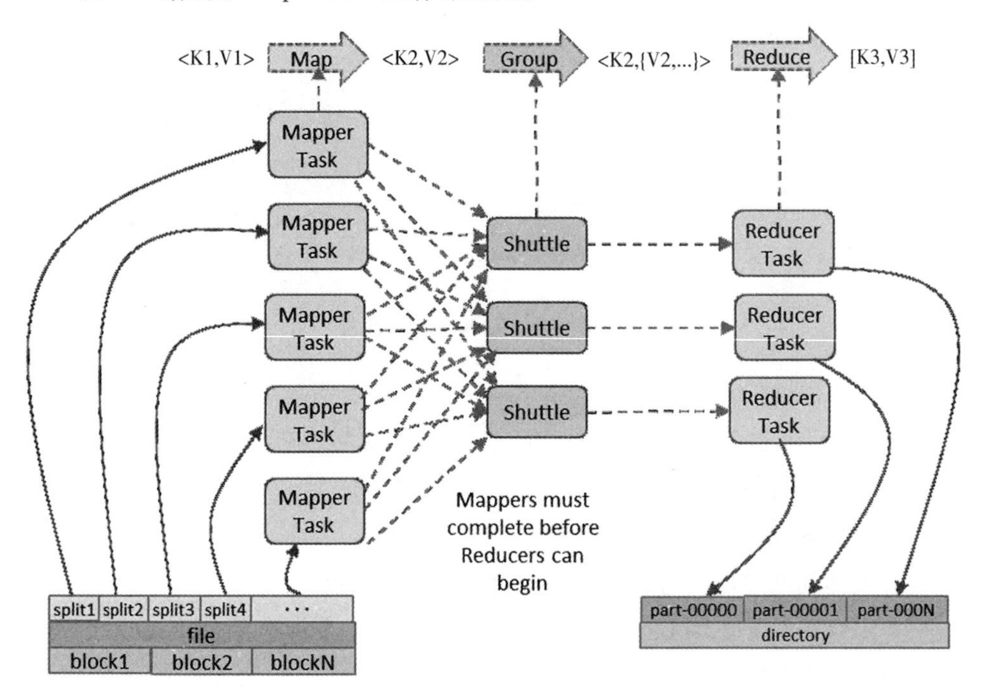

图 4.9　MapReduce 工作原理图

① Map 任务处理。

• 读取 HDFS 中的文件，每一行解析成一个<K，V>，每一个键值对调用一次 map 函数。

• 重写 Map（），对第一步产生的<K，V>进行处理，转换为新的<K，V>输出。

• 对输出的 key、value 进行分区。

• 对不同分区的数据，按照 key 进行排序、分组。相同 key 的 value 放到一个集合中。

• （可选）对分组后的数据进行归约。

② Reduce 任务处理。

• 多个 Map 任务的输出，按照不同的分区，通过网络复制到不同的 reduce 节点上。

• 对多个 Map 的输出进行合并、排序。

• 重写 reduce 函数并实现自己的逻辑，对输入的 key、value 处理，转换成新的 key、value 输出。

• 把 reduce 的输出保存到文件中。

（3） MapReduce 流程图

一切都是从最上方的 User program 开始的，User program 链接了 MapReduce 库，实现了最基本的 Map 函数和 Reduce 函数。图 4. 10 中执行的顺序都用数字标记了。

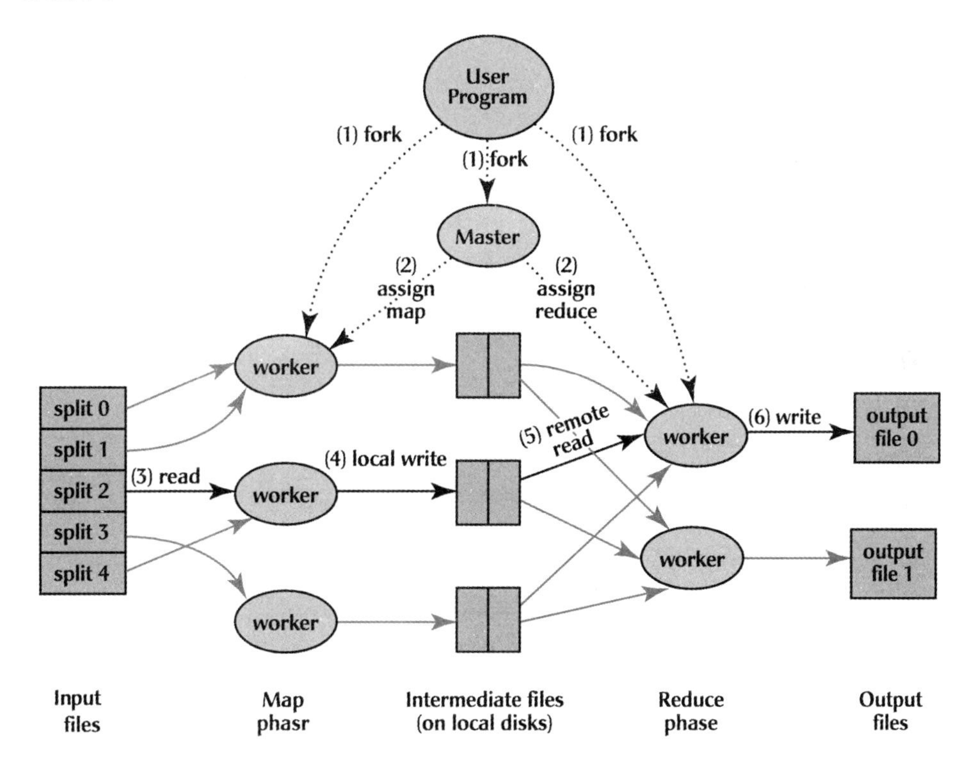

图 4. 10　MapReduce 执行流程

• MapReduce 库先把 User program 的输入文件划分为 *M* 份（*M* 由用户定义），每一份通常有 16~64 MB，如图左方所示分成了 split 0~4；然后使用 fork

将用户进程拷贝到集群内的其他机器上。

- user program 的副本中有一个称为 master，其余称为 worker。master 是负责调度的，为空闲 worker 分配作业（Map 作业或者 Reduce 作业），worker 的数量也是可以由用户指定的。
- 被分配了 Map 作业的 worker，开始读取对应分片的输入数据，Map 作业数量是由 M 决定的，和 split 一一对应；Map 作业从输入数据中抽取出键值对，每一个键值对都作为参数传递给 Map 函数，Map 函数产生的中间键值对被缓存在内存中。
- 缓存的中间键值对会被定期写入本地磁盘，而且被分为 R 个区，R 的大小是由用户定义的，将来每个区会对应一个 Reduce 作业；这些中间键值对的位置会被通报给 master，master 负责将信息转发给 Reduce worker。
- master 通知分配了 Reduce 作业的 worker 负责的分区在什么位置（每个 Map 作业产生的中间键值对都可能映射到所有 R 个不同分区），当 Reduce worker 把所有负责的中间键值对都读过来后，先对它们进行排序，使得相同键的键值对聚集在一起。因为不同的键可能会映射到同一个分区也就是同一个 Reduce 作业，所以排序是必需的。
- Reduce worker 遍历排序后的中间键值对，对于每个唯一的键，都将键与关联的值传递给 Reduce 函数，Reduce 函数产生的输出会添加到这个分区的输出文件中。
- 当所有的 Map 和 Reduce 作业都完成了，master 唤醒正版的 user program，MapReduce 函数调用返回 user program 的代码。

4.4 BigTable

BigTable 是 Google 设计的分布式数据存储系统，是用来处理海量的数据的一种非关系型的数据库。BigTable 是一个稀疏的、分布式的、持久化存储的多维度排序 Map。BigTable 的设计目的是快速且可靠地处理 PB 级别的数据，并且能够部署到上千台机器上。

4.4.1 基本概念

（1）数据模型

① 将 Bigtable 的数据模型抽象为一系列的键值对，满足的映射关系为：

key（row：string，column：string，time：int64）→value（string）

② Bigtable 的 key 有三维，分别是行键（row key）、列键（column key）和时间戳（timestamp），行键和列键都是字节串，时间戳是 64 位整型。

③ 列又被分为多个列族（column family，是访问控制的单元），列键按照 family：qualifier 格式命名。

④ 行键、列键和时间戳分别作为 table 的一级、二级、三级索引，即一个 table 包含若干个 row key，每个 row key 包含若干个列族，每个列族又包含若干个列，对于具有相同行键和列键的数据（cell），Bigtable 会存储这个数据的多个版本，这些版本通过时间戳来区分。

如图 4.11 所示为 Bigtable 数据实例。

Column Family: User

rowid	Col_name	ts	Col_value
u1	name	v1	Ricky
u1	email	v1	ricky@gmail.com
u1	email	V2	ricky@yahoo.com
u2	name	v1	Sam
u2	phone	v1	650-3456

Column Family: Social

rowid	Col_name	ts	Col_value
u1	friend	v1	u10
u1	friend	v1	u13
u2	friend	v1	u10
u2	classmate	v1	U15

- One File per Column Family
- Data inside file is physically sorted
- Sparse: NULL cell does not materialize

图 4.11 Bigtable 数据实例

图 4.11 中包含两个行键 u1 和 u2，每个行键又含两个列族 User 和 Social，User 列族包含的列键有 name、email、phone；Social 列族包含的列键有 friend、classmate。

• (u1, name, v1) →Ricky 表示一个键值对;

• (u1, email, v1) →Ricky@ gmail. com 和 (u1, email, v2) →Ricky@ yahoo.com 是两个不同的键值对。

传统的 map 由一系列键值对组成，在 Bigtable 中，对应的键是由多个数据复合而成的，即 row key，column key 和 timestamp。

Bigtable 按照行键的字典序存储数据，因为系统庞大且为分布式，所以排序这个特性会带来很大的好处，行的空间邻近性可以确保我们在扫描表时，感兴趣的记录会大概率地汇聚到一起。Tablet 是 Bigtable 分配和负载均衡的单元，Bigtable 的表根据行键自动划分为片。最初表都只有一个 Tablet，但随着表的不断增大，原始的 Tablet 自动分割为多个 Tablet，片的大小控制在 100 ~ 200 MB。

4.4.2 实现原理

(1) Bigtable 的实现依托于 Google 的几个基础组件

① Google File System (GFS)，一个分布式文件系统，用于存储日志和文件。

② Google Sorted Strings Table (SSTable)，一个不可修改的有序键值映射表，提供查询、遍历的功能。

③ Chubby，一个高可靠并用于分布式的锁服务，其目的是解决分布式一致性的问题，通过 Paxos 算法实现。Chubby 用于片定位、片服务器的状态监控、访问控制列表存储等任务。注：Chubby 并不是开源的，但 Yahoo 借鉴 Chubby 的设计思想开发了 Zookeeper，并将其开源。

(2) Bigtable 集群

Bigtable 集群包括三个主要部分，如图 4. 12 给出了 Bigtable 集群系统架构。

• 供客户端使用的库。客户端需要读写数据时，它直接与片服务器联系。因为客户端并不需要从主服务器获取片的位置信息，所以大多数客户端从来不需要访问主服务器，主服务器的负载一般很轻。

• 主服务器 (Master server)。主服务器负责将片分配给片服务器，监控片服务器的添加和删除，平衡片服务器的负载，处理表和列族的创建等。注意，主服务器不存储任何片，不提供任何数据服务，也不提供片的定位信息。

• 片服务器 (Tablet server)。每个片服务器负责一定量的片，处理对片的读写请求，以及片的分裂或合并。每个片实际由若干 SSTable 文件和 memtable

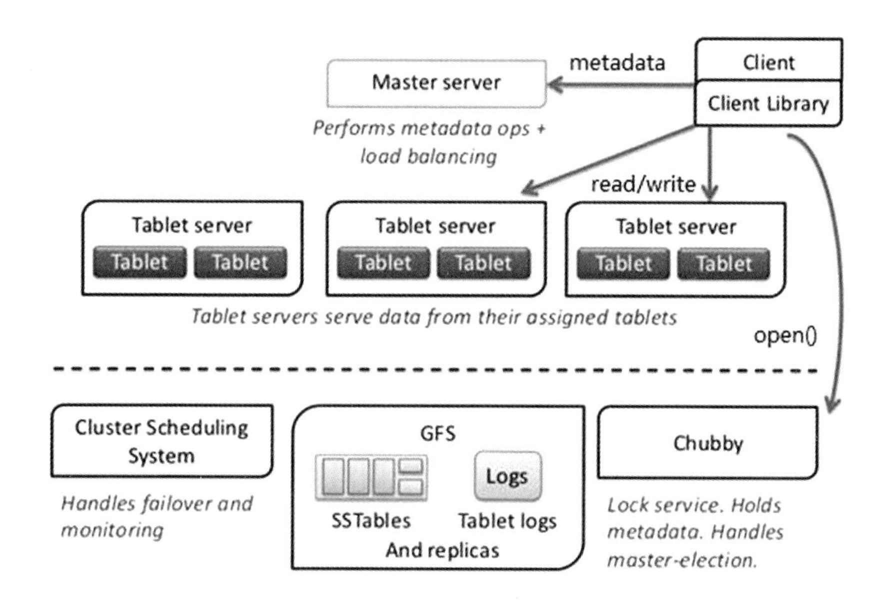

图 4.12　BigTable 系统架构

组成，而且这些 SSTable 和 memtable 都是已排序的。片服务器可以根据负载随时添加和删除。这里片服务器并不真实存储数据，而相当于一个连接 BigTable 和 GFS 的代理，客户端的一些数据操作都通过片服务器代理间接访问 GFS。

主服务器负责将片分配给片服务器，而具体的数据服务则全权由片服务器负责。但是不要误以为片服务器真的存储了数据（除了内存中 memtable 的数据），数据的真实位置只有 GFS 才知道，主服务器将片分配给片服务器的意思应该是，片服务器获取了片的所有 SSTable 文件名，片服务器通过一些索引机制可以知道所需要的数据在哪个 SSTable 文件，然后从 GFS 中读取 SSTable 文件的数据，这个 SSTable 文件可能分布在几台 chunkserver 上。

当片服务器启动时，它会在 Chubby 的某个特定目录下创建并获取一个锁文件（互斥锁），这个锁文件的名称是唯一表示该 Tablet server 的。Master server 通过监控这个目录获取当前存活着的 Tablet server 的信息。

- 如果 Tablet server 失去了锁（比如网络问题），那么，Tablet server 也就不再为对应的 Tablet 服务了。
- 如果锁文件存在，那么 Tablet server 会主动获取锁。
- 如果锁文件不存在，那么，Tablet server 就永远不会再服务对应的 Tablet，所以 Tablet server 就会终止自己。

• 当 Tablet server 要终止时，它会释放占有的锁，Master server 就会把该 Tablet server 上的 Tablet 分配给其他的 Tablet server。

Master server 会定期轮询每个 Tablet server 的锁状态。如果 Tablet server 报告失去了它的锁，或者 Master server 不能获取 Tablet server 的状态，那么 Master server 就会尝试去获取 Tablet server 对应的锁文件。如果 Master server 获取到了锁文件，并且 Chubby 是处于正常工作状态的，此时，Master server 就确认 tablet server 已经无法再提供服务了，Master server 删除相应的锁文件并把 Tablet server 对应的 Tablet 分配给新的 Tablet server。如果 Master server 与 Chubby 之间出现了网络问题，那么，Master server 也会终止自己。但是这并不会影响 Tablet 与 Tablet server 之间的分配关系。

Master server 的启动需要经历以下几个阶段。

• Master server 需要从 Chubby 获取锁，这样可以确保在同一时刻只有一个 master server 在工作。

• Master server 扫描 Chubby 下特定的目录（即 Tablet server 创建锁文件的目录），获取存活着的 Tablet server 的信息。

• Master server 和存活着的 Tablet server 通信，获取已被分配到 Tablet server 的 tablet 信息。

• Master server 扫描 METADATA tablet，获取所有的 Tablet 信息，然后把未分配的 Tablet 分配给 Tablet server。

（3）片的定位

前面提到主服务器不提供片的位置信息，那么，客户端是如何访问片的呢？Bigtable 使用一个类似 B+树的数据结构存储片的位置信息，图 4.13 为 Tablet 位置层结构。

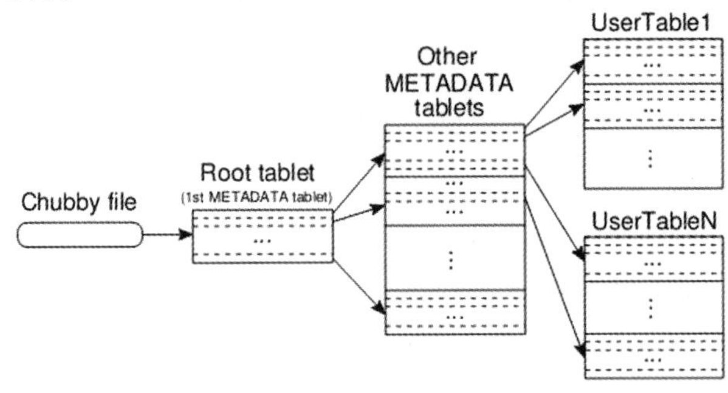

图 4.13　Tablet 位置层结构

• Chubby file，保存着 Root tablet 的位置。这个 Chubby 文件属于 Chubby 服务的一部分，一旦 Chubby 不可用，就意味着丢失了 Root tablet 的位置，整个 Bigtable 也就不可用了。

• Root tablet 其实是元数据表（METADATA table）的第一个分片，它保存着元数据表其他片的位置。Root tablet 很特别，为了保证树的深度不变，Root tablet 从不分裂。

• 其他的元数据片，它们和 Root tablet 一起组成完整的元数据表。每个元数据片都包含了许多用户片的位置信息。

可以看出，整个定位系统其实只是两部分，一个 Chubby 文件，一个元数据表。每个分片也都是由专门的片服务器负责，这就是不需要主服务器提供位置信息的原因。客户端会缓存片的位置信息，如果在缓存里找不到一个片的位置信息，就需要查找这个三层结构了，包括访问一次 Chubby 服务，访问两次片服务器。

（4）元数据表

元数据表（METADATA table）是一张特殊的表，它被用于数据的定位及一些元数据服务，图 4.14 所示为元数据表示例。

• 元数据表的行键由片所属表名的 ID 加上片最后一行行键而成，所以，每个片在元数据表中占据一条记录（一行），而且行键既包含了其所属表的信息，也包含了其所拥有的行的范围。

• 除了知道元数据表的地址部分是常驻内存以外，还可以发现元数据表有一个列族称为 location，已经知道元数据表每一行代表一个片，那么为什么需要一个列族来存储地址呢？因为每个片都可能由多个 SSTable 文件组成，列族可以用来存储任意多个 SSTable 文件的位置。一个合理的假设就是每个 SSTable 文件的位置信息占据一列，列名为 location：filename。当然不一定非得用列键存储完整文件名，更大的可能性是把 SSTable 文件名存在值里。获取了文件名就可以向 GFS 索要数据了。

• 元数据表不止存储位置信息，也就是说列族不止 location。

客户端会缓存 tablet 的位置信息，客户端在获取 tablet 的位置信息时，会涉及两种情况。

• 如果客户端没有缓存目标 tablet 的位置信息，那么，就会沿着 Root tablet 定位到最终的 Tablet，整个过程需要 3 次网络往返（round-trips）。

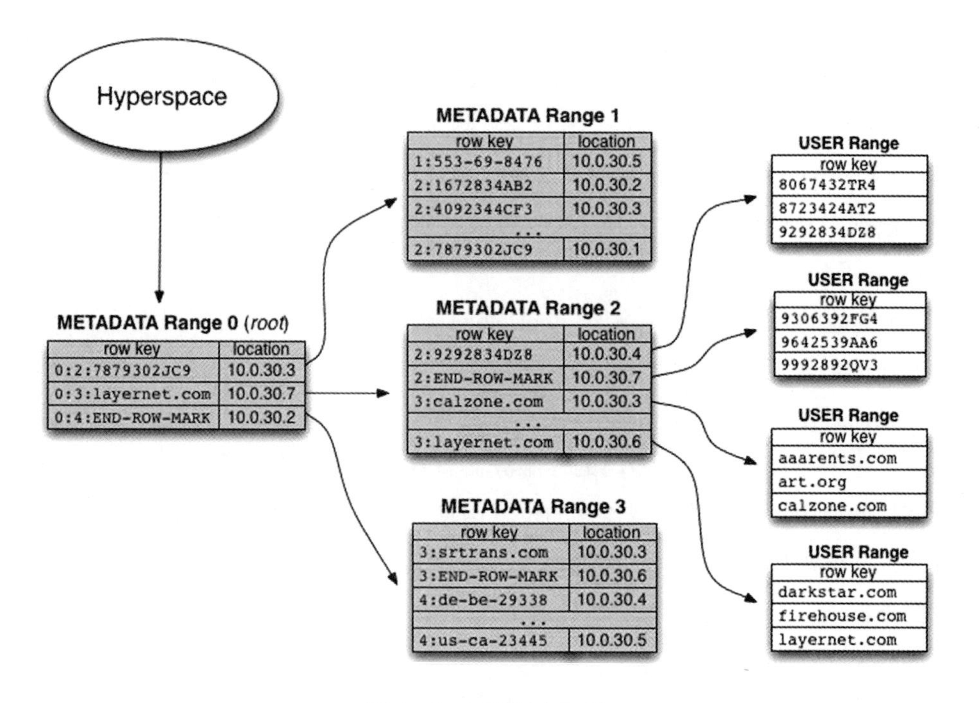

图 4.14　元数据表示例

• 如果客户端缓存了目标 Tablet 的位置信息，但是到了目标 Tablet 后发现原来缓存的 Tablet 位置信息过时了，那么，会重新从 Root Tablet 开始定位 Tablet，整个过程需要 6 个 network round-trips。

（5）片的存储和读写

片的数据最终还是写到 GFS 里，片在 GFS 里的物理形态就是若干个 SSTable 文件。

当片服务器收到一个写请求，片服务器首先检查请求是否合法。如果合法，先将写请求提交到日志，然后将数据写入内存中的 memtable。memtable 相当于 SSTable 的缓存，当 memtable 成长到一定规模会被冻结，Bigtable 随之创建一个新的 memtable，并且将冻结的 memtable 转换为 SSTable 格式写入 GFS，这个操作称为 minor compaction。

当片服务器收到一个读请求，同样要检查请求是否合法。如果合法，这个读操作会查看所有 SSTable 文件和 memtable 的合并视图，因为 SSTable 和 memtable 本身都是已排序的，所以合并相当快。

每一次 minor compaction 都会产生一个新的 SSTable 文件，SSTable 文件太多，读操作的效率就降低了，所以 Bigtable 定期执行 merging compaction 操作，将几个 SSTable 和 memtable 合并为一个新的 SSTable。BigTable 还有个功能更强的 major compaction，它将所有 SSTable 合并为一个新的 SSTable。

4.5 小结

随着国际上多种课题的出现，例如研究蛋白质折叠等功能的 Folding@HOME 项目等，中国有关部门也开始意识到分布式计算的重要性，一些大学也开始钻研分布式计算科学，比如：中科院 CAS@ HOME 和清华大学的“清水计划”。2007 年，由许式伟发起的 ECUG 实效云计算用户组在 CN Erlounge II 大会上正式成立。阿里巴巴公司不仅提出了 Dubbo 开源分布式框架，还研发出阿里云企业级分布式应用服务 EDAS；PingCAP 公司提出了开源分布式关系型数据库 TiDB，它支持无限的水平扩展，具备强一致性和高可用性。诸多案例证实，中国的分布式技术在飞速发展，我国的企业、高校、研究院等在不断地学习、探索、创新，探寻出属于自己的道路。

本章对分布式技术框架进行了概述。首先介绍了分布式技术原理，包括分布式计算和并行计算、分布式存储及分布式海量数据管理的相关内容。接着介绍了分布式文件系统，包括分布式文件系统的基本架构及分布式文件系统的具体实现方式。最后分别对具体的并行计算框架 MapReduce 和分布式存储系统 BigTable 进行了介绍。

参考文献

[1] 杨伟.分布式数据存储方法与抗毁性研究[D].西安:西安电子科技大学,2018.

[2] 王琪.分布式计算的大数据构建探析[J].计算机产品与流通,2019(6):103.

[3] KSHEMKALYANI A D.分布式计算:原理、算法与系统[M].余宏亮,张冬艳,译.北京:高等教育出版社,2012:47-53.

[4] TANENBAUM A,MAARTENVAN S.分布式系统原理与范型[M].辛春生,译.北京:清华大学出版社,2008:34-41.

[5] 葛澎.分布式计算技术概述[J].微电子学与计算机,2012(5):73-76.

[6] 房鼎益.分布式系统研究进展[J].微电子学与计算机,2000(6):34-38.

[7] 张林波.并行计算导论[M].北京:清华大学出版社,2006:20-50.

[8] 陈敏,张东,张引,等.大数据浪潮:大数据整体解决方案及关键技术探索[M].武汉:华中科技大学出版社,2015:29-30.

[9] COULOURIS G,DOLLIMORE J,KINDBERG T.Distributed systems:concepts and design FiFth Fdition[M].Hanan Samet:Addison-Wesley,2012.

[10] 应朝晖,高洪奎,黄若衡.分布式文件系统[J].计算机工程与科学,1995(3):64-69.

[11] 王鹏,黄焱,安俊秀,等.云计算与大数据技术王鹏[M].北京:人民邮电出版社,2014:34-67.

第 5 章　云计算管理

本章介绍云计算管理。云计算管理主要可以分为云计算资源管理和云计算应用管理两部分。云计算资源管理面向云的底层基础设施资源进行管理。类似于一台 PC 需要硬件设备和操作系统，云计算平台也需要云数据中心提供硬件资源和云基础设施平台系统实现硬件资源的管理。云计算应用管理面向云应用资源进行管理，实现云应用的定制化和计量计费等功能。本章首先对云数据中心进行介绍，以开源平台 OpenStack 为例，介绍云基础设施平台系统的架构和组成，最后介绍云应用管理的主要功能和关键技术。

5.1　云数据中心

云数据中心以基础设施资源为基础，对资源进行虚拟化并封装成一个个虚拟的数据中心。每个虚拟的数据中心都包含计算、存储、网络等虚拟资源，并承载特定的业务应用或直接向用户提供虚拟桌面/虚拟应用服务。资源可以在不同的虚拟数据中心之间进行迁移、扩展、调度以保障服务质量，并将基础设施能力作为一种服务提供给目标用户。企业用户或公众用户通过门户来使用基础设施服务，管理员通过门户对数据中心进行管理，对整个数据中心环境实施集中化的管理，实现数据中心动态、弹性、按需、自动化等特性。

5.1.1　云数据中心概述

数据中心（Data Center）是云计算的一个实体，是信息化时代的核心基础设施，最早出现在 20 世纪 60 年代初，伴随着社会的发展和科技的进步，数据中心也在不断地演化。业界大体上将数据中心的发展分为四个阶段。

第一个阶段，在 20 世纪 60 年代初，当时的数据中心主要存放大型机。由于大型机价格昂贵、体积庞大、对电能需求较高，导致成本也过高。大部分应用于国防机构和科学研究领域，由 1 台或几台大型主机构成。

第二个阶段，在20世纪80年代，随着个人计算机的迅速发展，计算机的性价比得到提升，数据中心的规模也在不断扩大，并且能够承担一定的核心技术任务。一些C/S架构的应用程序开始在数据中心运行。此时的规模大约是数百台小型机。

第三个阶段，在20世纪90年代，互联网技术蓬勃发展，门户网站盛行，从政府机构到国有企业及一些中小型企业都在逐步构建自己的数据中心，从而为企业内部及客户提供了办公、管理等信息服务。此时的规模已能够容纳上千乃至几万台的服务器。

第四个阶段是21世纪初到现在，各种应用层出不穷，包括社交网络、办公软件、电子商务、电子竞技游戏、在线视频、云网盘、软件下载更新等。为了满足用户、各种应用能够保证用户体验良好，我们需要大量的物理服务器、存储设备和先进网络设备作为可靠性保证的运营支撑。并且随着云计算发展，数据中心建设规模的快速增长，因此，将两者合并到一起称为云计算环境下的数据中心是有必要的。云数据中心的规模由几十万台甚至上百万台的PC或服务器构成，并面向全世界用户提供服务。

在云数据中心模式下，基础设施与业务应用的对应是逻辑层面的。物理层面的资源在不同业务应用间是共享的，从而提高资源利用率，降低总体拥有成本。并且基础设施资源面向不同的业务应用可以按需扩展、动态迁移、自动化调度，从而保障服务质量。

在云数据中心模式下，硬件基础设施资源被池化，以就绪的状态组成基础设施资源池。软件基础设计与应用系统一起被打包封装成业务模板，存储在基于共享存储的业务模板库中。当用户有业务需求时，可以将业务模板快速加载在基础设施资源池上，从而缩短系统上线周期，提高业务敏捷性。

与传统数据中心相比，云数据中心通过集中化、可视化、自动化的管理，降低了管理复杂度并提高了管理效率，同时，形成了全局视图，这有助于管理分析与决策。数据中心在逻辑上由硬件和软件组成，硬件又由机房基础设施和物理资源组成。机房基础设施包括电力系统、机房冷却系统、UPS、安防等一系列配套的不是和计算机技术相关的基础设施；物理资源主要包括服务器、存储、网络等设备。机房的基础设施保证了其内物理设备的正常运行。软件系统由平台资源、虚拟资源和应用资源组成。平台资源包括操作系统、数据库和中间件等用来保障应用软件运行的系统环境。虚拟资源包括虚拟CPU、虚拟机内存、虚拟网络及虚拟存储等，通过虚拟化技术将服务器资源用抽象的方法表示，然后根据业务需求合理地、弹性地分配资源。应用资源是根据客户所需服务而订阅的应用。

云数据中心提供的不仅仅是基础的资源，还提供各种各样的服务。从消费者的角度来说，消费者只需关心自己所需要的各种服务，使用云数据中心里各种基础资源，而不需要去关心系统中资源是如何整合和管理的，云数据中心已经把底层的实现细节屏蔽了。云数据中心除了具有易扩充、动态性等特点外，还有一些新的特点。

（1）具有超大规模

云数据中心所涉及的基础资源规模是巨大的，提供的服务规模也是巨大的。例如，Google 的云数据中心平台已经拥有上百万台的服务器，微软、Amazon、Yahoo、IBM 等云平台也拥有几十万台的服务器，这些公司提供的都是公有云服务，同样，一般企业的私有云也拥有几百台的服务器。

（2）保证服务质量

在云数据中心中，通过虚拟化技术将高性能计算能力和高容量存储的资源部署在互联网服务器上，给云数据中心的用户提供高质量的服务，而且为了提高数据的可靠性，云计算采用分布式和冗余方式的存储形式。云计算中使用了节点同构可交换、多副本容错等措施来保障服务的高可靠性，使得云数据中心比本地服务器更可靠。

（3）提供编程模型

云数据中心为用户提供一个十分简单的编程框架，而不是复杂的高层次的编程模型，所以用户只需简单学习就可以编写出自己需要的云计算应用程序，而不需要去掌握整个云计算平台，例如，可以使用 MapReduce 编程模型来实现对文本中单词的统计，使用者只需要编写出 Map 和 Reduce 函数，而不需要去关心云计算的内部架构及程序是如何执行的。

（4）高实用性

云数据中心方便了用户的使用，用户可以像打开水龙头就能用水的方式那样，不需要去购买价格昂贵的软硬件，也不需要去建设机房和招聘开发和维护人员，仅仅只需通过网络以租赁的形式租用云数据中心提供的各种资源，按时、按量支付租用费，云数据中心具有很高的实用性。云数据中心可以根据不同的用户提供不同的服务，可以构造出各种各样的应用，也可以同时运行不同的应用。

（5）高扩展性

云数据中心中的资源可以随时随地扩充，规模可以随时动态地伸缩，以满足用户和应用规模增长的需要。云数据中心为很多中间软件和设备提供了通用的接口，用户可以根据需要添加自己的应用设备。而且也为不同的云之间提供了对应的接口，用户可以在不同云之间迁移数据，以最大限度地满足用户的需求，高扩展性是云数据中心一个很重要的特征。

（6）按需提供服务

云数据中心是一个巨大的资源池，提供的服务是一种按需服务，用户可以根据自己的需要租用服务，只需支付一定的租用费用即可。对企业而言，云数据中心的这种特性不但节省了购买基础设备的费用，而且可以根据企业不断发展的需求不断订购需要的服务，提高了企业的资金利用率。

（7）保证数据安全

大量的用户数据存储在云端，如何保证数据安全是一个很重要的问题。云数据中心服务供应商有专业的管理团队来确保这些数据的安全，保证用户的数据不会因硬盘损坏、服务器崩溃、商业窃取等原因泄露或丢失数据。对企业来说，特别是对一些大型的企业，与企业业务相关的数据是非常重要的，不能泄露一点，但是数据丢失或者数据窃取的情况却常常发生，这种托付形式保证了企业数据的安全，云数据中心服务供应商会尽最大可能地保障用户数据的安全性。

（8）提高资源利用率

传统的企业都拥有自己独立的数据中心，而且也有专业的系统维护和管理人员。数据中心的资源经常得不到充分利用，有些资源利用率非常低，据不完全统计，数据中心服务器的闲置率有时会高达百分之九十，归根到底是因为企业在大部分时间内是不需要那么多资源的，除了一些特殊的时间，如节假日或者其他的一些紧急情况。而云数据中心的一个重要特点就是按需提供资源，因此，企业可以根据自己的业务需求，在需求高峰期，以租用的方式租赁需要的资源，这样不仅提高了企业的工作效率，同时也提高了资源的利用率，企业也不用为管理这些资源付出高昂的费用。

（9）价格低廉

云数据中心特殊的容错措施可以由极其廉价的节点构成，云计算特殊的集中管理模式使企业省去了高昂的数据中心维护成本。云数据中心的通用性提高了传统系统资源的利用率，因此，企业可以用非常低廉的价格租用云中的服务，来完成以前需要高成本才能完成的任务。

云数据中心保证了应用的可靠性、安全性与一致性。与传统数据中心应用相比，云数据中心上线周期短，提高了业务敏捷性、系统可用性和连续性，减少计划内与计划外停机时间。通过动态扩展，支持负载持续或骤然增加。同时，支持多业务共享基础设施资源，降低了总体拥有成本，保障了服务质量。因此，云数据中心具有巨大的优势，具有市场机遇。

但是，云数据中心仍然面临着：实现资源整合与池化，对能耗进行管理；对资源进行集中式监控与管理；实现资源的弹性扩展与自动化调度；支撑应用的快速部署；实现基于网络的服务提供；实现高可用性与连续性；标准、规范地遵从。

5.1.2　云数据中心的架构与主要组成

本节详细描述了云数据中心逻辑架构的主要组成部分。通过两部分对逻辑架构进行描述，第一部分对逻辑架构进行概述，第二部分描述其主要组成与功能。

将云数据中心进行细化，从逻辑的视角将涉及的组成元素与功能特性进行详细描述，形成云数据中心的逻辑架构，如图 5.1 所示。

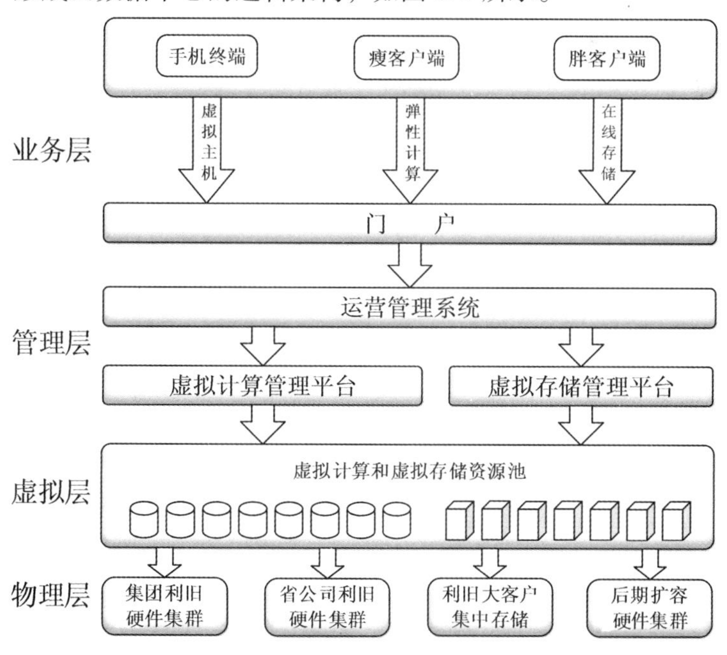

图 5.1　云数据中心架构

(1) 基础设施资源

云数据中心以基础设施资源为基础，基础设施资源包括虚拟硬件基础设施、软件基础设施及分支、灾备、第三方数据中心，提供计算、存储、网络、运行环境及分布式数据中心协同等基础支撑。

虚拟硬件基础设施包括计算资源、存储资源和网络资源。计算资源包括x86服务器及RISC小机等，存储资源包括SAN存储、NAS存储及DAS存储，根据实际需求进行虚拟化。网络资源分为业务网络、管理网络、迁移网络及存储网络，根据需要进行虚拟化与融合，并实现安全与负载均衡。

软件基础设施包括操作系统、分布式文件系统、关系数据库、NoSql数据库、内存数据库、复杂事件处理、中间件等基础类软件。业务应用在云数据层面也被作为一种资源进行管理，部署在基础类软件之上。软件基础设施通常被封装为镜像模板，便于快速部署。

中央数据中心与其他数据中心进行交互与协同，包括分支数据中心、灾备数据中心及第三方数据中心。

(2) 虚拟服务

基础设施资源池提供了原始的基础设施能力，需要通过管理的相关功能将基础设施能力作为一种虚拟服务提供给最终用户。

虚拟服务包括虚拟数据中心、虚拟桌面及虚拟应用。虚拟数据中心包括虚拟计算资源、虚拟网络资源及虚拟存储资源，并承载特定的业务应用。虚拟桌面与虚拟应用提供相应的桌面与应用服务。

(3) 管理

对整个数据中心环境进行集中化管理，数据中心环境包括基础支撑服务层、核心管理功能层、租户及服务管理层。

基础支撑服务层包括云数据中心环境安全保障、云服务质量管理、资源使用量计费。核心管理功能层包括云数据中心环境威胁及风险管理、云应用健康状态管理、云应用及服务性能管理、能耗管理、资源交付。租户及服务管理层包括租户管理与云服务管理。

云数据中心和其主要资源如下。

① 面向云数据中心的不同角色。云用户（Cloud User）：在IaaS或PaaS应用中，云提供者为云用户提供部署应用的基础设施资源环境，同时，云用户就是应用服务的提供者（Service Provider，SP），能够向终端用户提供服务。

终端用户（End User）：可以使用应用服务，主要是应用服务提供者所提供的，它能够通过客户端和移动设备使用云计算环境中的服务，主要由企业用户和个人用户组成，终端用户也可以直接使用计算、存储和网络资源等，主要是云提供者提供。

云提供者（Cloud Provider）：在 IaaS 或 PaaS 的公共云中，资源是可以通过云提供者提供给云用户的，而且是弹性的。云提供者拥有自己的数据中心，能够为云计算环境提供软硬件设备和解决方案，它在云计算体系架构中处于核心的地位。同时在私有云中，云提供者可以为终端用户提供云应用服务。

② 云数据中心的主要资源。数据中心的资源概念包括物理机、虚拟机、物理资源、虚拟资源和资源池。

物理机：物理机由大量的物理服务器组成，是云数据中心的基础支撑，是资源的分配对象，能够运行虚拟机。

虚拟机：对于用户而言，虚拟机相当于真实的计算机环境，用户可以对虚拟机配置进行操作，实际是运行在物理机上的镜像文件，从而可以对该镜像文件进行配置和启用。

物理资源：如 CPU、内存和 I/O 等资源都属于物理机资源，是资源池中硬件物理设备资源的集合。

虚拟资源：如被虚拟化的计算、存储和网络资源等都是物理资源采用虚拟化技术虚拟成为虚拟资源。

资源池：用户无需了解具体的准确位置，可以根据自身的需求获取不同规模的资源，而云提供者可以对资源进行动态的分配，实现资源的高效管理。

5.2　云基础设施平台系统

类似于一台 PC 需要操作系统才能正常运行，一个云计算平台在云数据中心的硬件设施的基础上，还需要有一个云基础设施平台系统，实现资源的管理和调度。公有云平台会使用自研的云基础设施平台系统，私有云平台通常使用开源系统。比较常用的开源云基础设施平台系统有 OpenStack、CloudStack、Eucalyptus 和 OpenNebula 等。本节以 OpenStack 为例介绍云基础设施平台系统的架构和主要功能。

5.2.1 OpenStack 简介

OpenStack 是一个开源项目，提供了一个构建和部署云平台的操作平台或工具集。OpenStack 旗下包含了一组由社区维护的开源项目，它们分别是 OpenStack Compute（Nova），OpenStack Object Storage（Swift），以及 OpenStack Image Service（Glance）。

① OpenStack Compute，是云组织的控制器，它提供一个工具来部署云，包括运行实例、管理网络及控制用户和其他项目对云的访问。它的底层的开源项目名称是 Nova，其提供的软件能控制 IaaS 云计算平台，类似于 Amazon EC2 和 Rackspace Cloud Servers。实际上它定义的是：与运行在主机操作系统上潜在的虚拟化机制交互的驱动，暴露基于 Web API 的功能。

② OpenStack Object Storage，是一个可扩展的对象存储系统。对象存储支持多种应用，比如复制和存档数据，图像或视频服务，存储次级静态数据，开发数据存储整合的新应用，存储容量难以估计的数据，为 Web 应用创建基于云的弹性存储。

③ OpenStack Image Service，是一个虚拟机镜像的存储、查询和检索系统，服务包括 RESTful API，它允许用户通过 HTTP 请求查询 VM 镜像元数据以及检索实际的镜像。VM 镜像有四种配置方式：简单的文件系统，类似 OpenStack Object Storage 的对象存储系统，直接用 Amazon's Simple Storage Solution（S3）存储，用带有 Object Store 的 S3 间接访问 S3。其中的三个项目的基本关系如图 5.2 所示。

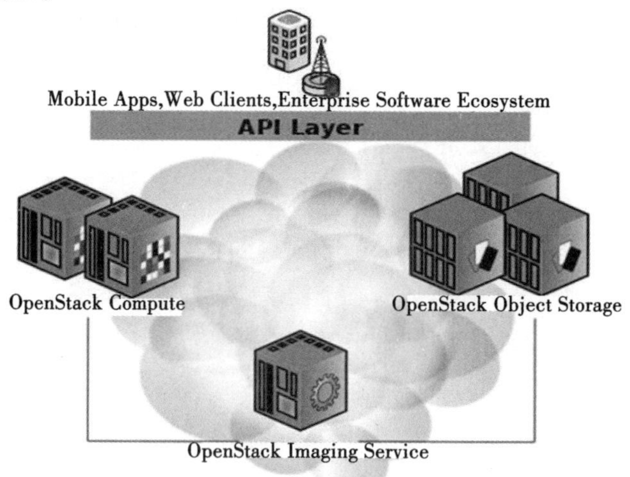

图 5.2 OpenStack 三个组件的关系

5.2.2 OpenStack 架构

OpenStack 的整体架构如图 5.3 所示，在 OpenStack 整个系统当中主要是通过图中几个主要组件之间的交互来对用户或者开发者提供云计算的基础服务。

在图 5.3 中，可以看出 OpenStack 的几个主要负责组件，这几个主要的组件分别为对象管理组件、镜像组件、计算组件、网络管理、块存储认证管理，等等。下面就对这几个组件分别进行介绍。

① 对象存储的系统名称是 Swift，它对应于亚马逊的 S3。通过简单的 Key/value 的方式进行文件的索引、文件的定位、读取和写入，它支持“一次写入，多次读取，无须修改”的情况。

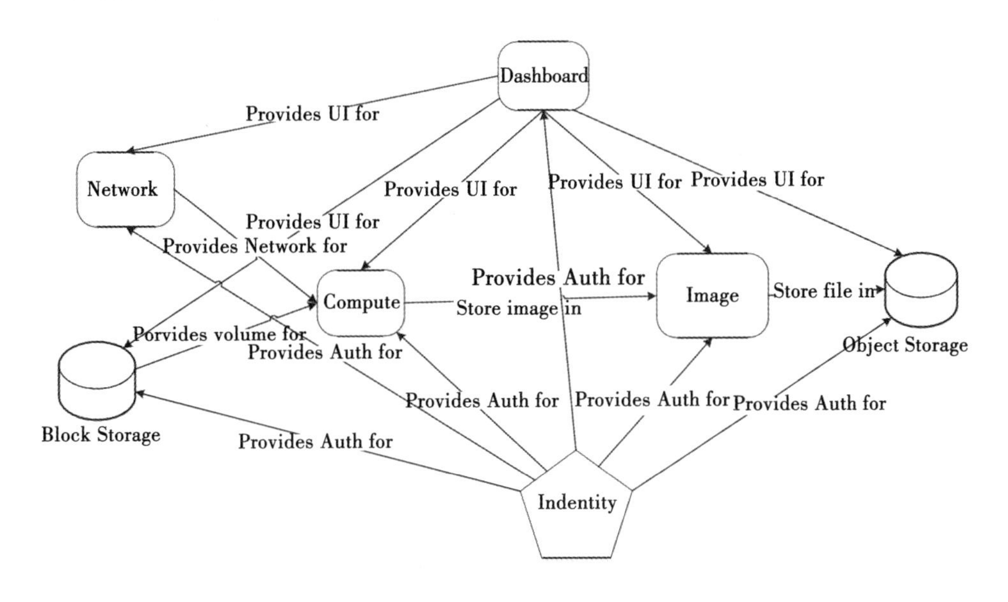

图 5.3　OpenStack 整体架构

② 镜像管理的系统名称是 Glance，它提供了整个系统对镜像的存储管理和分类查找功能。

③ 计算管理项目名称为 Nova，它提供系统中的虚拟机运行的环境。Nova 通过虚拟化技术（例如 KVM 等技术）来实现计算、网络、存储等功能。OpenStack 的计算能力通过虚拟机的方式来交付给用户。

④ 网络管理实现了虚拟机的网络连接与管理等功能，包括子网的 IP 管理、网关的管理等。

⑤ 块存储管理实现了对磁盘块存储的管理，为虚拟机提供块设备的服务。

块存储将物理存储根据需要划分为不同的存储空间提供给虚拟机，这样，虚拟机可以将其识别为新的硬盘。

⑥ 认证管理，它为整个 OpenStack 系统的所有服务提供统一的授权和身份验证服务。

在图 5.4 中，所展示的是 OpenStack 整个系统的逻辑架构视图。一般架构通常包括展示、逻辑和存储 3 层结构。从逻辑架构中可以看到，OpenStack 按照职责进行了划分，并且十分清楚地表达出不同子系统之间的协作关系。OpenStack 采用了职责拆分的设计理念，根据职责的不同将整个系统拆分了几个核心的子系统，每个系统都可以独立地部署和使用。并且，在每个子系统当中又拆分为 API、逻辑处理和驱动底层的适配这三个层次。

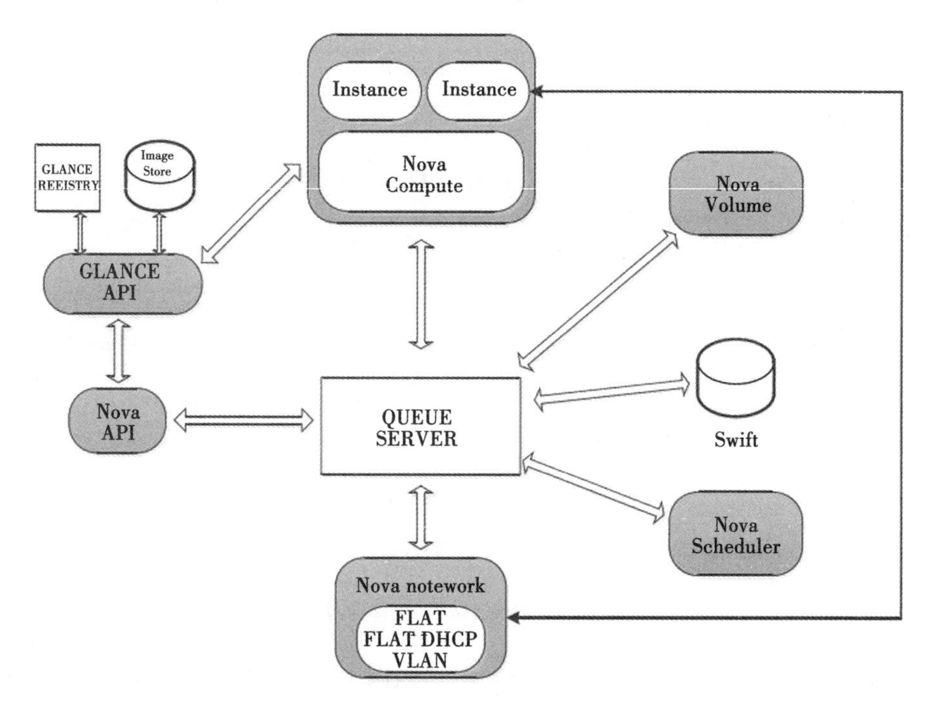

图 5.4　OpenStack 架构逻辑视图

整个 OpenStack 系统，可以总结为以下三个特点。

① 所有子系统提供标准化 API，终端用户（包括开发人员）通过 API 访问和调用不同子系统的服务。

② 子系统通过 API 方式提供服务和进行调用。

③ 子系统内部都是通过划分为 API、逻辑处理和底层驱动的适配方式对外

进行服务的提供。

OpenStack 作为云基础设施平台系统，提供了下列功能。

① 允许应用拥有者注册云服务，查看运用和计费情况。

② 允许 Developers/DevOps folks 创建和存储他们应用的自定义镜像。

③ 允许启动、监控和终止实例。

④ 允许 Cloud Operator 配置和操作基础架构。

基于以上核心功能，OpenStack 的概念架构如图 5.5 所示。

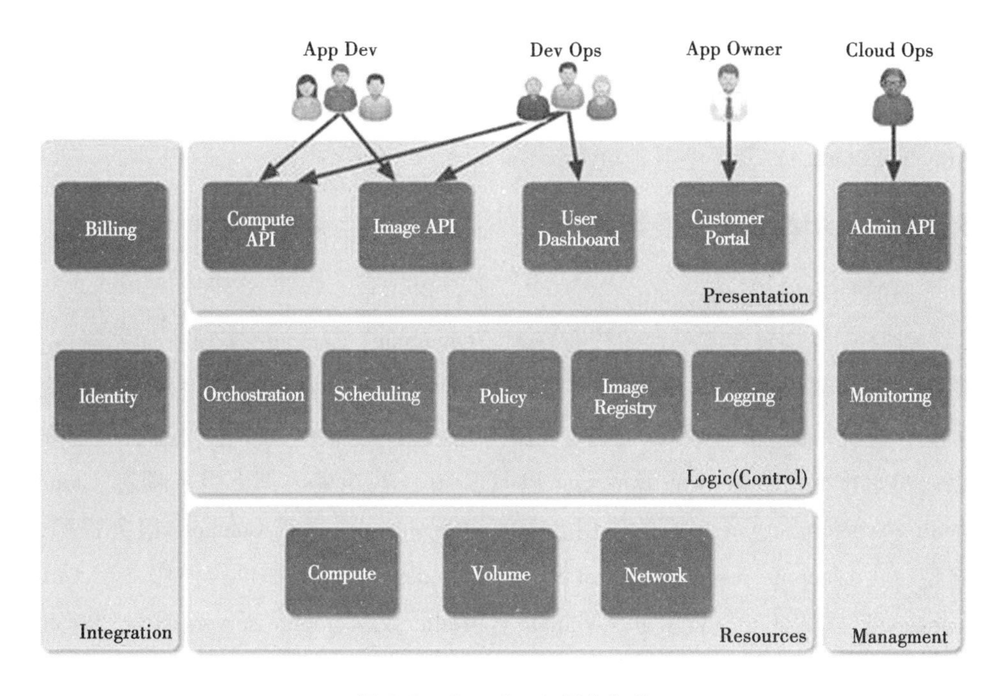

图 5.5 OpenStack 概念架构

在此模型中包含四类用户，即 App Developers、DevOps、App Owners、Cloud Operators，并为每类用户划分了他们所需要的功能。该架构采用的是非常普通的分层方法（Presentation，Logic and Resources），它带有两个正交区域。

① 展示层，组件与用户交互，接受和呈现信息。Web Portals 为非开发者提供图形界面，为开发者提供 API 端点。如果是更复杂的结构，负载均衡，控制代理，安全和名称服务也都会在这层。

② 逻辑层，为云提供逻辑（Intelligence）和控制功能。这层包括部署（复杂任务的工作流），调度（作业到资源的映射），策略（配额等），镜像注

册 Image Registry（实例镜像的元数据），日志（事件和计量）。

假设绝大多数服务提供者已经有客户身份和计费系统。任何云架构都需要整合这些系统。

在任何复杂的环境下，都将需要一个管理层来操作这个环境。它应该包括一个 API 访问云管理特性及一些监控形式。监控功能将已整合的形式加入一个已存在的工具中。当前的架构中已经为虚拟的服务提供商加入了监控（Monitor）和管理接口（Admin API），在更完全的架构中，还应该包含一系列的支持功能，比如供应（Provisioning）和配置管理（Configuration Management）。

③ 资源层。如果这是一个计算云，就需要实际的计算、网络和存储资源，供应给用户。该层提供这些服务，包括服务器、网络交换机、NAS（Network Attached Storage）及一些其他资源。

5.2.3 OpenStack 主要组成

（1）OpenStack Compute

计算资源是云计算平台的核心资源。OpenStack Compute 实现了计算资源，核心组件是“Cloud Controller”，它表示全局状态，以及与其他组件交互。实际上，它提供的是 Nova-api 服务。它的功能是：为所有 API 查询提供一个端点，初始化绝大多数的部署活动，以及实施一些策略。API 服务器起 Cloud Controller Web Service 前端的作用。Compute controller 提供 Compute 服务资源，典型包含 Compute service，Object Store component 可选地提供存储服务。Auth manager 提供认证和授权服务，Volume controller 为 Compute servers 提供快速和持久的块级别存储。Network controller 提供虚拟网络使 Compute servers 彼此交互及与公网进行交互。Scheduler 选择最合适的 Compute controller 来管理（host）一个实例。

OpenStack Compute 建立在无共享、基于消息的架构上。Cloud controller 通过 HTTP 与 internal object store 交互，通过 AMQP 与 scheduler、network controller、volume controller 来进行通信。为了避免在等待接收时阻塞每个组件，OpenStack Compute 用异步调用的方式。

为了获得带有一个组件多个备份的无共享属性，OpenStack Compute 将所有的云系统状态保持在分布式的数据存储中。对系统状态的更新会写到这个存储中，必要时用质子事务。

对系统状态的请求会从 store 中读出，在少数情况下，控制器也会短时间缓存读取结果。

（2）OpenStack Image Service

映像存储实现了虚拟磁盘式存储功能，为计算资源提供持久化存储支持。OpenStack Image Service 实现了映像存储功能，包括两个主要部分，分别是 API server 和 Registry server（s）。

OpenStack Image Service 的设计，尽可能适合各种后端仓储和注册数据库方案。API Server（运行“glance api”程序）起通信 hub 的作用，各种各样的客户程序，镜像元数据的注册，实际包含虚拟机镜像数据的存储系统，都是通过它来进行通信的。API server 转发客户端的请求到镜像元数据注册处和它的后端仓储。OpenStack Image Service 就是通过这些机制来实际保存进来的虚拟机镜像的。

OpenStack Image Service 支持的后端仓储如下。

• OpenStack Object Storage。它是 OpenStack 中高可用的对象存储项目。

• FileSystem。OpenStack Image Service 存储虚拟机镜像的默认后端是后端文件系统。这个简单的后端会把镜像文件写到本地文件系统。

• S3。该后端允许 OpenStack Image Service 存储虚拟机镜像在 Amazon S3 服务中。

• HTTP。OpenStack Image Service 能通过 HTTP 在 Internet 上读取可用的虚拟机镜像，这种存储方式是只读的。

OpenStack Image Service registry servers 是遵守 OpenStack Image Service Registry API 的服务器。

（3）OpenStack Object Storage

• Accounts 和 Account Servers。OpenStack Object Storage 系统被设计来供许多不同的存储消费者或客户使用，每个用户必须通过认证系统来识别自己。为此，OpenStack Object Storage 提供了一个授权系统（swauth）。

运行 Account 服务的结点与个体账户是不同的概念。Account 服务器是存储系统的部分，必须和 Container 服务器和 Object 服务器配置在一起。

• Authentication 和 Access Permissions。在 OpenStack 里，必须通过认证服务来认证，以接收 OpenStack Object Storage 连接参数和认证令牌。令牌必须为所有后面的 container/object 操作而传递，并进行特定语言的 API 处理认证、令牌传递和 HTTPS request/response 通信。

通过运行 X-Container-Read 和 X-Container-Write，可以为用户或者账户对对象执行访问控制。上面的设置允许来自 accountname 账户的任意用户来读，但是只允许 accountname 账户里的用户 username 来写。也可以对 OpenStack Object Storage 中存储的对象授予公共访问的权限，而且可以通过 Referer 头部阻止像热链接这种基于站点的内容盗窃来限制公共访问。公共的 Container 设置被用作访问控制列表之上的默认授权。比如，X-Container-Read：referer：any 这个设置，允许任何人能从 Container 中读，而不管其他的授权设置。

一般来说，每个用户能完全访问自己的存储账户。用户必须用他们的证书来认证，一旦被认证，他们就能创建或删除 Container，以及账户之类的对象。一个用户能访问另一个账户的内容的唯一方式是，他们享有一个 API 访问 key 或认证系统提供的会话令牌。

• Containers and Objects。一个 Container 是一个存储隔间，为用户提供一种组织属于用户的数据的方式。它类似于文件夹或目录。Container 和其他文件系统概念的主要差异是 Containers 不能嵌套。可以在账户内创建无数的 containers，但是必须在账户上有一个 Container，因为数据必须存在 Container 中。

Container 取名上的限制是，它们不能包含“/”，而且长度少于 256 字节。长度的限制也适用于经过 URL 编码后的名字。比如，Course Docs 的 Container 名经过 URL 编码后是“Course%20Docs”，因此，此时的长度是 13 字节而非 11 字节。

一个对象是基本的存储实体，代表存储在 OpenStack 对象存储系统中描述文件的元数据。当用户向 OpenStack 对象存储系统上传一个数据时，数据按原样存储（没有压缩和加密），包含位置、对象名和任何由 key/value 对组成的元数据。比如，用户可能会存储一个数码照片的备份，并以专辑形式对照片进行组织，那么每个对象可以打上这样的标签：Album：Caribbean Cruise 或者 Album：Aspen Ski Trip。

对象名上唯一的限制是，在经过 URL 编码后，它们的长度要少于 1024 个字节。

上传的存储对象的最大允许大小为 5GB，最小是 0 字节。可以用内嵌的大对象支持和 St 工具来检索 5GB 以上的对象。对于元数据，每个对象不应该超过 90 个 key/value 对，所有 key/value 对的总字节长度不应该超过 4KB。

• Operations。Operations 是用户在 OpenStack Object Storage 系统上执行的行

为，比如创建或删除 Containers，上传或下载 objects 等。Operations 的完全清单可以在开发文档上找到。Operations 能通过 ReST web service API 或特定语言的 API 来执行。值得强调的是，所有操作必须包括一个来自授权系统的有效的授权令牌。

• 特定语言的 API 绑定。一些流行语言支持的 API 绑定，在 RackSpace 云文件产品中是可用的。这些绑定在基础 ReST API 上提供了一层抽象，允许编程人员直接与 Container 和 object 模型打交道，而不是 HTTP 请求和响应。这些绑定可免费下载、使用和修改，它们遵循 MIT 许可协议。对于 OpenStack Object Storage，当前支持的 API 绑定是：PHP，Python，Java，C#/. NET 和 Ruby。

OpenStack Object Storage 工作原理如下。

• Ring。Ring 代表磁盘上存储的实体的名称和它们的物理位置的映射。Accounts、Containers 和 objects 都有单独的 Ring。其他组件要在这三者之一中进行任何操作，它们都需要和相应的 Ring 进行交互以确定它在集群中的位置。

Ring 用 zones、devices、partitions 和 replicas 来维护映射，在 Ring 中的每个分区都会在集群中默认有三个副本。分区的位置存储在 Ring 维护的映射中，Ring 也负责确定失败场景中接替的设备（这点类似 HDFS 副本的复制）。分区的副本要保证存储在不同的 zone。Ring 的分区分布在 OpenStack Object Storage installation 的所有设备中。分区需要移动的时候，Ring 确保一次移动最少的分区，一次仅有一个分区的副本被移动。

权重能用来平衡分区在磁盘驱动上的分布，Ring 在代理服务器和一些背景进程中使用。

• Proxy Server。代理服务器负责将 OpenStack Object Storage 架构中其他部分结合在一起。对于每次请求，它都在 Ring 中查询 Account、Container 或 Object 的位置，并以此转发请求，公有 APIs 也是通过代理服务器来暴露的。

大量的失败也是由代理服务器来进行处理。比如一个服务器不可用，它就会要求 Ring 来为它找下一个接替的服务器，并把请求转发到那里。

当对象流进或流出 Object Server 时，它们都通过代理服务器来流给用户，或者通过它从用户获取，代理服务器不会缓冲它们。

Proxy 服务器的功能可以总结为：查询位置、处理失败、中转对象。

• Object Server。Object Server 是非常简单的 blob 存储服务器，能存储、检

索和删除本地磁盘上的对象，它以二进制文件形式存放在文件系统中，元数据以文件的扩展属性存放。

对象以源于对象名的 Hash 和操作的时间戳的路径来存放。上一次写总会成功，确保最新的版本将被使用。删除也视作文件的一个版本：这确保删除的文件也被正确复制，更旧的版本不会因为失败而消失。

• Container Server。其主要工作是处理对象列表，它不知道对象在哪里，只是知道哪些对象在一个特定的 Container。列表被存储为 Sqlite 数据库文件，类似对象的方式在集群中复制。它也进行了跟踪统计，包括对象的总数，以及 container 中使用的总存储量。

• Account Server。它类似于 Container Server，是负责 Container 的列表而非对象。

• Replication。设计副本的目的是，在面临网络中断或驱动失败等临时错误条件时，保持系统在一致的状态。

副本进程会比较本地的数据和每个远处的副本，以确保它们所有都包含最新的版本。对象副本用一个 Hash 列表来快速比较每个分区的片段，而 Container 和 Account replication 用的是 Hash 和共享的高水印结合的方法。

副本的更新，是基于推送的。对于对象副本，更新是远程同步文件到 Peer。Account 和 Container replication 通过 HTTP 或 rsync 把整个数据库文件推送遗失的记录。副本也通过 Tombstone 设置最新版本的方式，确保数据从系统中清除。

• 更新器（Updaters）。有时，Container 或 Account 数据不能被立即更新，这通常是发生在失败的情形或高负载时期。如果一个更新失败，该更新会在文件系统上本地排队，更新器将处理这些失败的更新。事件一致性窗口最可能起作用。比如，假设一个 Container 服务器正处于载入之中，一个新对象正被放进系统，代理服务器一响应客户端成功，该对象就立即可读了。然而，Container 服务器没有更新 Object 列表，所以更新就进入队列，以等待稍后的更新。Container 列表可能还不会立即包含这个对象。

实际上，一致性窗口只是与 updater 运行的频率一样，当代理服务器将转发清单请求到响应的第一个 Container 服务器中时，也许还不会被注意。在载入之下的服务器可能还不是服务后续清单请求的那个。另外，两个副本中的一个可能处理这个清单。

• Auditors。Auditors 会检查 Objects、Containers 和 Accounts 的完整性。如果发现损坏的文件，损坏的文件将被隔离，好的副本将会取代这个坏的文件。如果发现其他的错误，它们会被记入到日志中。

OpenStack Object Storage 物理架构如下。

• Proxy Services 偏向于 CPU 和 network I/O 密集型，而 Object Services，Container Services，Account Services 偏向于 Disk and Network I/O 密集型。

用户可以在每一个服务器上安装所有的服务，在 Rackspace 内部，用户将 Proxy Services 放在自己的服务器上，而所有存储服务则放在同一服务器上。这允许发送 10 GB 的网络给代理，1 GB 给存储服务器，从而保持对代理服务器的负载平衡更好地管理。我们能通过增加更多代理来扩展整个 API 吞吐量。如果需要获得 Account 或 Container Services 更大的吞吐量，用户也可以部署到自己的服务器上。

在部署 OpenStack Object Storage 时，可以单结点安装，但是它只适用于开发和测试目的。也可以多服务器的安装，它能获得分布式对象存储系统需要的高可用性和冗余。

5.3　云应用管理

云应用运营管理面向云应用全生命周期，进行统一信息管理、统一使用管理和统一运行管理。为实现云应用有效运营管理，首先面临的是如何管理云服务资源的问题。云应用服务资源可分为硬件资源和软件资源两类，因为硬件资源直接决定了云应用的性能和容量，而硬件资源的分配和部署方式又决定了云应用的隔离性与安全性。为此，云应用管理系统需要支持物理资源或虚拟资源的注册和使用。面向软件资源，云应用管理支持软件资源的业务级自动部署，并以服务形式注册到服务库中，同时，支持通过设置部署文件和配置文件将符合条件的软件遗产系统自动包装为云应用。面向已注册的云应用资源，用户可自主订阅服务内容，同时，云应用管理通过定制化功能按个性化需求配置所需服务。用户可以定制化服务内容、租户域名等使用信息，以及计费模式。在服务运行阶段，平台对服务使用情况进行管理和监控，保证服务质量与可靠性，并对异常情况进行必要的处理和报告。同时，基于对服务运行日志的处理，提供自助查询统计及自助计量计费功能。

云应用运营管理关键技术包括云应用按需交付、云应用业务的自动部署、云应用统一运行支持三部分。云应用按需交付主要解决了用户个性化需求满足的问题，使应用根据用户不同需求，提供不同等级、不同内容的服务，保证了服务的效率和用户灵活性。云应用业务的自动部署主要解决了应用的统一管理和自动部署问题，提升了应用的效率。云应用统一运行支持面向云应用运行过程，解决了集中化管理、统一身份认证、实时使用查询统计的问题，为应用高效安全运行提供了保障。下面对相关关键技术分别进行介绍。

5.3.1　云应用管理主要功能

为实现云应用管理的需求，云应用管理系统通常需要实现服务注册、信息管理、租户定制化、资源调度和安全防护等功能，下面对主要功能进行介绍。

5.3.1.1　云应用服务注册

云应用负责将云应用的组件（可包括软硬件等资源）注册到云应用管理系统之中，以供用户选择使用。各类资源需要将属性信息及包含资源特征信息的元数据信息注册到服务库中。服务的元数据信息将是租户以定制化方式订阅使用服务的基础。

云应用服务注册中心是云计算面向服务架构的重要组成部分，随着从理论研究到应用研究领域的步入，其存在的问题已经逐步显现和突出，对其研究有助于化解应用中相关的理论和技术障碍，具有实际的指导价值；随着互联网范围内的面向服务计算模式的兴起，在复杂网络环境下，海量服务注册信息的合理组织、管理与快速检索对面向服务计算的有效性和性能至关重要，服务注册中心的合理部署是实现上述目标的基础；基于关键字的传统管理和检索方式也已经无法适应当前服务信息的指数性增长的现实和计算机自动处理的需求，需要采用语义相关理论和方法实现智能应用；对当前复杂网络的应用问题的研讨已经成为相关科学研究的亮点，利用网络社团结构性质进行语义社区中服务注册中心部署策略研究，以满足服务信息检索高效和智能要求。因此，将研究重点放在语义环境下的对等网络上，研究如何降低系统通信开销，如何实现基于语义社区划分及服务注册中心的设置，从而提高其服务效率，为面向服务的体系结构提供理论与实践依据。

云应用服务注册中心提供了一种浏览、发现和使用云应用 Web 服务的机制，服务注册中心的主要标准是 UDDI 系列规范。服务注册中心相当于 Web 服务的一个公共注册表，通俗地说，它如同电子商务应用与服务的“网络黄页”，以一种结构化的方式来保存有关服务的信息，通过 UDDI 可以发布和发现 Web 服务的信息，再根据这些信息，通过统一的调用方法来使用服务，UDDI 同时也是 Web 服务集成的一个体系框架，包含了服务描述与发现的标准规范，利用了 W3C 和 Internet 工程任务组织（IETF）的很多标准作为其实现基础，比如扩展标注语言（XML），HTTP 和域名服务（DNS）协议。另外，在跨平台的设计特性中，采用 SOAP（Simple Object Access Protocol）规范的早期版本。

UDDI 中包括以下四种主要数据结构。

① 商业实体信息（Business Entity）结构：最高层商业实体专属信息的数据容器位于整个信息结构的最上层，商业信息发布和发现的核心 XML 元素都包含在其中。

② 服务信息（Business Service）结构：将一系列有关商业流程或分类目录的 Web 服务描述组合到一起。

③ 绑定信息（Binding Template）结构：包括应用程序连接远程 Web 服务和与之通信所必需的信息及附加的特性，该结构能实现复杂的路由选择。

④ 技术规范信息（tMdoel）结构：包含调用规范列表，用来查找、识别，实现给定行为或编程接口的 Web 服务。

此外，还有描述商业实体间的关系等其他附加信息和记录对 UDDI 其他数据的操作情况，如服务发布、更新时间，发布者及发布点的标志符等操作信息。总体来看，目前 UDDI 的主要问题包括：集中模式的 UDDI 随着服务数量的不断增加维护管理变得困难；UBR 存储的服务信息未经分类，信息混杂，服务查找的效率较低；UDDI 之间缺乏互通机制；UDDI 服务信息得不到及时更新，出现了大量失效的服务信息。

较早进行分布式服务注册研究的是 Meteor-S 项目[1]。该项目中提出 MWSDI（Meteor-S Web Service Discovery Infrastructure）支持服务注册。该项目以联合多个 UDDI 注册中心为出发点，将服务注册的问题分为两个部分，第一是如何确定需要查找的服务信息在哪个注册中心，第二是如何在一个注册中心上查找需要的服务。相应地，该项目主要有两个部分，第一是联合多个服务注册代理的 P2P 叠加网，第二是服务描述的语义框架及服务发现的匹配算法。该项目通过注册中心本体（Registry Ontology）来表示注册系统的领域从属关系。一个网关节点（Gateway Peer，GWP）作为系统的入口，管理注册中心本体，管理新注册中心的加入，负责将查询的消息转发到相应的注册中心。如图 5.6 所示，其中，每个注册中心形成一个逻辑节点，由 GWP 管理。每个注册中心都维护一套与自身领域相关的服务本体，本体的描述范围包括对功能信息和 QoS 信息的描述。该项目中，对 QoS 信息与服务描述信息采用相同的匹配算法，完成包含 QoS 匹配的服务发现。而不考虑 QoS 信息的动态性，不区分服务发现与服务选择的过程。

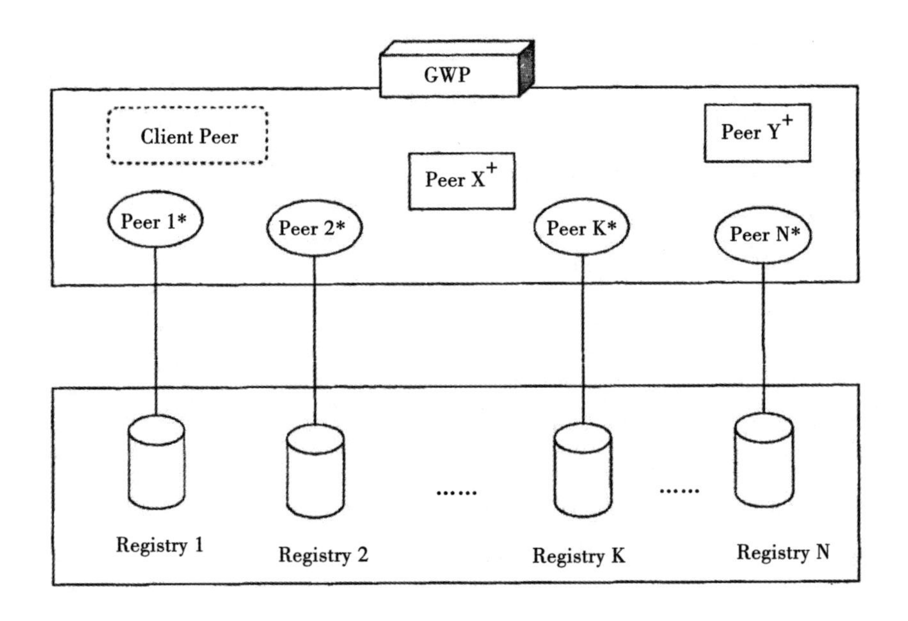

图 5.6 MWSDI 体系结构

5.3.1.2 云应用信息管理

云应用负责对服务、租户、用户及服务使用订阅等信息进行管理维护。在各类服务注册到云应用运营管理系统服务库中后，服务信息应由服务提供商和服务运营商共同维护。服务信息包含服务基础信息、服务活动信息、服务质量信息、服务定制化信息等方面。

在云应用运营管理系统中，租户信息由租户注册到平台中，且由平台管理员审核并维护。租户的用户信息由租户管理员维护，不过租户所包含的用户的权限受到租户权限的限制。

在云应用运营管理系统中，服务注册到服务库中之后，租户可以自主选择订阅服务。在订阅的同时，租户可以自定义服务的功能、质量、界面、隔离性等属性。同时，支持用户与服务提供商协商服务计费模式条款。一旦订阅成功，租户就可以按需访问服务，并按服务使用情况进行付费。

信息管理中的服务订阅也是其中一个重要方向，发布订阅系统的角色是允许生产者和消费者之间以异步的方式进行事件交互的。异步的实现可以通过生产者发送消息到一个特定的实体，该实体存储并转发消息到需要的消费者。因为中央实体用于存储和转发消息，所以称这种方式为集中式架构，如图 5.7 所示。

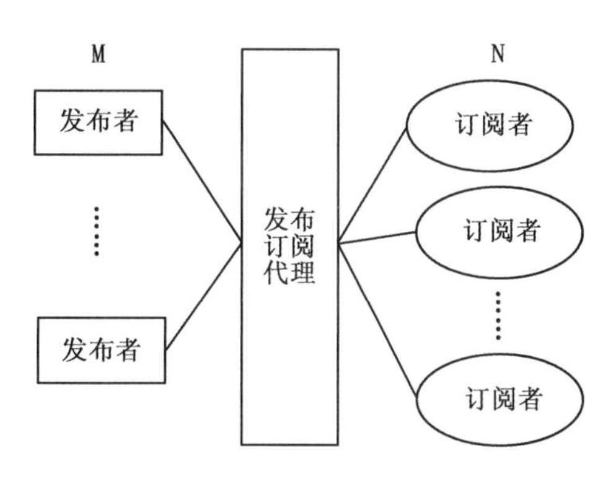

图 5.7　集中式架构的发布订阅系统

在集中式架构下，信息的发布订阅机制非常类似于数据库管理系统中的触发器机制和持续查询技术。

对于小规模的应用，可以采用集中式的架构。对于大规模应用，系统的可伸缩性和系统吞吐量就成为了很多研究工作的关注点。在分布式架构的发布订阅系统中，代理网络是由一组代理节点组成的，这些代理节点组成了一个覆盖网络，如图 5.8 所示。这些代理节点通过协作来完成订阅信息的管理与事件路由。

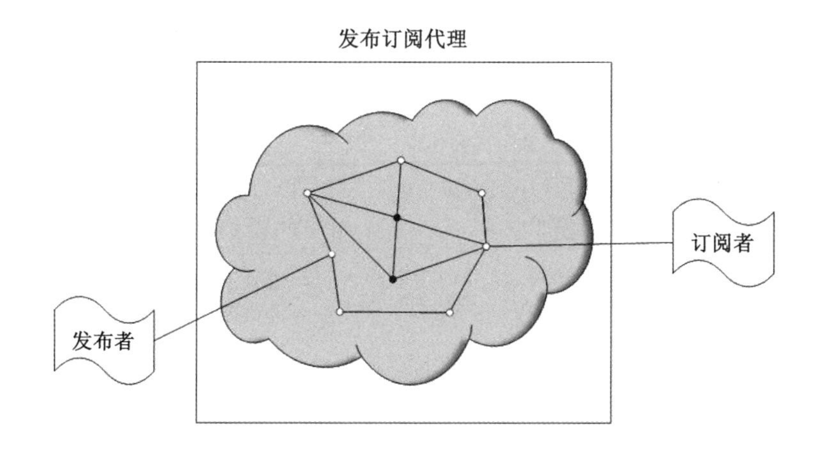

图 5.8　分布式架构的发布订阅系统

代理节点按照角色可以分为接入节点和路由节点。接入节点负责客户端的接入，对于客户端而言，该代理节点就代表整个代理节点组成的覆盖网络，也称为客户端的归属代理节点。路由节点（负责消息的路由）的一个节点可以同时是接入节点和路由节点。客户端可以是订阅者，也可以是发布者；也可以同时是发布者和订阅者。在分布式架构系统中，系统的性能不仅取决于事件匹配算法，而且取决于系统的路由算法、负载均衡等多方面因素。

5.3.1.3　云应用租户定制化

在云应用运营管理系统中，服务的多租户定制化是必需的功能，租户定制化可以满足不同租户的个性化需求，提升租户的业务灵活性和使用体验，同时，也提高了服务使用的效率，为服务提供商和运营商带来更大的收益。Iod在其提出的云应用 SaaS 成熟度模型中声明，成熟的云应用应该是可配置的，采用单应用实例的软件架构，并且应该是可扩展的。目前主流的云应用都采用了单应用实例支持多租户可配置应用的软件架构，为以低硬件和低维护成本面向多租户并且高效提供个性化服务提供了保障。需要指出的是，虽然云应用可以通过支持定制化需求扩大用户基础，提升用户使用的灵活性，但定制化程度和范围也并非越高、越全面越好。因为实现定制化往往意味着额外的开发和运营成本，同时，也给用户带来使用方面的困难。如果实现某一个方面定制化的风险和代价大于由此带来的收益，则应该放弃。成功的云应用需要在定制化需求的实现、用户需求和运营成本等其他情况之间取得平衡，最后达到一种“最优化的”定制化支持范围。定制化可以分为多个方面，下面分别进行介绍。

（1）数据定制化

对多租户进行云应用，数据存储模式主要有三种。

① 完全独立模式。每个租户都有各自的数据库实例。

② 部分共享模式。所有租户共享数据库实例但每个租户都有独立表集合。

③ 完全共享模式。所有租户共享数据库实例并共享表集合。

对完全独立模式和部分共享模式，由于租户的表集合是独立的，因此，不同租户的数据定制化可通过修改租户专属表的表结构实现。对完全共享模式，数据定制化实现方式如图 5.9 所示。

在完全共享模式下，可以将所有业务数据表添加“租户 ID”字段，同时，增加租户信息表和元数据表，用于存储数据结构定制信息。数据结构定制方法主要有预定义字段法、名称值对法和 XML 扩展字段法三种。

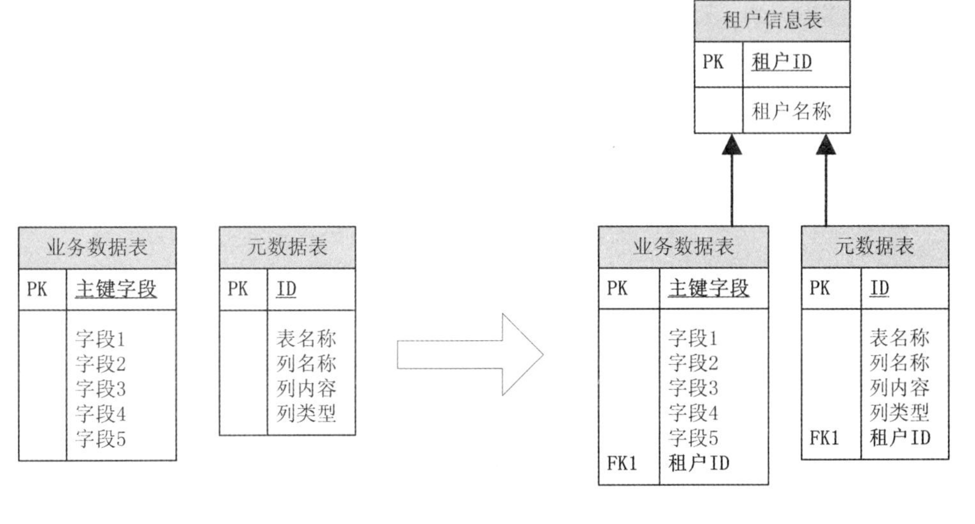

图 5.9　完全共享模式的数据定制化

① 预定义字段法。预定义字段法在每个业务数据表中都保留一定数量的扩展字段。这些字段一般为字符串型，可以根据需要存放各种类型的数据，并将定制化列的具体数据表示信息和类型保存在元数据表中。以 HIS 系统的患者信息表为例，具体如图 5.10 所示。

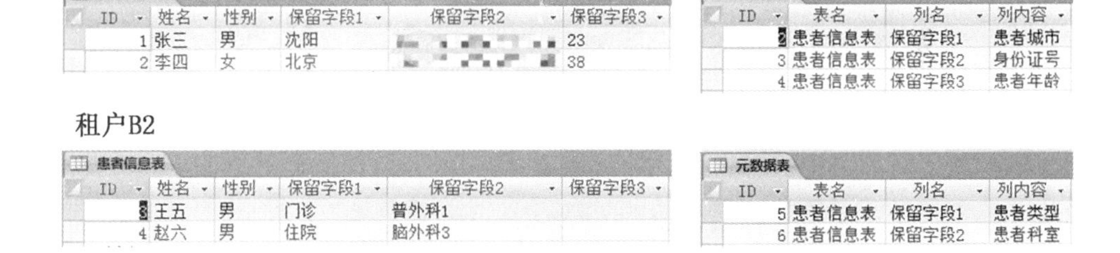
租户A1

患者信息表

ID	姓名	性别	保留字段1	保留字段2	保留字段3
1	张三	男	沈阳	[illegible]	23
2	李四	女	北京	[illegible]	38

元数据表

ID	表名	列名	列内容
2	患者信息表	保留字段1	患者城市
3	患者信息表	保留字段2	身份证号
4	患者信息表	保留字段3	患者年龄

租户B2

患者信息表

ID	姓名	性别	保留字段1	保留字段2	保留字段3
3	王五	男	门诊	普外科1	
4	赵六	男	住院	脑外科3	

元数据表

ID	表名	列名	列内容
5	患者信息表	保留字段1	患者类型
6	患者信息表	保留字段2	患者科室

图 5.10　预定义字段方式实现数据结构定制化

② 名称值对法。名称值对法又称行转列法、数据字段法或扩展子表法，通过定义子表用于保存定制化列的数据内容，并将定制化列的数据表示信息和类型保存在元数据表中，具体如图 5.11 所示。

③ XML 扩展字段法。XML 扩展字段法通过为每个业务数据表添加 XML 字段，定制化列的具体数据结构及内容以 XML 的格式保存在扩展字段中，具体如图 5.12 所示。

将 3 种数据结构定制化方法相比较，预定义字段法非常易于实现，并且可

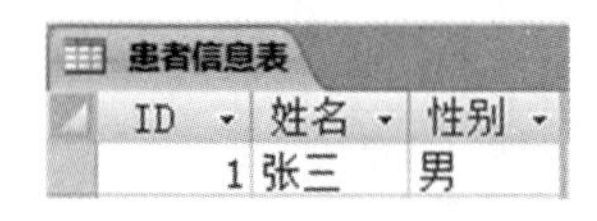

患者信息表

ID	姓名	性别
1	张三	男

患者信息扩展表

ID	患者ID	扩展字段	扩展内容
1	1	保留字段1	沈阳
2	1	保留字段2	[illegible]
3	1	保留字段3	23

租户A1

元数据表

ID	表名	列名	列数据信息	列数据类型
2	患者信息表	保留字段1	患者城市	string
3	患者信息表	保留字段2	身份证号	string
4	患者信息表	保留字段3	患者年龄	int

患者信息表

ID	姓名	性别
3	王五	男
4	赵六	男

患者信息扩展表

ID	患者ID	扩展字段	扩展内容
7	3	保留字段1	门诊
8	3	保留字段2	普外科1

租户B2

元数据表

ID	表名	列名	列数据信息	列数据类型
5	患者信息表	保留字段1	患者类型	string
6	患者信息表	保留字段2	患者科室	string

图 5.11　名称值对方式实现数据结构定制化

租户A1

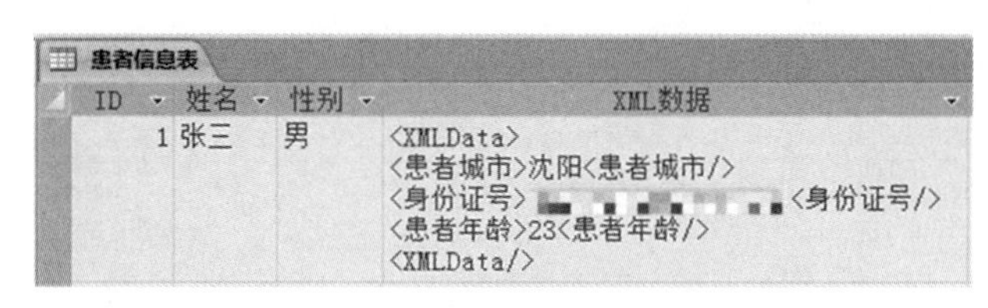

患者信息表

ID	姓名	性别	XML数据
1	张三	男	<XMLData> <患者城市>沈阳<患者城市/> <身份证号>[illegible]<身份证号/> <患者年龄>23<患者年龄/> <XMLData/>

租户B2

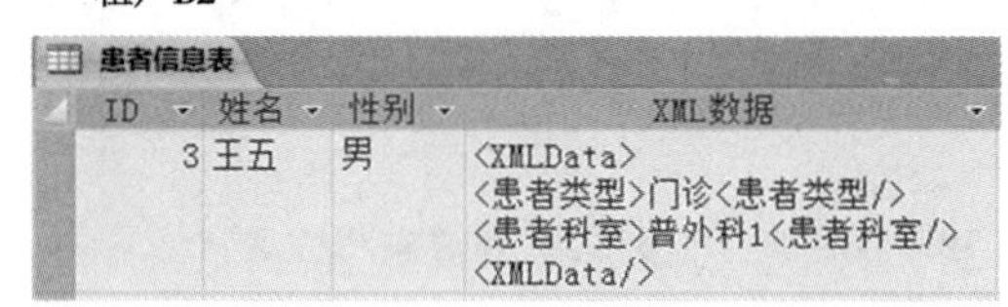

患者信息表

ID	姓名	性别	XML数据
3	王五	男	<XMLData> <患者类型>门诊<患者类型/> <患者科室>普外科1<患者科室/> <XMLData/>

图 5.12　XML 扩展字段方式实现数据结构定制化

以通过建立索引获得较高的数据检索性能，不过由于保留字段的数量是固定的，数据冗余较大，扩展灵活性较差。名称值对法可以实现无限制的数据字段数量，扩展灵活性很强，不过在检索数据时经常需要进行联合查询，数据操作性能较差。XML 扩展字段法同样具有很强的扩展灵活性，但是对特定数据的检索必须通过 XML 分析实现，实现技术难度较大，也会带来额外的数据操作开销。具体对比情况见表 5.1。

表 5.1　数据结构定制方法对比

	预定义字段法	名称值对法	XML 扩展字段法
定制方法	保留一定数量字段	Null	Null
实现难度	简单	中等	困难
可扩展性	低（有限制）	高（任意扩展）	高（任意扩展）
操作性能	高（建立索引）	低（通过表连接实现）	中等（通过 XML 处理实现）
适用场景	字段扩展数量有限，需要高性能操作	字段扩展数量不确定，数据操作不频繁	字段扩展数量不确定，有特殊数据或特殊操作需求

通过表 5.1 的对比可以得出：预定义字段法适合字段扩展数量有限，并且需要高性能数据操作的场景；名称值对法适合字段扩展数量不确定，并且实时性数据操作不频繁的情况；XML 扩展字段法适合字段扩展数量不确定，并且有特殊数据或特殊操作需求的情况。

（2）业务功能定制化

云应用往往面向一个业务领域提供相对完整的解决方案，而对每个用户来说，需要的功能往往只是服务提供方全部功能的一个子集。业务功能定制化可以使用户仅使用自己需要的功能，并按照使用的功能进行付费。

业务功能定制化首先将全部业务拆分为多个相对独立的功能包，然后通过提供功能包的组合满足租户的不同需求。当预定义功能组合无法满足特定用户需求时，用户可通过租户功能定制满足自身的个性化需求。以医院管理信息系统 HIS 应用为例，具体如表 5.2 所示。

表 5.2　多租户 HIS 应用业务功能定制化

	门诊医保收费版	门诊收费版	门诊住院管理版	全功能版	用户定制版
门诊挂号	●	●	●	●	?
医保收费	●	●	●	●	?
诊间医令		●	●	●	?
门诊收费		●	●	●	?
药房管理			●	●	?
入院管理			●	●	?
住院收费			●	●	?
医生工作站				●	?

表5.2(续)

	门诊医保收费版	门诊收费版	门诊住院管理版	全功能版	用户定制版
护士工作站				●	?
LIS				●	?
RIS/PACS				●	?

从表5.2可以看出，将HIS应用（主要按模块的方式）拆分为多个功能包，然后提供功能包组合版本，用户可以在定价不同的各个版本之间选择。对某些特殊用户，提供功能完全定制的服务方式，用户可以自由选择功能包进行组合，并协商服务合同条款。值得注意的是，各个功能点之间可能存在关联约束关系，在功能定制过程中需要通过验证提供服务的功能兼容性和一致性。

（3）用户界面定制化

用户对软件应用使用习惯和方式不同，所以对云应用的用户界面也有定制化需求。用户的UI定制化需求主要包括LOGO定制化、界面主题定制化、界面控件定制化等方面。

① LOGO定制化。允许用户上传自己的LOGO图片文件作为用户LOGO，在页面首页及其他位置显示。

② 界面主题定制化。允许用户选择界面主题，包含整体的界面风格设置。

③ 界面控件定制化。允许用户自定义界面控件属性，如是否显示、自定义控件文字名称及控件位置等。

通过UI定制化，用户可以将云应用设置为适合自己使用的方式，使云应用更加适合用户的使用方式和习惯，提升了用户使用体验，同时，为用户提供定制化的界面（如添加用户的LOGO）这些可以增加用户对应用的归属感。

（4）业务流程和规则定制化

由于具体情况的差别，在面向同样的业务时，用户可能会有不同的业务流程需求。在租户定义阶段，可采用工作流引擎或业务流程实现工作流的定制。定制的业务流程应满足一定的业务约束，经过一定的验证机制方可生效。在运行阶段，云应用根据租户的元数据，动态实例化流程并投入执行，在保证个性化实例正确执行的同时，还需要考虑租户隔离情况下的公共数据处理、状态处理和事务处理等问题。

在业务流程定制化的基础上，用户的业务也有业务规则定制化的需求。实现业务规则的定制化将为用户的业务实现带来极大的灵活性。云应用可通过由基于正则表达式的业务条件组合来实现业务规则定制化。以医院管理系统HIS

为例，对“住院患者欠费提醒阈值”，不同医院用户可根据医院情况设置“住院押金余额<500”或“住院押金余额<100”等不同条款。对“检验数据审批流程”可设置“确认之后不可修改”“确认之后主任可以修改”或“确认之后本人或主任可以修改”等规则。业务流程及业务规则的定制化和动态实例化使云应用按需服务的理念得到了更加深入的贯彻和实现。

（5）服务质量定制化

云应用的服务质量主要包括应用可用性、可靠性与性能方面的表现。不同用户对服务质量往往有着不同的要求。表 5.3 显示了某在线视频存储处理服务中不同租户的非功能需求。

表 5.3　在线视频存储处理服务应用中各租户的非功能需求

租户名称	网络传输速度	视频转码速度	服务可用性
初级用户	≥1 MB/s	不提供	无承诺
高级用户	≥10 MB/s	≥ 2 MB/s	99%
企业用户	无限制	≥10 MB/s	99.99%

在表 5.3 中，在线视频存储处理服务应用对初级用户是免费的，初级用户拥有最低的网络传输速度，并且没有服务可用性的承诺；对付费的高级用户，提供较高的网络传输速度和基础的视频转码速度承诺，服务可用性可以达到 99%；对费用很高的企业用户，提供无限制的网络传输速度和最高的视频转码速度，并且承诺高达 99.99%的服务可用性。

服务质量的定制化进一步扩展了云应用按需服务的理念，为用户提供了服务质量等级的选择，并且使服务提供者的系统资源得到最有效率的使用。在具体应用中，应结合实现方式，采用资源预留等机制保证云应用的服务质量。保证应用的服务按承诺质量提供有关云应用的信誉，对云应用的成功推广至关重要。

（6）租户隔离性定制化

在设计多租户云应用时，服务提供商在租户共享与隔离方面有着多种选择，从硬件到中间件、操作系统和应用实例层，都可以实现不同的共享与隔离性，图 5.13 显示了 5 种主要的多租户云应用隔离性实现方式。这些实现方式具有不同的资源共享程度和开发复杂性。每种方式都具有不同的收益（在可伸缩性和运营效率方面）和不同的成本（在开发复杂性和投入市场的时间方面）。

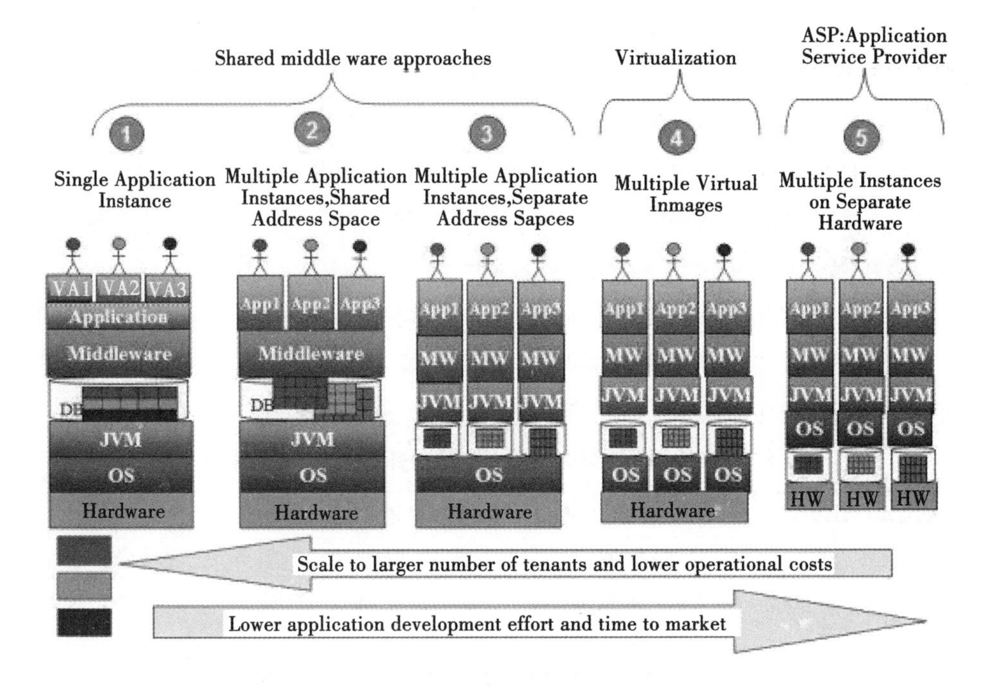

图 5.13　多租户云应用的多种隔离性实现方式

① 单应用实例完全共享方式。所有租户共享操作系统、服务器及中间件和应用程序的单一实例。通过租户标识元数据对应用程序的单一实例进行参数化动态加载，可以实现租户的定制化功能需求和非功能需求。这种方式是共享程度最高的实现方式，应用程序必须通过特定机制和技术实现租户数据、配置及其他方面的隔离性。

② 多应用实例共享中间件方式。租户使用应用程序的不同实例，这些实例部署在中间件的单一实例中，共享单一操作系统进程（中间件），所有租户共享操作系统和服务器。这种方式实现了程序应用实例和数据存储的隔离性，在中间件层保持租户之间的隔离。

③ 多应用实例独立地址空间方式。租户使用应用程序的不同实例，这些实例部署在中间件的不同实例中。租户共享操作系统和服务器。因为中间件实例是不同的，所以，每个租户有自己的操作系统进程（地址空间）。因此，这种方式要求在操作系统层保持租户的隔离性，相对于前两种方式，提供了更高的隔离性，不过仍无法解决物理资源的隔离性问题。

④ 多应用实例独立虚拟机映像方式。租户使用不同的虚拟映像及不同的应用程序、中间件和操作系统实例，但是共享物理服务器。这种方式充分利用

了虚拟化技术，在共享服务器上运行多个操作系统，对每个租户分配专用的应用程序和中间件实例。这种方式不需要为启动多租户进行大量代码开发，而只需要将每个租户的应用进行实例化后部署在一个虚拟机上即可运行，同时，还可以采用中介代理技术实现多租户访问路由、控制和度量。

⑤ 多应用实例独立硬件方式。租户只共享数据中心的基础结构，但是使用应用程序、中间件、操作系统和服务器的不同实例。这种方式提供了最强大的隔离性，可以充分定制工作负载和其他方面的属性。

总体来说，共享程度越高的第 1～3 种方式可以通过支持大量租户带来规模经济效应，降低硬件资源、管理和运营的成本，但同时也会带来更高的开发成本，尤其对于第 1 种完全共享方式，需要对应用的软件架构进行重新设计和大量修改，同时，实现隔离性与安全性的成本也较高。这三种方式适合面向大量对租户隔离性和安全性只有普通等级需求的用户提供服务。而对于共享程度较低的第 4 种和第 5 种方式，一般不需要对应用程序进行修改，程序部署也较为简单，但同时也会带来更高的硬件资源成本和管理运营的成本。这两种方式适合对应用安全性较为重视，对租户隔离性要求很高的用户。

5.3.1.4　云应用资源调度

云应用管理系统需要提供运行管理功能，通过服务运行监控支持对运行服务的状态进行监控。通过服务运行记录实时记录服务运行情况，以供各类关于服务使用信息的查询统计。服务异常处理负责对运行中的异常情况按规则进行处理，以保证平台运行可靠性；同时，还应按需调整服务的计算能力，通过资源动态交付在访问高峰期同样保证服务质量，同时不造成资源浪费。使用计量计费支持租户按服务使用情况进行付费，并提供自动计量计费功能。

资源调度是运行管理的实现基础。目前，产业界和学术界都已经完成了一些云计算资源调度的开发和技术研究工作。目前主流云平台的资源调度策略大致可以分为以下四类，中央调度、分布式调度、双层调度及共享状态调度。中央调度是最基本的调度策略，由单个集中式的管理器来完成所有资源调度和任务分配的功能，例如 Hadoop 一代中实现的就是这种类型的调度。这种中央式调度方式的缺点主要是扩展性差，只能支持单类型的任务，若想兼容多种类型的任务，难度很大，并且这种中央式管理当集群过于庞大时则会带来性能的下降。分布式调度将一个集群划分成不同的子集群，每个子集群采用不同的调度方法。这种方法比中央式调度更为灵活，但缺少全局的控制视角，难免会造成不同集群间的负载不均衡。有一种将中央式调度和分布式调度结合的方式，即双层调度。上层是一个中央协调器，下层被划分成多个分离的调度框架。上层负责将可用资源分配给不同子框架，各个子框架不需要了解整个集群的资源情况，只需选择是否接受上层分配的资源。谷歌采用的是共享状态的调度策略，集群同样被划分成不同子群，每个子群有获取整个集群资源的权限，并且需要有"乐观锁"等并发控制策略来协调这些子群之间的资源竞争。

5.3.1.5　云应用安全保障

在云服务模式下，软件通过网络交付给最终用户，而用户数据等信息都存储在服务端，这就对应用的安全性提出了更高的要求。在应用层，需要通过可靠的权限控制来确保用户操作的合法性，并对用户操作进行必要的监控和日志记录；在数据层，在实现数据隔离性，并通过实时备份等机制保证数据可靠性之外，必须通过数据加密等手段使数据的私密性得到严格的保护，同时，数据的非法访问必须被完全拦截。此外，在多应用集成并采用单点登录技术的环境下，必须遵循安全协议实现应用之间的可信交互。

5.3.2　云应用管理关键技术

云应用运营管理面向云应用全生命周期，进行统一信息管理、统一使用管理和统一运行管理。为实现云应用有效运营管理，首先出现的是如何管理云服务资源的问题。云应用服务资源可分为硬件资源和软件资源两类。硬件资源直接决定了云应用的性能和容量，而硬件资源的分配和部署方式又决定了云应用的隔离性与安全性，因此，云应用管理系统需要支持物理资源或虚拟资源的注册和使用。面向软件资源，支持软件资源的业务级自动部署，并以服务形式注册到服务库中，同时，支持通过设置部署文件和配置文件将符合条件的软件遗产系统自动包装为云应用；面向已注册的云应用资源，用户可自主订阅服务内容，同时，通过定制化功能按个性化需求配置所需服务。用户可以定制化服务内容、租户域名等使用信息，以及计费模式。在服务运行阶段，平台对服务使用情况进行管理和监控，保证服务质量与可靠性，并对异常情况进行必要的处理和报告；同时，基于对服务运行日志的处理，提供自助查询统计及自助计量计费功能。

云应用运营管理关键技术包括云应用按需交付、云应用业务自动部署、云应用统一运行支持三部分。云应用按需交付主要解决了满足用户个性化需求的问题，使应用根据用户不同需求，提供不同等级、不同内容的服务，保证了服务的效率和用户灵活性；云应用业务自动部署主要解决了应用的统一管理和自动部署问题，提升了应用的效率；云应用统一运行支持面向云应用运行过程，解决了集中化管理、统一身份认证、实时使用查询统计的问题，为应用高效安全运行提供了保障。下面对相关关键技术分别进行介绍。

（1）云应用按需交付

为取得规模经济效应，成功的云应用需要具备面向大量用户提供服务的能力。然而，用户由于在业务视角、行为和规则等多方面的区别，对应用往往有定制化的需求，为此，云应用应具备按需交付能力，根据用户业务需求的不同，向用户提供不同服务内容和服务等级的服务。云应用通常通过多租户模式实现用户的定制化需求，使用户像使用专有应用一样使用多租户共享的云应用，在避免高成本定制化开发的同时，提升了用户的使用体验和对应用的忠诚度。因此，通过可配置的多租户模式有效实现用户的定制化需求，这对对云应用的成功至关重要。

服务多租户定制化问题的难点在于，用户需求往往复杂多变，实现更多方面的定制化设定，会为更多用户带来业务灵活性的同时，应用的设计难度、资源占用、运维管理工作量都将大幅上升。同时，应用的服务质量和安全性也可能受到影响。基于对用户需求的深入分析，云应用在定制化程度和实现代价方面取得了平衡，将从服务内容、服务使用方式和服务计费模式等方面实现全面的定制化功能，在最大程度上满足用户的个性化需求。

同时，云应用在提供服务时，必须具备可伸缩性和动态的服务能力，以保证高峰期的服务可靠性与服务质量，同时，在普通情况下不浪费资源。因此，实现对基础设施资源的有效管理，以支持计算能力和网络、存储等资源的动态交付至关重要。

（2）云应用业务自动部署

云应用业务自动部署可以使软件组件自动部署到云应用运营管理系统。业务自动部署可以减少人为干预的出错率，方便服务提供商或是平台管理人员对部署过程进行管理。尤其是对一些符合特定条件的软件遗产系统，这种无需改造的方式节省了大量的转换工作，扩大了平台的软件应用基础，同时，为采用软件遗产系统的企业极大地降低了系统变换的成本。而且，面向软件遗产系统的自动封装，可以使软件遗产系统快速转换为云应用，为企业升级降低了成本，同时，扩充了云生态系统的应用环境。

业务自动部署的难点在于，如何在软件组件有效部署到平台的同时，自动抽取组件的特征信息，并将信息保存为元数据，作为用户服务订阅、个性化定制和计费的基础。本项目通过对软件组件的分析，研究信息抽取技术，以实现业务自动部署。

在云计算环境中，云应用作为对外交付的服务，具有按需交付的特征，需要通过自动部署实现，同时，云应用也需要通过统一管理和自动化部署才能充分发挥云计算高效集中管理优势。在应用动态交付中需要实现应用的自动部署，除此之外，当应用需要大规模部署在虚拟服务器上时，工程师对每一台服务器手工部署应用，这种做法一方面容易出错，另一方面交付周期较长，影响应用交付能力及客户体验感受。为此，云应用的业务自动部署对应用至关重要。

应用的自动部署是云应用运营管理的重要技术。云数据中心通常面临着内部大量服务器之上的应用管理作业。自动部署是依靠自动化脚本或者自动化工具实现对成百上千台服务器上应用的自动打包、部署，甚至对应用所依赖的中间件、JDK、数据库等软件进行自动安装和部署、应用的启动。自动部署使数据中心管理平台或者云应用管理平台能够动态地、按需将客户所需要的应用自动部署到相对应的虚拟服务器或者物理服务器之上。当应用版本升级时也可通过自动部署技术实现对所有应用的在线自动升级与部署。同时，自动部署技术可以自动批量修改服务器内应用及中间件的配置。

综上，通过云应用业务自动部署，可以减少人为干预的出错率，方便服务提供商或平台管理人员对部署过程进行管理。这种无需改造的方式节省了大量的转换工作，扩大了平台的软件应用基础；同时，为无法放弃遗产应用的企业极大地降低了系统变换的成本。

（3）云应用统一运行管理

为支持云应用的高效、安全运营，云应用运营管理系统为服务提供商和用户提供统一身份认证，以及服务使用度量与审计功能。

① 统一身份认证。身份认证是判断一个用户是否为合法用户的处理过程。最常用的简单身份认证方式是系统通过核对用户输入的用户名和口令，看其是否与系统中存储的该用户的用户名和口令一致，来判断用户身份是否正确。其他的认证方式有基于数字证书认证、基于智能卡设备认证或基于生物设备的认证等。统一身份认证则是用户身份在集中式认证服务器上进行统一认证。统一

身份认证主要解决了单点登录问题，保证了用户一次性进行认证之后就访问系统中不同的应用，而不需要访问每个应用时都重新进行身份认证。

身份认证一般与授权控制是相互联系的，授权控制是指一旦用户的身份通过认证以后，确定哪些资源该用户可以访问、可以进行何种方式的访问操作等问题。统一身份认证原理如图 5.14 所示。

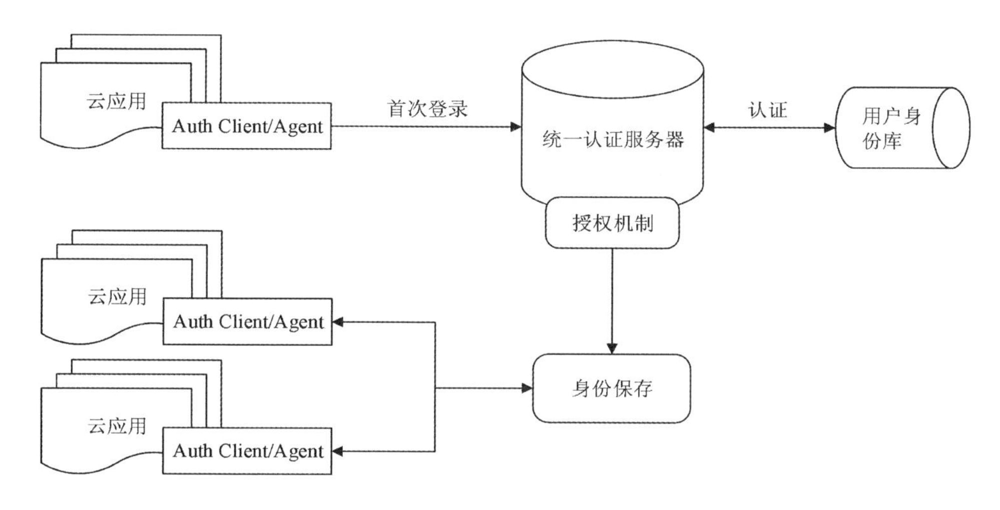

图 5.14 统一身份认证

统一身份认证的工作流程如下。

• 用户请求访问应用资源，初次访问时需要用户提交身份信息进行认证。

• Authentication Client 或 Agent 拦截用户请求并搜集用户身份信息。

• Authentication Client 或 Agent 将用户的身份信息提交到统一身份认证服务器。

• 统一身份认证服务器根据用户存储中的用户信息对请求用户进行身份认证。如果认证客户端传来的信息内包含用户已经登录且仍有效的 Cookie 信息，则直接返回认证成功应答。

• 用户身份认证通过后，本地会保存用户 Cookie 信息，当用户访问其他应用时，则不再需要用户再次身份认证，用户可以直接按照授权机制进行应用的安全访问。

② 统一服务使用度量与审计。对云应用运营商来说，云应用需要有专业人员实时负责服务的运营管理，对服务进行使用度量和计费，并随时监控服务运行状态。大量的服务运营管理工作提升了云应用成本，同时，带来了服务质量和可靠性方面的隐患。而通用的服务度量、计费与审计可以通过集中式的管

理降低成本，同时，提升管理专业性，从而解决上述问题。

在服务使用度量和计费方面，通过服务运行日志实时记录服务运行情况，以实现基于访问次数、访问时间、访问功能点、资源消耗等多个维度的服务使用度量。面向服务运行，采用实时日志技术，在不侵入云应用的情况下获得实时的应用运行统计信息。系统定义了日志的格式与规范，同时，实现了一种海量日志数据实时统计分析方法，为实时进行统计分析和计量计费奠定了基础。同时，系统支持租户基于服务计费模型进行记账，并按照服务使用情况进行账单和付费功能。服务计费模型通常由服务定价策略模型、租户计费协议模型和云应用运行日志模型三部分组成。

云应用面向服务运行审计，基于服务全生命周期，包含服务注册、服务订阅、服务使用、服务计量计费、服务等级管理、服务退役等服务运行的完整阶段，提供支撑云应用全生命周期的完善审计与管理模式。对基础的服务信息进行管理验证，通过服务运行监控支持对运行服务的状态进行监控，对运行中的异常情况按照规则进行处理，以保证平台运行可靠性。同时，按需调整服务的计算能力，通过资源动态交付技术，在访问高峰期同样保证服务质量，而不造成资源浪费。服务运行审计将基于服务运行状态及相应的自动化操作进行完整的记录，以支持进一步的分析和服务运行优化。

（4）云应用计费模式

和传统应用相比，云应用具有独特的计费模式。云应用通过按需使用付费的业务模型使得服务提供者可以为客户提供恰好可以满足客户需求的服务。图 5.15 提出了一种云应用计费模型。

云应用计费模型主要包括云应用定价策略和用户计费协议两部分。云应用定价策略包括基本定价策略，以及用户许可定价策略、使用时长定价策略、使用次数定价策略、使用资源定价策略和使用功能定价策略，可以满足各类不同应用和不同用户的需求。用户计费协议则是在给定云应用定价策略的情况下，与其用户签订的具体计费协议，可作为未来实际生成账单的基础。

云应用计费机制如图 5.16 所示。

云应用计费流程如下。

步骤 1：读取计费协议信息以及云应用的定价策略信息，然后判断用户的计费协议是否有效，只有当用户计费协议是有效的才可以继续生产账单。否则，说明协议不存在或者不在有效期内，无法生成账单。

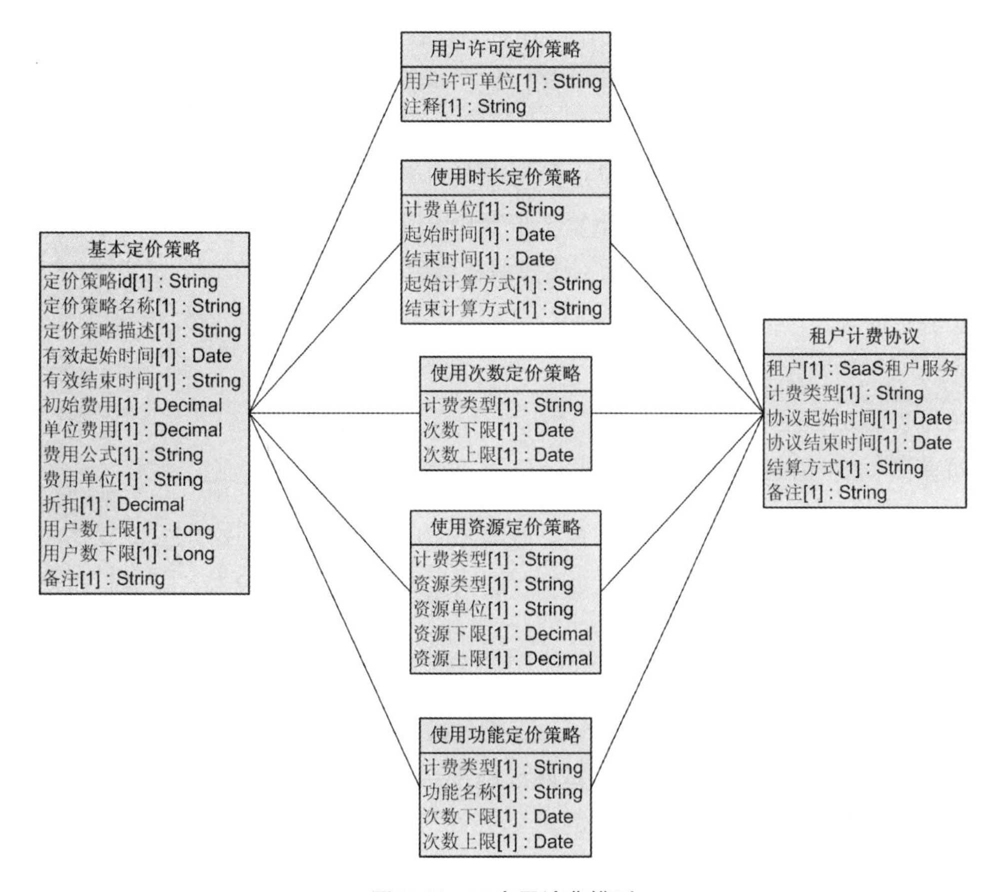

图 5.15　云应用计费模型

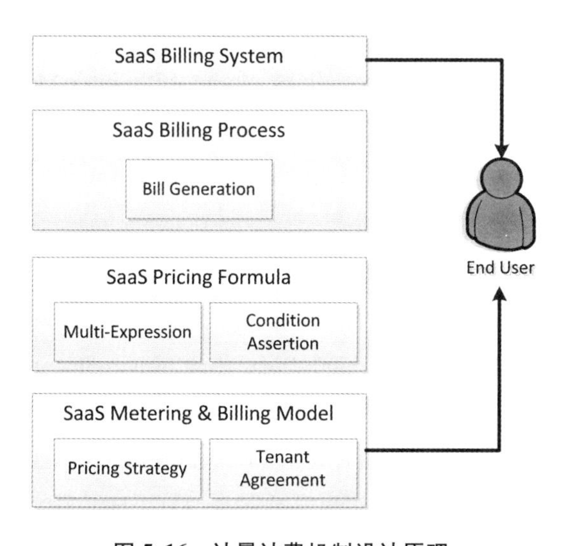

图 5.16　计量计费机制设计原理

步骤 2：获取用户对服务使用的计量信息，计量信息应详细包含了用户对服务使用的许可数量信息、使用功能信息、使用时间信息、使用次数信息、使用资源信息。

步骤 3：基于服务订阅协议中的每个条目单价，结合服务使用计量信息，联合得出服务使用费用信息。重复本步骤知道所有的计费公式都已处理完毕。

步骤 4：汇总服务费用信息，生成服务使用账单。

5.4 小结

企业上云是指企业通过互联网与云计算手段连接社会化资源，共享服务及能力，进行信息化基础设施、管理、业务等应用的过程，企业运用云计算管理平台进行企业上云，是推动制造业和互联网深度融合的关键因素，是新时代企业追求“工匠精神”的重要体现，有利于推动中国制造 2025，是实践“数字经济强国”的重要载体。

本章对云计算管理进行了介绍。首先对云计算的硬件设施——云数据中心进行了概括介绍，然后介绍了云基础设施平台 OpenStack，最后对云应用管理的主要功能和关键技术进行了介绍。

参考文献

[1] PATIL A A, OUNDHAKAR S A, SHETH A P, et al. Meteor-s web service annotation framework[C]. Proceedings of the 13th international conference on World Wide Web, 2004.

[2] SADOGHI M, JACOBSEN H A. BE-tree: an index structure to efficiently match boolean expressions over high-dimensional discrete space[C]. Acm Sigmod International Conference on Management of Data, 2011.

[3] WU L, GARG S K, BUYYA R. SLA-based resource allocation for software as a service provider (SaaS) in Cloud Computing Environments[C]. 11th IEEE/ACM international symposium, 2011: 195-204.

[4] WANG X F, YEO C S, BUYYA R, et al. Optimizing the makespan and reliability for workflow applications with reputation and a look-ahead genetic algorithm[J]. Future generation computer systems, 2011, 27(8): 1124-1134.

[5]　MUNIYANDI A P, RAJESWARI R, RAJARAM R. Network anomaly detection by cascading K-means clustering and C4.5 decision tree algorithm[J]. Procedia engineering, 2012, 30: 174-182.

[6]　汪德帅.面向多租约 SaaS 应用的负载均衡方法研究[D].沈阳:东北大学,2011.

第 6 章　云计算安全

云计算安全是云计算应用最重要的问题之一。多份调查报告表明，安全问题是用户在使用云计算过程中最关注的问题之一。云计算以资源共享为基本特征，在云计算中，不同租户使用的服务和虚拟资源可能部署运行于同样的物理资源之上，用户无法直接访问和管理共享资源。这种资源共享的管理模式在带来更高的资源利用效率的同时，也带来了安全方面的隐患。云计算的服务和数据面临着安全性、私密性、可靠性、可用性和可容灾性等方面的威胁。

本章对云计算的安全问题进行了介绍。首先系统地分析了云计算面临的安全问题，然后提出了云计算安全设计，之后从基础设施安全、虚拟化安全、数据安全、身份与访问管理、多租户安全隔离等方面详细介绍了云计算的安全技术。

6.1　云计算安全问题分析

云计算为 IT 产业带来了弹性的资源管理方法和按需的服务模式，然而，在带来高效率和高度灵活性的同时，云计算基于网络访问和资源共享的模式也为其安全性带来了一定的挑战。同时，云计算具有更多的资源，也有专业的安全和运维团队实现安全防护，所以，在某些情况下也具有一定的安全优势，本节对云计算安全问题进行分析，从云计算安全挑战入手，提出云计算安全需求，同时，也介绍云计算的安全优势。

6.1.1　云计算安全挑战

云计算作为一项新兴的服务模式，仍然有着传统 IT 系统和平台所面临的安全问题，其核心需求是对服务及数据的机密性、完整性、可用性和隐私性的保护。云计算平台及应用的安全防护，主要仍以传统安全管理的技术为基础，结合云计算系统及应用特点，将现有成熟的安全技术及机制延伸到云计算应用及安全管理中，并面向云计算的特定问题，研究有针对性的关键技术和解决方案，以满足云计算应用的安全防护需求。

从技术角度分析，云计算除了仍然面临传统 IT 系统在物理、网络、系统等方面的安全问题之外，还面临着一些新的和云计算特征紧密结合的安全问题。这些问题包括了身份安全问题、共享安全问题、数据安全问题、业务连续性问题和接口安全问题。

（1）身份安全问题

云计算基于网络提供服务，应用与服务都被放置于云端，其中，确认服务使用者的身份，确保身份的合法性是一个重要的问题。一旦攻击者获取了用户的身份信息，仿冒合法用户，用户的数据会完全暴露，攻击者将可以窃取、修改用户数据，窃听用户活动，或进行其他的非法行为。身份安全问题是云计算面临的重要安全问题。

用户身份信息可能在客户端、网络传输和服务器等各个环节被窃取，需要建立适当的身份管理与认证机制，确保身份识别信息的安全性。

（2）共享安全问题

在云计算环境中，基础设施资源通过虚拟化实现多个用户的共享使用模式，从而实现了资源使用效率和灵活性的最大化，优化资源调度，节省能源和设备，同时简化管理，降低了成本。共享模式是云计算的核心优势之一。然而，基于虚拟化技术的共享模式也带来了新的安全问题。由于传统安全策略主要适用于物理设备，如物理主机、网络设备、磁盘阵列等，无法管理具体的虚拟机、虚拟网络等。传统的基于物理安全便捷的防护机制难以有效保护基于虚拟化环境下的用户应用及信息安全。虚拟化使得身份与访问管理变得更加复杂，也为恶意代码的攻击带来了新的渠道。而且，虚拟化技术在共享磁盘和内存时会带来数据泄露等问题，用户数据可能被窃取，攻击者也可能会利用虚拟机进行其他非法攻击行为。同时，虚拟机管理软件也面临着攻击。

由于云计算以多租户共享使用服务为主要模式，如果租户之间的隔离性得不到保障，租户的使用安全和数据安全就无法得到保障，如何实现多租户模式下的有效隔离，也是云计算环境面临的重要问题。

（3）数据安全问题

在云计算环境中，数据的安全性和私密性是用户最为关注也是最担心的问题。数据安全问题包括数据泄露、数据篡改和数据丢失，可能发生在数据传输、处理、存储等各个环节。

相对于传统的计算模式将信息保存在自己可控制的环境中，在云计算环境下，数据保存在云中，数据的拥有权和管理权被分离开。用户的信息和数据保存在云端，由于用户丧失了对上传到云端的数据与应用的控制权，而且云端服务提供商较少披露云端内部的情况又使得用户缺乏必要的知情权，由此引发的信任问题正成为云计算快速发展道路中的最大障碍。如何保证云端数据的隔离和保密将是一个很重要的问题。云计算模式中的数据安全性，包括完整性、私密性和可用性，必须得到完全的保障。同时，当数据不再需要保存时，必须在一切数据临时或长期存储的设备上，通过数据销毁技术进行数据删除处理，防止数据被非法恢复。

（4）集中管理问题

云计算平台聚集了大量服务和数据资源，更加容易成为攻击者的目标。同时，集中的资源与数据管理使得平台一旦发生故障就会造成大量用户服务异常和数据丢失，产生巨大的损失。同时，如何限制云计算平台或服务提供商的内部管理人员非法查看、滥用、甚至窃取用户的身份、数据和其他资源，保护用户的信息安全，也是一个重要的问题。

6.1.2 云计算分层安全需求

云计算按提供服务的类型，可分为基础设施级服务（IaaS）、平台级服务（PaaS）和软件级服务（SaaS）三个层次，每个层次都面临着不同的安全问题与需求。

IaaS 层实现了基础设施管理。IaaS 层的安全需求主要面向物理安全、网络安全、系统安全、虚拟化安全和存储安全，这些安全是实现云计算安全的基础。其中，由于云计算大量采用虚拟化技术，虚拟化为云计算带来了新的安全问题，同时，由于云计算的服务通过网络交付，这就对网络安全提出了更高的要求。存储方面，共享存储也带来了新的安全隐患。综上所述，实现虚拟化安全、网络安全和存储安全，是实现 IaaS 安全的关键。

PaaS 为云计算的应用提供了开发与运营的平台，同时也提供一些公共组件以增强应用的功能并降低应用开发运营成本。对 PaaS 层来说，实现安全开发运营环境是实现应用安全的基础，分布式存储安全为应用的海量存储奠定了基础，应用接口安全为访问平台的功能提供了安全保障。

SaaS 层通过服务的模式将软件应用交付给最终用户。由于应用通常通过网络交付，基于Web漏洞和网络访问的攻击方式必须得到良好的防范。同时，SaaS应用架构应该考虑到用户之间的隔离性，实现数据安全和使用独立。

同时，综合云计算模式来看，还有一些需求并不限定于某一个层次，而是存在于各个层次之间。首先，身份与访问管理必须在每个层次都得到良好的实现，以保证服务与资源不被非法访问；其次，对信息与数据安全必须进行全面的保护，从数据创建到存储、使用、传输、归档和销毁的全生命周期实现整体性的防护，数据安全涉及多个层次及多项关键技术，必须通过上述技术组合来保障数据私密性与安全性；最后，在多用户共享模式下，必须实现不同层次的隔离性，从而保证数据和使用的安全，这也是云计算面临的安全需求。

上述各层次安全需求归纳后，如表6.1所示。

表6.1　云计算安全分层需求

层次	问题	描述
IaaS 基础设施级服务	物理安全	涉及数据中心的进入、操作、权限与控制方面的管理；同时应保证设备在防火、防水等物理方面的安全性
	网络安全	网络安全是云计算安全的基础，通过实现网络安全与划分、网络设施安全配置、网络安全加固来实现网络安全，防御可能的攻击手段
	系统安全	实现强化的主机安全防护，实现无漏洞、防攻击、防恶意代码、防入侵的安全系统
	虚拟化安全	包括虚拟化软件安全和虚拟机安全，首先应保证虚拟机管理器的安全，防止用户非法访问资源，同时，保证虚拟机的安全，使应用可以安全运行
	存储安全	存储需要具备高度的可靠性、可扩展性和性能，可以通过虚拟化实现存储透明，但是必须保证共享存储环境下的安全
PaaS 平台级服务	安全开发运营环境	通过基础共享的标准化开发和运营流程保证应用安全性；实现安全共享组件，支持平台与应用的安全性
	分布式存储安全	分布式存储可以实现更高的可用性、性能与可伸缩性，如何保证分布式存储的安全，使信息不被泄露或损坏，是必须解决的问题
	应用接口安全	面向用户提供的访问接口应具有防止恶意攻击的功能

表6.1(续)

层次	问题	描述
SaaS 软件级服务	应用漏洞检测	基于 Web 交付和访问的应用往往容易受到来自网络的攻击，这些攻击通过代码渗透或伪造信息等多种方式实现对应用运行的破坏和对身份及敏感数据的窃取；通过测试可以验证并防护程序的漏洞
	应用架构安全	SaaS 通过多租户模式提供服务，如何通过合理设计应用架构，以保证租户之间和用户之间的数据私密性与使用独立性是 SaaS 面临的问题
综合安全问题	信息与数据安全	必须保证信息与数据安全，用户敏感数据必须得到最高级别的防护，通过访问控制、隔离、安全传输、数据加密、数据备份和安全销毁等手段保证用户数据在全生命周期的安全性
	身份与访问管理	在云计算的服务交互和共享使用的模式下，身份与访问管理是实现服务不被非法使用的有效手段，应实现一种集中式的统一身份与访问管理，从而带来更高的效率和更好的安全性
	多租户安全隔离	多租户按需使用服务是云计算的一大特征，共享使用资源与服务带来了灵活性和高效性；然而，从用户需求和安全方面考虑，必须实现安全的隔离性，保证用户数据安全和用户使用服务的独立性

云计算安全优势如下。

虽然云计算为安全带来了新的威胁，但是云计算也基于其强大的能力而带来了新的安全优势。传统方式下的安全防护往往是离散化的和被动的，而云计算则可以通过安全资源的整合来提升安全风险控制水平。由于数据在云计算平台统一存储，通过加强对核心数据的集中管理，理论上比数据分布在大量终端具有更高的安全性。同时，云计算的同质化使得安全审计和安全评估、测试更加简单，也更易于实现系统容错、冗余和灾备。

云计算的安全优势具体体现在以下五点。

① 集中管理。云计算资源分布在多个大规模数据中心，资源和数据是集中存储和管理的模式。集中管理使得安全风险更加便于集中控制。在云计算出现之前，小规模数据中心使得服务更容易受到攻击，同时，分散保存的数据更加容易损坏和泄露，由于技术和成本的限制，并不是所有的数据中心都可以实现高水平的数据防护和数据备份措施。而云计算可以通过大规模集中管理实现

专业的防护，从而保证服务和数据的安全性。同时，集中管理的模式更加容易实现安全监测，使服务和数据更加可靠，同时降低安全维护的成本。

② 实时监控。基于云计算的计算和存储能力，可实现实时的、无限期的日志记录功能，有利于通过日志实现使用行为的记录。同时，通过实时索引和实时搜索功能可以更加便利地使用日志，方便用户基于日志记录和监测服务使用的动态信息，还能实现使用行为的动态监测，从而可以尽早、尽快地识别风险并进行相应的处理。

③ 高可用性。云计算强大的资源管理与调度的能力结合高可用性的设计会降低资源出错概率。多可用区域、双活等容灾技术也有助于保护数据可靠性和缩短存取受保护数据的时间。在面临一些异常情况，例如服务受到了攻击或者硬件设备出现故障时，云计算可以支持更有针对性的快速调查和处理，从而保证服务的可用性和数据的安全性。

④ 系统安全。基于云计算的虚拟化技术，通过创建虚拟镜像，可以实现更加可靠的预控制机制。同时，通过离线安装补丁，可以实现镜像的实时同步，极大地减少系统漏洞。

⑤ 安全测试。通过共享应用与服务，或基于 PaaS 平台，可以有效地实现集中化的安全测试。通过建立工作环境的副本，以更低的成本和更少的时间执行安全检测，更容易检测到安全问题，有利于构建安全的工作环境。同时基于云计算强大的计算能力可以进行更加高效的加密可靠性等方面的测试，降低敏感数据泄露的可能性。

6.2　云计算安全设计

面向云计算安全的需求，云计算安全需要特别的设计。本节从云计算安全防护对象、设计原则和深层防御方法等角度介绍云计算安全的设计。

6.2.1　云计算安全防护对象

云计算的本质是对各类数据进行操作，其存储、处理的多元化数据是云计算安全所要保护的对象。这些数据可能承载了有关客户的敏感信息、有关组织机构的业务信息，甚至是涉及国家安全的机密数据。上述各类数据的安全虽然是云计算安全的核心内容，但是保护数据所在的基础结构及用于访问数据的标识也至关重要。

根据云服务所在的国家、存储的数据类型及应用程序所属的行业特点，数据可能需要满足某些特定法律和法规要求。例如，在金融业中，支付卡行业数据安全标准涉及信用卡数据的处理。存储属于这些法律和标准管辖范围的数据的组织必须确保针对保护该数据到位的特定的保护措施。此外，许多国家和地区都规定了有关如何保护个人数据的规则，并定义了个人对所存储数据的权利。例如，欧盟提出了《通用数据保护条例（GDPR）》，巴西提出了《巴西一般数据保护法》等。在提供云服务时，需要符合当地及国际上的各项法律规定，只有依据相关法律规定提供服务，才能使云计算服务得到足够的保障。避免了当出现安全漏洞时，云服务供应商失去客户的信任，公司的声誉和发展受到影响的情况。

6.2.2 云计算安全设计原则

云计算是一种广泛应用的信息服务模式，虽然其面临着与传统信息服务不同的安全风险，但是云计算安全设计的本质是不变的。云计算安全的目标仍然是保护数据和应用的隐私性、完整性、可用性。云计算安全设计的原则应该从安全设计的本质出发，结合云计算的特点，将传统的安全技术进行改进，使其满足云计算的安全需求。具体来说，云计算安全设计原则主要包含以下四部分。

（1）最小权限原则

最小权是指在完成某项任务时，仅赋予每个参与节点必需的权限，权限有效期限为所需的最短时间。该原则保证了能够执行完成任务所需的所有操作，同时，避免了由于权限过大带来的风险，以及各应用之间的隐性影响。为了实现该原则，需要制定详尽的权限分配、管理策略，定期审核，使权限分配、管理策略适应整个体系的变化。

（2）立体防御原则

由于云计算环境的特殊性，传统的防御体系不足以维护整个体系的安全，改进防御体系，使防御体系立体化、多元化是解决该问题的关键。根据云计算的体系，依次建立物理设施安全体系、网络安全体系、云平台安全体系、应用安全体系和数据安全体系等。多个安全体系立体协同工作，避免出现安全防护短板，做到层层防御、梯次阻击入侵风险。立体防御体系应该与应用服务相隔离，避免因互相影响而带来的性能、稳定性等方面的问题。

（3）实时监控原则

由于云计算对安全事故的预警、处理、响应和恢复的效率要求比较高，需要建立实时监控系统，对资源分配、操作授权、用户登录退出等重要行为进行监控记录，提高系统的恢复能力。

（4）接口标准化原则

各个云服务厂商提供的数据接口、服务接口各不相同，增加了云服务安全的维护难度。在设计云计算安全系统时，尽可能选择统一厂商的服务，或者将不同厂商的接口分别进行统一管理，降低云计算安全系统的设计、实施难度。

6.2.3　云计算安全深层防御方法

传统数据中心所面临的安全威胁主要来自三个方面：一是面向应用层的攻击，二是面向网络层的攻击，三是面向基础设施的攻击。传统数据中心的信息安全防护体系一般按照“多层防护、分区规划、分层部署”的原则来进行。该原则同样适用于云计算安全设计，据此提出了云计算安全设计深层防御结构，即通过多层式保护方法来为云计算提供安全保障。具体层次结构：数据层、应用程序层、VM/计算层、网络层、外围层、身份管理和访问控制层、物理安全性层，如图 6.1 所示。

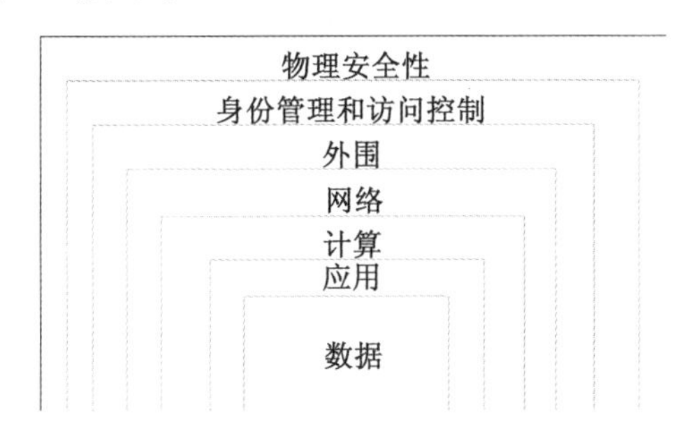

图 6.1　云计算安全层次

层次结构中的每个层都注重一个可能会出现攻击的不同区域，并对该区域构成一个深度的保护层，防止一个层发生故障或者被攻击者绕过。如果云计算安全的体系结构只注重一个层，则攻击者在突破此层后，可以不受约束地获取云服务的数据。在每个层中部署不同的安全控制措施、技术和功能，增加层中的安全性，以此增加攻击者在获取系统和数据访问权限时必须执行的工作量。同时，在确定要部署哪些保护机制时，需要考虑成本，需要在业务要求与业务整体风险之间进行权衡。

（1）数据层

数据层的数据包含存储在数据库中的数据、存储在虚拟机磁盘上的数据、存储在 SaaS 应用程序上的数据、存储在云存储中的数据等。上述数据通常是攻击者的目标，需要针对以下方面提供安全保障。

① 数据保护和滥用。当不同的组织使用云存储其数据时，通常存在数据滥用的风险，可以使用身份验证并限制对云数据的访问控制。

② 完整性。系统需要以这种方式进行操纵，以提供安全性和访问限制。在云环境中，应始终保持数据完整性，以避免任何固有的数据丢失。除了限制访问权限之外，对数据进行更改的权限应限于特定人员，以便在以后阶段不存在广泛的访问问题。

③ 访问。有关数据访问和控制的数据安全策略至关重要。授权数据所有者必须提供对个人的部分访问权限，以便每个人只获得存储在数据集市中的部分数据的所需访问权限。通过控制和限制访问，可以提供许多控制和数据安全性，以确保存储数据的最大安全性。

④ 机密性。云中可能存储了大量敏感数据，这些数据必须具有额外的安全层，以减少破坏和网络钓鱼攻击的可能性。这可以由服务提供商及组织来完成。但是作为预防措施，数据机密性应该是敏感材料的最优先考虑事项。

（2）应用层

应用层在接入环节采用云接入网关响应用户的接入请求，采用数字证书实现用户身份的强认证，用户登录虚拟化远程桌面必须出示数字证书，方能进入虚拟环境。在云环境的后台专门有安全设备提供加密服务，通过云平台管理系统实现对加密密钥的调度和管理，对需要加密的业务或个人数据进行加密，并通过个人用户的数字证书对加密密钥进行加密，确保加密的数据只有加密者可以打开，确保多种用户数据的隐私和安全。

（3）计算层

计算层主要实现对虚拟机的安全访问、实现终结点保护，修复系统并使其保持最新。恶意软件、未修复的系统和保护不当的系统将使环境容易受到攻击。因而，此层的重点是确保计算资源安全，并设置适当的控制，以最大程度减少安全问题。

（4）网络层

网络层主要面向云服务提供者、云服务使用者提供访问和管理，包括网络通信访问、面向云服务提供者和使用者的服务访问及面向最终用户的应用访问等。通常，向 Internet 打开不必要的端口是一种常见的攻击方法。这些攻击可能包括向虚拟机保持打开 SSH 或 RDP。如果打开这些端口，攻击者在尝试获取访问权限时，可能会针对系统发起暴力破解攻击。网络层要限制资源之间的通信、限制入站 Internet 访问并在适当的时候限制出站访问、实现与本地网络的安全连接。网络层通过将所有资源的网络连接性限制为仅允许所需内容，并限制该通信，以此降低整个网络中发生横向位移的风险。

（5）外围层

外围层主要针对的是云计算网络的外围，其职责是防止针对资源的基于网络的攻击。识别这些攻击，消除其影响并在攻击发生时发出警报是保持网络安全的重要方法。此层经常遭到拒绝服务（DoS）攻击，这些攻击试图占用大量网络资源，强制系统脱机或者使其无法响应合法请求，可以使用分布式拒绝服务（DDoS）保护；可在攻击导致最终用户拒绝服务之前，先筛选大规模攻击；使用外围防火墙可识别针对网络的恶意攻击，并发出警报。

（6）身份管理和访问控制层

身份管理和访问控制层主要应对应用程序的身份验证的相关风险。身份验证可能包括新式身份验证协议、OAuth 或基于 Kerberos 的身份验证。在此层中泄露凭证会带来风险，故必须限制标识权限。在实施监视功能来查找可能已泄密的账户的同时，控制对基础结构的访问权限并更改控制、使用单一登录和多重身份验证、审核事件和更改，以此屏蔽相关风险。

（7）物理安全性层

以物理方式构建安全性和控制，构建数据中心内计算硬件访问的第一道防线。利用物理安全性，可针对资产访问提供物理安全保护。这些安全措施可确保攻击者不能绕过其他层级，进而恰当处理丢失或盗取。此外，企业的云一般是自建机房或者托管，无论哪种方式均不允许没有权限的人进入机房。同时，还要保证机房的温度、湿度等环境因素，确保设备稳定运行。

6.3　云计算安全关键技术

云计算安全防护依赖于防护技术的实现。云计算安全技术以传统 IT 安全技术为基础，结合了云计算的特点和优势，随着多年实践和演进，已经形成了相对完善的防护方法。本节面向基础设施安全、虚拟化安全、数据安全、身份与访问管理、多租户安全隔离等方面，对云计算安全的关键技术进行详细的分析和介绍。

6.3.1 云计算基础设施安全

安全对于所有 IT 系统都非常重要，随着互联网的成熟与普及，面向网络信息系统的安全保障技术得到了广泛的研究，在问题、框架、产品工具和实现方法等方面取得了大量的成果。云计算安全必须基于这些基础安全，在保证基础安全的同时，针对云计算的特征问题进行进一步的处理。

云计算的基础安全分为三个层次，网络安全、系统安全、应用安全。

（1）网络安全

网络安全需求主要分为以下六点。

① 网络安全域划分需求。服务平台系统有很多的核心资产，每个核心资产的使命不同，所以，每个核心资产的安全防御是不同的。必须根据核心资产的使命进行安全域的划分。

② 边界保护和访问控制需求。不同的安全域所处的信任等级是不一致的，安全域一般可分为：核心安全域、基本安全域、可信任域、非信任域。在不同信任等级的安全域的边界具有边界保护和访问控制的需求。

由于安全系统着重于整体的安全，对于接入服务平台的公司、业务中心等单位必需实现内网、专网的隔离，并实现对服务平台的专网访问。

③ 网络设备自身防护需求。网络设备的初始化配置（出厂配置）存在着严重的配置弱点，如网络设备的弱口令，网络设备的默认授权、默认服务（SNMP 等）、远程管理、登录策略较弱等，这些弱点都是严重的安全隐患。网络设备具有安全防护的需求。

④ 恶意代码防护需求。包括蠕虫、病毒、后门等在内的恶意代码，在主机系统损害、业务数据丢失、网络带宽消耗方面影响的概率都是非常高的，而且一旦遭受到这些恶意代码的破坏，其损失也是不可预知的，整个网络具有恶意代码防范的需求。

⑤ 漏洞扫描需求。网络设备、主机系统、业务系统都存在着各种各样的安全漏洞，厂商通过不停地发布补丁程序进行修复，但用户并没有精力来关注所有设备和系统的漏洞，必须定期地针对网络设备、主机系统、业务系统进行扫描来发现漏洞，进而有计划和有选择地进行修复。

⑥ 链路安全传输需求。为了保证敏感数据传输的安全性，需实现信息安全传输的保护策略。

网络安全技术主要包括以下方面。

① 安全域边界访问控制（网络便捷控制）。服务平台系统，从大的层面分为四个安全域：接入域、计算环境域、网络基础设施域和支撑性设施域。通过部署防火墙设备、网闸设备或划分 VLAN 等方式对上述安全域进行重点防护及有效的隔离与访问控制。

其中，接入域作为系统连接外部用户的区域，包括互联网用户及专网用户的接入。即针对专网用户接入采用防火墙等安全防护产品，针对互联网用户接入采用防火墙及网闸产品进行强有力的访问控制及保护。其他的安全域之间采用划分 VLAN 与 ACL 结合的策略做到安全访问控制。

② 网络设备防护。网络设备是系统运行的基础性设施，网络设备自身的安全性会直接影响业务系统的安全运行。需要针对网络设备进行必要的安全防护措施，这些措施通过增强系统自身的安全配置来执行。

③ 数据安全传输（网络传输安全）。在云计算应用环境下，大量数据在网络中传输，数据传输时的安全需要保证，通过采用数据传输加密或者虚拟专用网络的方式进行传输。数据传输加密可以选择在链路层、网络层、传输层等层面实现，采用网络传输加密技术保证网络传输数据信息的机密性、完整性、可用性。对于管理信息加密传输，可采用 SSL、IPSec 等 VPN 技术为云计算系统内部的维护管理提供数据加密通道，保障维护管理信息安全。

（2）系统安全

系统安全主要包括操作系统安全和数据库安全。

① 操作系统安全需求。操作系统是用户与计算机系统的交互界面和环境，也是服务平台系统运行的软件平台。作为服务平台系统运行的一座安全屏障，经常会成为入侵者攻击的首要目标，操作系统的安全是至关重要的，操作系统的安全应满足以下要求。

• 具有对登录操作系统用户进行身份标记和鉴别的能力，并进行严格的用户账号及口令管理。

• 启用访问控制功能，依据安全策略控制用户对资源的访问，进行严格的账号权限管理。

• 当对服务器进行远程管理时，应采取必要措施，防止身份鉴别信息在网络传输过程中被窃听。

• 操作系统应遵循最小安装的原则，仅安装必要的组件和应用程序，并通过设置升级服务器等方式保持系统补丁及时得到更新。

• 提供对恶意代码的防护功能。

• 停止系统中不必要的服务，对不安全的网络服务进行安全加固。

• 应对重要信息资源（如设备、文件）设置敏感标记，应依据安全策略严格控制用户对有敏感标记的重要信息资源的操作。

② 数据库系统安全需求。服务平台系统数据库的安全应满足以下要求。

• 提供本地、网络和 Web 等多种连接的安全认证手段，并进行严格的用户账号口令管理。

• 启用访问控制功能，依据安全策略控制用户对资源的访问，进行严格的账号权限管理。

• 根据管理用户的角色分配权限，实现管理用户的权限分离，仅授予管理用户所需的最小权限，设置安全管理员、安全审计员等管理员角色。

• 实现操作系统和数据库系统特权用户的权限分离。

• 提供数据备份与恢复功能，并制定相关管理制度。

（3）应用安全

云计算应用由于其用户、信息资源的高度集中，带来的安全事件后果与风险也较传统应用多的、高出很多。由于云环境的灵活性、开放性及公众可用性等特性，给应用安全带来了很多挑战。提供商在云主机上部署的 Web 应用程序应当充分考虑来自互联网的威胁。

云应用安全需求包括从 Web 应用使用安全需求、终端用户安全需求及 Web 应用服务器安全需求等方面。

① Web 应用使用安全需求。云计算中 Web 安全包括两个方面：一是 Web 应用本身的安全；二是内容安全，即利用漏洞篡改网页内容、植入恶意代码、传播不正当内容等一系列问题。

首先，应用要能够防止攻击者有目的性地向应用渗透恶意操作，对于应用的访问者，要保证访问应用前的有效的身份认证，访问时有效的认证和会话管理，通过建立有效的身份访问控制机制确定访问者的合法身份，赋予其应用的访问权限。其次，在应用的数据安全方面，很多 web 应用都没有合理的保护敏感信息的措施，例如信用卡、SSN 和授权信用信息，没有使用适当的加密和哈希。攻击者可能会窃取或修改这些弱保护的数据，以进行身份窃取、信用卡伪造等犯罪行为。许多 Web 应用在提供受保护的链接和按钮之前检查 URL 访问权限。然而，在这些页面被访问的时候，应用同样需要执行类似的访问权限控制，以避免攻击者伪造 URL 来访问这些隐藏页面。由于应用经常会疏于验证、加密和保护敏感数据网络传输的私密性和完整性，要有针对性的安全传输机制保证其传输的安全性。由于 Web 应用通常重定向并转发用户到其他页面和网站，攻击者可能利用这一点，将受害者重定向以导向有害网站，或者通过转发访问未授权网页，针对这种重定向和传递，要采取合理的验证措施。

② 终端用户安全需求。对于使用云服务的用户，应该保证自己计算机的安全。目前，浏览器已经普遍成为云服务应用的客户端，但不幸的是，所有的互联网浏览器毫无例外地存在软件漏洞，这些软件漏洞加大了终端用户被攻击的风险，从而影响云计算应用的安全。云用户应该采取必要措施保护浏览器免受攻击，在云环境中实现端到端的安全。例如，伪造跨站请求攻击，就是一种针对浏览器的攻击，它迫使受害者的浏览器发送伪造的 HTTP 请求，包含了受害者的 session cookie 和任何其他自动包含的 Web 应用的授权信息。

③ Web 应用服务器的安全需求。身份验证和授权服务是服务器安全性的起点，应用服务器需要保证应用的安全性和可靠性，服务器的正确配置十分重要，好的安全性需要对应用、框架、应用服务器、Web 服务器、数据库服务器和平台进行预先定义和部署的安全配置，这些设置必须良好定义、实现和维护，因为默认设置并不安全，安全配置包括保持所有软件所有代码库的最新版本。防止恶意攻击者进行注入攻击，并针对跨站脚本漏洞、目录遍历漏洞、敏感信息泄露等漏洞进行攻击，进而通过这些漏洞攻击来获取用户信息、损害应用程序，甚至得到 Web 服务器的控制权限等。

从应用安全技术的角度来说，云计算在应用层面遇到的问题与传统应用安全近似，在解决方案中，针对传统应用安全的方法也同样适用于云应用环境中。

针对 Web 应用漏洞，应注重 Web 应用系统的全生命周期的安全管理，针对系统生命周期不同阶段的特点采用不同的方法提高应用系统的安全性。Web 应用形式多种多样，其防护也是一个复杂问题，可采取网页过滤、反间谍软件、邮件过滤、网页防篡改、Web 应用防火墙等防护措施，同时加强安全配置，如定期检查中间件版本及补丁安装情况、账户及口令策略设置、定期检查系统日志和异常安全事件，等等，解决 Web 应用的主要隐患和问题。

6.3.2 云计算虚拟化安全

虚拟化技术指计算元件在虚拟的基础上而不是真实的基础上运行，是云计算的奠基基础技术之一。根据计算机的系统组成部分，虚拟化还着重体现在计算虚拟化、网络虚拟化、存储虚拟化、虚拟化管理方面。

（1）虚拟化安全需求

随着新的虚拟化技术的引入，必然也会带来些许安全问题。以下内容是按照虚拟化技术分类：计算虚拟化、网络虚拟化、存储虚拟化、虚拟化管理四个领域所列出的安全性隐患。将虚拟化技术理论与实践结合来阐述可能的隐患。

虚拟网络可能存在虚拟网络访问控制失败的风险 Y：在虚拟化环境中，成百上千的虚拟机实例可能同时运行在一个 Hypervisor 之上。内部虚拟机的交互由 Hypervisor 提供的内部虚拟路由器、虚拟交换机实现，其实现使用 Linux 网桥，而这给了虚拟机之间通过虚拟网络互操作的可能。而传统的网络安全组件，如基于端口组的防火墙策略已不适用于虚拟化系统。以上特性可能产生以下隐患。

① 虚拟机漏洞隐患。运行在物理机内部的虚拟化网络控制着虚拟机之间的通信，它们对于传统依赖于物理网络探查的传统安全设备是不可见的。以往服务于一个物理服务器的端口，现在虚拟化成多个虚拟的服务器的端口组。

② 该隐患呈指数级增长。基于 IP 和 MAC 地址的物理网络不再用于识别单一虚拟机，因为它们经常被更改或者配置失效。

③ 传统方法失效。虚拟化环境中的 MAC 和 IP 地址的频繁变动使传统的依赖于静态 IP 和 MAC 地址的物理防火墙、IDS/IPS 和 NAC 的方法失效。

虚拟计算的核心载体 Hypervisor 的存在，可能导致客户操作系统权限提升进而非法操作 Hypervisor，Hypervisor 的存在给了攻击者新的攻击目标。由于所有虚拟客户操作系统都同 Hypervisor 交互，Hypervisor 成为整个虚拟系统中的单点故障。攻击者可能使用各种渗透工具获得访问 Hypervisor 的权限，这就是常说的虚拟机逃逸现象；另外一个尚存在于理论下的安全威胁是 Rootkit，越过 Hypervisor 的监控直接同物理机硬件进行交互。综上，关于 Hypervisor 权限的安全隐患如下。

① 偷窃证件。虚拟化系统中最脆弱的是 Hypervisor CLI 的访问控制，这种威胁往往产生于认为错误或不正确的配置。

② 进入 Hypervisor 界面的网络控制。该威胁随着虚拟网络访问或来自混合和错误使用虚拟机的攻击而增加。不像 VA 证书威胁那么直接，恶意的网络访问是最关键的风险因素，它代表高性能攻击和攻击之后的最高的开销。比如一个被感染的虚拟机会发起持续不断的对 Hypervisor 的 DoS 攻击。这种虚拟化的攻击对于没有安全设施的平台是不可见的。

③ Hypervisor 漏洞。Hypervisor 内存必然会存在安全隐患，如 MMU、驱动、管理、直接 I/O、基于 API 的攻击。

④ 隐藏型的 Hypervisor。一个更模糊但技术上可行的威胁是通过运行在虚拟机上的钩子操作底层共享内存来生成一个 Hypervisor 的子版本的威胁手段。

存储虚拟化的核心思想是客户机操作系统在宿主机或共享存储上以文件形式存在，这种模式有可能导致文件的丢失或被恶意更改控制。文件通常会保存虚拟机的元数据、客户操作系统的文件系统，而文件本身很容易被更改或被非法读取。以文件或者以数据层级的角度考虑，当处于传输状态时，其安全性就更加难以保障。虚拟机迁移前后，其文件系统的存储在物理地址上可能不变，但是虚拟实例所对应的元数据肯定会改变的，而且，虚拟机的防火墙规则在新的物理机上需要自动重新适应。以上情景就使得虚拟系统有以下新的安全隐患。

① 失效的更改控制。多数机构的数据中心都有固定的协议，有不同任务和政策的机器运行不同的协议。引入虚拟化之前相对简单，新的机器加入到数据中心可直接设置相应组的配置策略用于控制其用户组的相一致的行为。引入虚拟化技术之后，这个过程由于虚拟系统和虚拟的管理员的灵活特点将变得相对复杂。虚拟管理员可以创建、删除、克隆、共享、移动甚至回滚操作控制虚拟机的状态，多机器共享相同身份认证域的配置错误将不可避免。

② 虚拟机迁移。虚拟机迁移在虚拟化数据中心中很常见，它要求相当完备和复杂的容灾技术且要求相当高的性能保证。虚拟机迁移事件会破坏原有的静态安全策略及其他用于传统服务器和网络的安全机制。虚拟化安全产品需利用虚拟化平台提供的 API 智能控制虚拟机迁移的安全性，且在任何物理节点上，安全性都应当得到保障。

虚拟管理员是虚拟化系统管理的核心，而新的虚拟化技术引入使得管理员角色权限系统丢失审计控制，甚至崩溃。对于传统数据中心，网络、系统、存储是可以权限分离的，但在虚拟化系统中，可能需要对网络、系统、存储都了解的角色。这不仅增加了管理员的能力标准，还违背了安全性中的最小权限分离原则。虚拟机系统管理方面的安全隐患可以总结如下。

① 失效配置的风险。虚拟化系统中，虚拟化管理员拥有操作包括系统、网络、安全性设备的权限，这降低了权限分离（SoD）的力度。这使得一旦发生不可预料的配置错误时，相比传统数据中心增加了定位错误的复杂性和成本。

② 内部的权限滥用。恶意的虚拟化管理员可能会解密网络传输中的数据，嗅探快照数据和系统状态，甚至深入到内存中的数据进行非法监控。如果缺少类似的监管限制，风险隐患可能会被无限放大，甚至会造成无法挽回的系统崩溃。

③ 缺少 Belt-and-Suspender 控制。多数安全漏洞是由内部人员操作错误引起的，传统数据中心会授权一组智能化工具来二次检测人员操作的错误，而虚拟化平台则缺少这样的二次检测机制（Belt-and-Suspender Control）。可能会产生未授权和匿名的网络访问控制机制，滥用高权限、不安全和未授权的 Hypervisor 配置等。以上这些漏洞增加了虚拟化平台的安全风险。

以下的攻击方式分类不局限于以上某个领域，大部分攻击都涉及虚拟化技术的各个领域，攻击可能落实到具体的虚拟化存储的某个文件：VM Hopping、VM Escape、远程管理缺陷、拒绝服务（DoS）、基于 Rootkit 的虚拟机、迁移攻击。

由以上可能的攻击手段或案例，总结客户对于虚拟化系统可能有如下需求。

- vCentre 的安全性；
- 虚拟机的性能保障，对 Hypervisor 的 DoS/DDoS 攻击；
- 特权用户滥用权限；
- 来自内部的恶意攻击者偷窃数据；
- Root 账户外泄，Hypervisor 的访问限制；
- 可评估的配置正确性与安全隐患；
- 与企业的 IT 安全解决方案很好集成，最小更改；
- 避免安全设备的单点故障；
- 管理员实时监控虚拟机中的 session 信息；
- 对企业现有的虚拟化架构自动感知，最小配置成本；

• 虚拟机之间隔离，避免相互感染，虚拟机之间访问安全性；

• 配置好的安全策略在虚拟机迁移前后保持最小更改成本；

• 虚拟机性能监控网络拥塞情况，保障性能 QoS；

• 业务扩展后，安全性策略变更最小化，安全性成本增加最小化。

（2）虚拟化安全关键技术

虚拟化安全的一些防护技术涉及诸多领域，从网络接入到后端存储都涉及。本章将列出部分从理论到实际产品的关键技术。现今可落地为产品的关键技术：基于角色模型的访问控制（RBAC）、资源隔离（包括网络、存储等）、Hypervisor 内部可信计算模块。

① RBAC。基于角色的访问控制（Role-Based Access Control）使权限与角色相关联，用户通过成为适当角色的成员而得到这些角色的权限。它简化了权限的管理，用户可以很容易地从一个角色被指派到另一个角色，从而根据新的需求和系统的合并而被赋予新的权限，而权限也可根据需要从某角色中回收。角色与角色关系的建立更加接近真实现实情境。

RBAC 支持三个著名的安全原则：最小权限原则、责任分离原则和数据抽象原则。最小权限原则之所以被 RBAC 支持，是因为 RBAC 可以将其角色配置成其完成任务所需要的最小的权限集。责任分离原则可以通过调用相互独立互斥的角色来共同完成敏感的任务而体现。

② 虚拟网络隔离。

• 分离物理网络接口：每个物理网络接口都代表一个独立的可信域。每个可信域有它自己的虚拟交换机，所有该域的 VM 都将连接到该 vSwitch 的端口组。物理网络接口链接到物理交换机上，且每个隔离的网络都在物理交换之内配置。该方法的问题是在每个主机上要求更多的物理网络接口，物理网络接口的数量在负载平衡簇内应当同每个主机上的相同。该方法中硬件要求比较苛刻，使得某些机构配置和维护物理服务器相对不容易实施。

• 簇隔离：一种直接用于为不同类型虚拟机建立独立的簇的技术。该类型仍然可以在不同主机系统之间负载平衡，且保证不同可信等级的虚拟机之间的隔离性。该方法的问题是，可信策略的粒度同簇的数量相竞争：安全策略的粒度越细，就需要越多的簇；簇越多，对数据中心操作的效率越低。

• VLAN 隔离：创建 VLAN 用于在单一物理网络中实现多广播域。使用 VLANs 隔离网络是最普遍的方法之一。问题是，当前虚拟化平台不提供创建复杂的访问控制列表或路由用于连接 VLANs。最普遍的在一台主机系统中隔离虚拟机的技术是减少 VLAN 同外部物理交换机的交互及在物理交换机内部创建 ACL 策略用于在主机内隔离虚拟机。Vmware 提供三种不同的机制用于扩展虚拟网络体系结构兼容物理交换机：Virtural Switch Tagging（VST），External Switch Tagging（EST），Virtual Guest Tagging（VGT）。

• vSwitch Bridge：创建内部虚拟交换机，并在虚拟机和外部物理网络之间用一个 VM 起到桥接和防火墙作用。该方法虽然没有用 VLAN，但却同 VLAM 解法有着相同的隐患和问题。对需要多个安全层的应用不是特别有效，因为需要为每个层提供完整的虚拟机，严重消耗了系统资源。另外，这种方法不提供相同端口组之间虚拟机的流量过滤机制，而这个功能是很多应用所需要的。

综合来看，VLAN 是最好的解决方案。为了减少网络层级 ACL 的改变，一些虚拟化设施使用两层 VLAN 为每个应用、部门、虚拟化设施隔离。一个 VLAN 用作外边隔离，另一个用作内边隔离。一个运行路由器/防火墙的虚拟机通常被用在两个隔离区，对应用的网关进入控制，它由提供应用的所有者或部门的管理员管理。

③ 存储资源隔离。在应用存储虚拟化技术之后，应用不需要关心数据实际存储的位置，只需要将数据提交给虚拟卷或虚拟磁盘，由虚拟化管理软件将数据分配在不同的物理介质上。这就可能导致不同保密要求的资源存在于同一个物理存储介质上，安全保密需求低的应用主机有可能越权访问敏感资源或者高安全保密应用主机的信息。为了避免这种情况的发生，虚拟化管理软件应采用多种访问控制管理手段对存储资源进行隔离和访问控制，保证只有授权的主机应用能访问授权的资源，未经授权的主机应用不能访问，甚至不能看到其他存储资源的存在。

对于资源隔离和访问控制手段可以通过基于主机的授权、基于用户认证和基于用户的授权来实现。

基于主机的访问控制可以通过加强主机认证、主机的 WWN（光纤设备的全球唯一编号）与交换机物理端口绑定、交换机分区和逻辑单元屏蔽（LUN Masking）等方式实现。根据虚拟对象的不同采用不同的技术手段，如对于 FC SAN 构建的存储网络，采用光纤通道安全协议（FC-SP）实现主机认证；采用光纤交换机分区将连接在 SAN 网络中的设备（主机和存储）在逻辑上划为不同的分区，使得不同区域内的设备之间不能通过访问，实现网络中设备之间的相互隔离；在磁盘阵列上采用逻辑单元屏蔽控制主机对存储卷的访问，设定主机只能看到授权的逻辑单元，实现阵列中存储卷之间的隔离；对于 IPSAN 组成的网络，可以设置访问控制列表，利用网络交换机的 VLAN 和 ACL 控制隔离存储网络，确保只有授权的设备能访问存储网络；利用 iSCSI 协议的身份验证机制（使用 CHAP、SRP、Kerberos 和 SPKM）实现发起方与目标方的双向身份验证，只允许授权节点访问，阻止未经授权的访问。

对用户的认证可采用 AAA 认证安全策略，如在 IPSAN 网络中，利用 IPSAN 交换机提供的 802. 1x 认证，通过用户接入网络时输入用户名和登录密码来识别用户身份，防止非法用户接入存储网络。

对于用户的授权主要采用访问控制列表，如 NAS 设备和主机服务器的操作系统（Windows 或 Linux）都提供针对不同用户对不同文件和目录授予不同的访问权限的功能。

在应用存储虚拟化后，虚拟化管理软件应能全面管理不同虚拟对象，如 IPSAN 和 FCSAN、NAS 等的访问控制策略配置，通过上层应用封装对用户提供一致的管理界面，屏蔽底层对象的差异性。

④ 基于隔离的可信域划分。尽管对虚拟机实例的安全防护可以细粒度执行，但是管理庞大的虚拟机实例集群甚至其上的每一个虚拟网络仍然存在困难。管理员需要在系统的管理级别上明确划分相互的信任关系。常见描述这种集合划分为一组“域”，一种对庞大系统数量的集群管理政策是基于层次化策略的概念。它使得系统之间的规则可以重复利用，且不再需要为每个接口设定特定的规则。分层次的安全管理模型也存在问题：应用和资源本身很复杂，且分层模型不能灵活地随着应用本身的改变而改变。不同的应用经常共享相同资源（如数据库），安全管理模型则必须考虑到该特性。

6. 3. 3　云计算数据安全

（1）数据安全问题

随着信息化进程的发展，数据越来越成为 IT 系统的核心，数据安全问题也成为了 IT 安全的核心问题。数据安全指的是，通过技术或非技术的方式，保证数据的访问受到合理控制，并保证数据不因人为或者意外的因素而泄露、损失或被更改。威胁数据安全的因素主要包括如下方面：硬盘驱动器损坏、人为失误、黑客入侵、病毒感染、数据泄露、篡改及电源故障等物理因素。针对这些问题，采用相应的数据安全技术来予以解决，针对数据本身的安全，主要采用现代密码算法对数据进行主动保护，如数据保密、数据完整性、双向强身份认证等；针对数据防护的安全，主要采用现代信息存储手段对数据进行主动防护，如通过磁盘阵列、数据备份、双机容错、数据迁移、异地容灾等方式保证数据的安全，进而确保数据的安全性。

云计算作为一种快速发展的典型的网络计算模式，其关键特征就是通过网络来提供服务。作为一种全新的服务模式，与传统软件模式相比，云计算在数据方面的最大不同便是所有的数据将由第三方而非第一方来负责维护，所有用户的数据都存放在云端，将计算结果通过网络回传给客户端，增加了网络中传输的数据量。保证云端数据的安全和单机方式有着不同的特点，只利用传统的保护方式很难保证用户数据的安全。

多租户（Multi-Tenancy）模式也是云计算的核心特征与优势。多租户模式使不同组织、不同需求的用户，以共享硬件、虚拟化资源、数据库和软件架构的方式使用云计算服务。多租户模式在提高了资源交付效率和灵活性的同时，也带来了安全隐患。由于不同租户的数据通常存储在相同设备上，他们的应用也构建在相同的基础设施之上，这就增加了数据泄露的风险。同时，一旦租户进行了错误或非法的操作，如何保证该租户的数据，甚至保证全体租户的数据不受破坏，是一个重要的问题。

综上，云计算环境下的数据安全问题有其特殊性，同时，数据安全对云计算平台和应用的正常运行也具有重要的意义。

为保证数据安全性，云计算的数据安全需求，主要体现在数据存储、数据传输、数据使用和数据审计等方面，下面分别进行介绍。

① 数据存储安全需求。数据存储安全是数据安全的基础。对云计算数据存储来说，首先，为保证数据存储的私密性，必须通过有效的身份与访问控制机制保证数据不被非法访问。关键数据应该以加密的方式存储，使得数据即使泄露也不会被识别。云计算环境下，多用户的数据通常集中存储。应采取适当的异地数据备份机制，保证数据在特殊情况下不会丢失，同时，保证用户了解数据存储服务器的位置。其次，多租户模式下，如何实现各个租户数据之间的有效隔离，在保证数据独立性的情况下，实现高效率的数据存取服务，也是云计算数据存储面临的重要问题。

② 数据传输安全需求。在云计算环境中，数据存储在云端，通过网络在用户端与云端之间传输。存在着在传输过程中被窃取或篡改的风险。为保证数

据传输过程中的安全，应拥有防止数据失真的机制，同时，进行一致性的校验与维护，预防用户隐私数据被非法使用或检索等。

③ 数据使用安全需求。数据在使用过程中，如果遇到一些突发情况，如硬盘损坏、服务器瘫痪或者病毒感染等灾难，云计算服务提供商（运营商）要提供数据的有效备份，并能够实现数据的灾难性恢复。同时，当用户删除数据时，应保证数据得到彻底的销毁，免除恢复的可能，以避免数据将来被非法恢复和使用。

④ 数据审计安全需求。数据审计可以通过第三方验证数据的安全性。企业进行内部数据管理时，为了保证数据的准确性往往会引入第三方的认证机构进行审计或是认证。但是在云计算环境下，云计算服务商如何在确保不对其他企业的数据计算带来风险的同时，又提供必要的信息支持，以便协助第三方机构对数据的产生进行安全性和准确性的审计，实现企业的合规性要求；另外，企业对云计算服务商的可持续性发展进行认证的过程中，如何确保云计算服务商既能提供有效的数据，又不损害其他已有客户的利益，使得企业能够选择一家可以长期存在的、有技术实力的云计算服务商进行业务交付，也是安全方面的潜在问题。

（2）数据安全关键技术

云计算数据安全的关键技术主要包括多租户云端隔离技术、数据安全加密技术、云数据备份技术、云数据安全传输技术和云数据安全销毁技术。在这些关键技术支持下，可以实现云数据的安全存储、传输和使用，保证数据的 CIA 特性。下面分别对这些关键技术进行介绍。

① 多租户云端数据隔离技术。为满足数据存储安全方面的需求，除了实现必需的物理设备安全、身份与访问控制安全之外，在云计算环境中，实现多租户云端数据隔离是很重要的技术。数据隔离指的是不同租户的数据，在物理、虚拟化、数据库、软件架构等层次，通过一定的机制加以区别的存储，从而实现数据的访问安全，和数据访问性能的独立性。通过为租户数据设置访问边界，杜绝了不同租户非法访问其他租户数据的可能性，保证和加强了数据的私密性。同时，合理的数据隔离性设计可以更加有效地利用系统资源，在提升数据访问性能的情况下，也提升了数据的可用性。

在云计算环境下，多租户数据云端隔离模式如图 6.2 所示，主要包含了五种模式，分别在硬件级别、操作系统级别、中间件级别、数据库级别实现了不同的共享隔离设计。

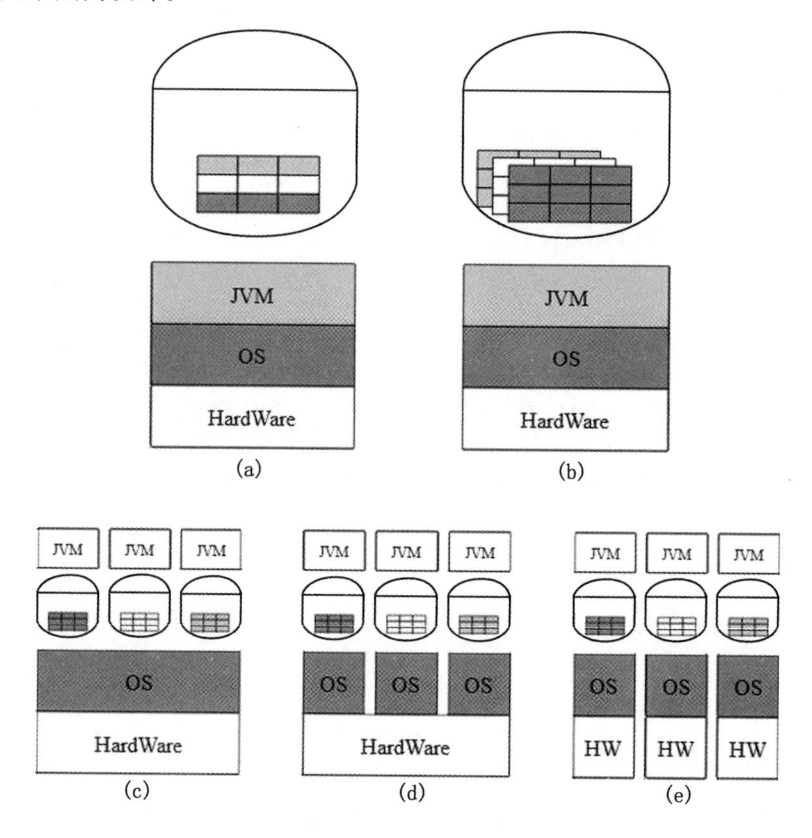

图 6.2　多租户数据云端隔离模式

第一种方式（a）属于全共享模式，即所有租户共享同样的硬件设施、操作系统、中间件、数据库及数据表集合，不同租户的数据通过租户 ID 等逻辑方式实现区分与隔离。

第二种方式（b）共享了同样的硬件设施、操作系统、中间件和数据库，但是不同租户使用不同的表集合。这样，租户的数据通过数据库表实现了区分与隔离。

第三种方式（c）中，所有租户共享硬件设施和操作系统，但是为每个租户设置了单独的数据库实例，构建在不同的中间件之上，这样，通过数据库的实例管理实现了更好的数据隔离性。

第四种方式（d）中，所有租户共享硬件设施，但是每个租户都拥有独立的操作系统、数据库实例和中间件。这种方式一般通过应用构建于 IaaS 平台之上，基于物理资源虚拟化技术实现，有效利用了基础设施资源的同时，每个租户都享有充分的隔离性和个性化配置。

第五种方式（e）采用了全独立的配置，每个租户都拥有独立的硬件设施及构建在独立硬件设施之上的独立操作系统、数据库实例和中间件。这种方式具有最强大的独立性。由于没有资源共享，会带来较低的资源利用效率和最高的成本，适合于一些对独立性安全性要求极高的情况或者其他存在着特殊需求的情况。

以上五种方式，从（a）至（e），独立性逐步提高，成本也逐步提高，资源利用效率逐步降低。在具体应用中，应结合项目需求，选择适合实际情况的数据隔离方法。数据隔离的具体实现细节还会在后续“6.3.5 云计算多租户安全隔离”小节进行详细的介绍。

② 数据安全加密技术。在云计算环境中，由于数据的共享性带来的风险，必须对敏感数据进行加密处理，使数据在泄露的情况下也不会被破解和非法利用，进一步保证数据安全性。对云计算来说，数据加密算法首选必须安全、无法采用暴力法破解；其次是数据加密解密必须有一定的效率，否则，会影响用户的使用体验；最后需要提供有效的密钥管理机制，防止由于密钥泄露而导致的数据丢失。主流的数据加密算法主要分为对称加密算法和非对称加密算法。从加密性能角度考虑，对称加密算法是一个非常好的选择，如 AES、3DES 等国际通用算法及我国国有商密算法 SCB2 等。然而，在加密密钥管理方面，非对称算法安全性更高，使用集中化的用户密钥管理与分发机制，实现对用户信息存储的高效安全管理与维护。综加密性能和密钥管理的考虑，在云计算环境中，适合采用对称加密与非对称加密两种算法相结合的方式对数据进行加密，对称加密算法应用于对大数据的加密，非对称密钥算法则用于加密对称算法的密钥。同时，还可以采用数据切分方法与数据加密方法配合使用，将数据在客户端打散，经过解密后分散在几个不同的云服务上，这样对于任何一个服务提供商来说，都无法获取到完整的数据，进一步加强数据的安全性。

③ 数据备份与恢复技术。云计算环境中的数据面临着病毒感染、人为攻击、设备故障和自然灾害等风险，为保证数据的可靠性，需要数据备份与灾难恢复技术，保证数据在异常情况下可以快速恢复，避免或降低用户的损失。目前，多数系统进行数据备份时均是在后台进行，所以，备份时间的长短对应用系统的影响不大，应根据存储介质的容量和系统的具体情况，来选择合适的备份方式。

传统的数据备份技术有磁带、磁盘镜像、光盘、双机热备份、冗余阵列等，不过这些技术已经无法满足云计算环境下海量数据的备份需求。近年来，出现的 LAN free 技术、无服务器技术和 WAFS 技术成为了云计算环境下的主流数据备份技术。

④ 数据安全销毁技术。在 IT 系统中，数据要经历创建、存储、使用和销毁的生命周期。在每一个步骤，都必须保证数据的安全性。而在实际应用中，数据销毁过程的安全性往往是被忽视的。一旦不再被使用的数据未能进行安全销毁，就有被非法恢复和窃取的可能，为用户带来风险。在云计算环境中，由于用户数据通常是共享存储的，存储空间的分配也是流动性的，这就要求在将存储资源重分配给新的用户之前，必须进行完整的数据擦除，数据被彻底有效地去除才被视为销毁。

目前主要有三种数据销毁方式：覆盖、消磁、物理破坏。从成本、可行性和稳定性三个方面考虑，覆盖为最优选择。在对存储的用户文件/对象删除后，将对应的存储区进行完整的数据擦除或标识为只写（只能被新的数据覆盖），防止被非法恶意恢复。

6.3.4 云计算身份与访问管理

云计算模式通过资源共享实现了更高的资源利用效率，同时也带来了一些新的威胁与隐患。许多企业仍然对在全范围内采用云来处理关键业务表示担心。而对于企业 IT 技术人员来说，不愿意迁移到云端的最大因素就是对安全的担心。特别是管理用户和访问云端服务的权限对于组织来说是一个很大的安全方面的疑虑，如何保证云计算的服务仅能被合法合理使用，已经成为了云计算安全中一个亟须解决的问题。

（1）云计算身份与访问管理技术

身份与访问管理（Identity and Access Management，IAM）可以被定义为一种方法，为 IT 系统中的资源和数据提供充分的保护，这些保护通过将规则和策略施加于用户，例如通过密码登录进行身份认证，对用户赋以特权并管理用户账户的生命周期。在云计算环境中，资源、数据及软件应用都以服务的形式交付给最终用户，云计算环境下的身份与访问管理面向的是对服务的保护，保证只有合法用户才能访问其订阅的服务，访问控制技术保证用户只能访问已经授权的资源和服务。

云计算环境下的身份与访问管理需要具备如下的能力。

① 多租户模式下的用户身份管理。在用户身份生命周期中，有效管理用户身份和访问资源的权限是非常关键的。在云计算环境的多租户模式下，租户管理员负责租户用户的身份和权限管理与维护，包括下列任务。

• 租户用户生命周期管理，包括用户自注册、自管理和自动化的用户身份服务。

• 租户用户身份权限管理，包括访问和权限控制、单点登录和审计，支持基于角色的访问权限设置，支持租户和用户的多角色配置。

• 支持用户自服务，提供执行密码和个人信息变更的 Web 自助接口。

② 支持身份联邦。基于统一身份认证完成将分散的用户和权限资源进行统一、集中的管理，实现用户单点登录就可以访问多个服务。

③ 多种方式的身份认证。支持多种方式的身份认证，例如 USB Key、用户指纹、用户密码等对用户身份进行认证，并进行多级精细化的授权。

④ 集中访问控制。访问控制应该在用户的生命周期内提供及时合理的访问权限，从而加强安全和保护 IT 资源。一般情况下，访问管理应该提供以下功能。

• 为多个服务和用户提供集中的访问控制，确保安全策略的执行是一致的。

• 根据服务的业务需求与目标，提供基于策略的安全基础架构自动化。

• 在任意的服务应用系统间建立共享认证和属性信息的身份联邦。

身份与访问管理主要依赖于身份认证、访问控制及身份联邦这些关键技术实现。下面对关键技术进行介绍。

（2）身份管理

身份管理面向用户或访问服务的程序、终端等进行基础信息管理，这是实现身份与访问管理的基础。在云计算环境中，通常在多租户模式下，同一服务以不同的使用方式，被不同需求的用户共享使用。不同用户对同一服务往往有着不同的使用行为和权限，这就给身份管理带来了难题。管理身份的主要挑战在于租户中用户群体的多样性，而且在服务租用的业务模式下，租户与用户身份的变更、合并和拆分也会经常发生，在这种情况下，保证用户身份一致性，避免身份、属性与信用信息的重复，是身份管理必须解决的问题。

为解决上述问题，一个典型的云计算环境的身份管理系统通常包括以下三部分内容。

① 供应与停止供应。供应与停止供应是身份管理的基础功能。在这个阶段，指派给用户所需的信息访问权限，基于用户在组织内的角色。当用户授权扩展或降级时，相应的访问角色会被指定。这种过程需要大量时间、人员和工时，以保持身份指派的权利足够使用。为此，需要统一的身份管理功能，以加强身份管理的安全性，并提升效率。

② 自服务。身份管理自服务接口一般以 Web 方式提供给最终用户（或租户用户管理员）。通过自服务接口，用户可以重设密码，维护并更新用户信息，在任何位置查看自身的身份信息。

③ 密码管理。密码管理包括密码在云数据库中的保存，保护密码的私密性，防止密码泄露，通常可以通过 MD5 或 SHA1 等方式对密码进行加密保存，以增强密码存储的安全性。

（3）身份认证

身份认证是信息系统审查用户身份的过程，从而确定该用户是否具有对某种资源的访问和使用权限。身份认证通过标识来鉴别用户的身份，提供一种判别和确认用户身份的机制，这种机制是通过将一个证据与实体身份绑定来实现的，实体可能是用户、主机或其他应用服务。传统身份认证技术一般包括基于密码的身份认证方式、基于硬件的认证方式、基于生物特征的认证方式、基于地址的认证方式、基于 CA 证书签名的认证方式及基于一次性密码的认证方式等。在云计算环境中，身份更加容易被窃取和盗用，采用硬件、证书、一次性密码组合的认证方式成为了更加安全的身份认证方式。

（4）访问控制

访问控制指系统按照用户身份及其所属的某预定义策略组来限制用户使用某项资源的能力。当身份认证通过之后，将会执行访问控制与授权，即将一定权利赋予合法用户的过程。目前主流的访问控制技术有自主访问控制、强制访问控制，以及基于角色的访问控制等。在云计算环境中，由于多租户模式下，同一租户的访问权限通常是相似的，基于角色的访问控制方法（Role-Based Access Control，RBAC）是最为常用的方法。

RBAC 模型的授权管理方法，主要有三种：一是根据任务需要定义具体不同的角色，二是为不同角色分配资源和操作权限，三是给一个用户组（Group，权限分配的单位与载体）指定一个角色。RBAC 支持三个著名的安全原则：最小权限原则、责任分离原则和数据抽象原则。

（5）身份联邦

在云计算环境中，用户往往同时注册为多个服务的使用者，以满足自己多种业务需求。然而，如果对每个服务的使用都需要通过用户名和密码来认证，那么，大多数用户都要记忆多个用户名和相应密码，从而提升了服务管理成本，降低了用户的安全性。

身份联邦和单点登录技术可以为云计算环境提供集中统一的身份认证，实现“一点登录、多点漫游、即插即用、应用无关”的目标，方便用户使用。身份联邦指的是将用户在多个服务中注册的身份信息统一为一个联邦身份，从而允许用户以这个统一的身份登录所有的服务。身份联邦可以将用户在不同的地方使用的不同身份联合起来，访问相关联的其他服务而不用再次认证。一个联邦身份表示一个用户被整合的各种面向单个服务的身份（本地身份）。

身份联邦和单点登录解决方案主要有：基于经纪人的方式、基于代理的方式、基于令牌的方式、基于网关的方式和基于SAML协议的方式。对于云计算环境，基于SAML协议的方式是单点登录最为主流的实现方式。

6.3.5　云计算多租户安全隔离

多租户模式是云计算的典型模式，是云计算的核心特征之一。多租户的概念最早起源于软件领域，简单而言，多租户指得就是一个单独的软件实例可以为多个组织服务的模式，多租户模式使得每个用户组织都工作在一个为其定制好的虚拟软件或者解决方案实例中，并认为自己在独享环境。与传统观中的软件运行和维护模式相比，云计算要求硬件资源和软件资源能够更好地被共享，具有良好的伸缩性，它能使任何一个企业用户都能够按照自己的需求使用资源而不影响其他用户的使用。

（1）多租户安全隔离需求

在多租户模式中，租户是指使用系统或计算资源的用户，租户拥有的资源包括在系统中可识别为指定用户的一切数据，比如在系统中创建的账户与统计信息，以及在系统中设置的各式数据和用户所设置的客户化应用程序环境等，都属于租户的资源。而在多租户模式中，要在相同的环境里支持多个租户，保证租户间资源的清晰隔离与租户应用运行的独立性显得尤为重要。综上，多租户隔离需求如下。

① 租户之间资源访问时互不干扰，即租户间的数据、网络、应用环境、硬件设备等资源在租户调用时，各自满足对应租户的需求，不得出现一个租户

访问到另一个租户资源的泄露情况。以应用为单位进行资源分配，不同安全等级的应用实施不同安全等级的 SLA 服务，不同安全等级应用的资源实施物理隔离。不同租户之间的资源实施逻辑隔离。

② 避免租户间恶意访问的行为，防止租户通过非法行为去窃取或访问其他租户的资源。各租户享有独立的存储空间，拥有独立的访问控制策略、存储策略、访问日志等。子/孙租户的存储空间只能是租户的子集，各子租户间共享物理节点资源，并逻辑隔离，拥有独立的进程服务、独立的数据库。

③ 在多租户数据隔离方式中，根据用户标识和对应权限对用户存储空间的数据进行访问控制，避免未授权用户访问到其他用户的数据和用户信息。同一租户下的子租户在 ACL 控制下可互访。

多租户的隔离主要是针对各租户的资源的隔离，主要从数据中心层、基础架构层及应用程序层这三个方面来进行考虑。

（2）多租户安全隔离关键技术

① 物理隔离。物理隔离是为每个用户配置其独占的物理资源，通过将不同的租户分配到不同的物理资源池中，实现在物理层面上的安全隔离，同时可以根据每个用户的需求，对运行在物理机器上的应用进行个性化设置，安全性较好，但该模式的硬件成本较高，一般只适合对数据隔离要求比较高的大中型企业，例如银行、医院等。

② 数据隔离。数据隔离是指多个租户在使用一个系统时，租户的业务数据是相互隔离存储的，不同租户的业务数据不会互相干扰。实现多租户架构的关键是解决数据资源的隔离问题，保证租户间数据不泄露，避免租户间数据的非法获取，进而保证每个租户数据资源的机密性与安全性。

数据隔离级别如下。多租户模式下，通常有三种数据模式可以采用，按数据隔离程度从隔离到共享，分别是独立数据库模式、共享数据库独立数据架构模式和共享数据库共享数据架构模式，如图 6.3 所示。

- 完全隔离：独享数据库实例，即为每个租户创建单独的数据库实例，从而实现数据隔离。在应用这种数据模型的云应用中，客户共享大部分系统资源和应用代码，但物理上有单独存放的一整套数据。系统根据元数据来记录数据库与客户的对应关系，并部署一定的数据库访问策略来确保客户数据安全。这种方法简单便捷，能够很好地满足用户个性化需求，数据隔离级别高，安全性好，但是成本和维护费用高，适合那些对安全性要求比较高的客户。

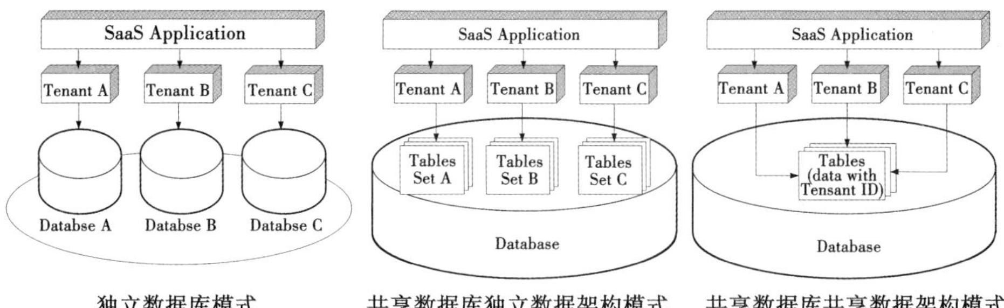

图6.3 多租户数据隔离模式

• 部分隔离：共享数据库实例，独享数据库架构，即多个租户的数据存入同一个数据库，但各自拥有一套不同的数据表组合，它存在于其单独的模式之内。当租户第一次使用云应用时，系统在创建用户环境时会创建一整套默认的表结构，并将其关联到客户的独立模式。这种方式在数据共享和隔离之间获得了一定的平衡，既借由数据库共享使得一台服务器就可以支持更多的客户，又在物理上实现了一定程度的数据隔离以确保数据安全，不足之处是当出现故障时，数据恢复比较困难。

• 完全共享：共享数据库实例，共享数据库架构。即多个租户不仅存入同一个数据库，使用同一个数据库架构，通过租户标识字段来进行区分。这种实现方法共享程度最高，支持的客户数量最多，维护和购置成本也最低，但隔离级别也最低。如果云应用供应商需要使用尽量少的服务器资源来服务尽可能多的客户，而且潜在客户愿意在一定程度上放弃对数据隔离的需求来获得尽可能低廉的服务价格，这种共享模式是非常适合的。

这三种方式，共享性逐渐提高，独立性逐渐降低，成本逐渐减低的同时，安全性也相应地降低，但是管理的复杂度不断升高。完全独立模式虽然简化了数据可配置性、隔离性和安全性的实现，但是由于没有有效的共享系统资源，系统资源使用率较低，完全独立模式的性能较差，实现成本较高。相对于完全独立模式，部分共享模式在同样硬件条件下可以支持更多的用户访问，但是由于所有租约的信息都保存在同一数据库中，部分共享模式在数据的隔离性和安全性方面弱于完全独立模式。完全共享模式理论上实现了最大程度的系统资源共享，但是由于无论是采用预定义扩展字段方式、数据字典方式或定义XML列方式，数据结构可配置性的实现都需要消耗一定的系统资源，完全共享模式的性能与部分共享模式相近。在实际应用中，对于具体隔离级别的选择，要结合实际的用户需求，选择对应的数据隔离方式。

③ 完全共享模式下数据隔离实现。在完全共享模式下，租户共享数据库实例，共享数据库架构，所有租户的数据都存在统一的数据库表中，共享性最高，隔离性最差，在这种情况下，为实现租户间数据的有效隔离，要添加租户标识字段来区分租户间数据，适当调整表结构，以实现更可靠的数据隔离。

• 元数据实现隔离。元数据是用于描述数据的数据，是可以对信息资源进行描述，以便理解、使用和管理信息资源的数据，是比一般意义的数据范畴更加广泛的数据。在多租户的环境中，用户可以进一步提供数据的上下文描述信息，比如数据的所属租户，数据间关系、业务规则、租户定制化资源等。这些资源数据通过元数据描述后，在运行时，通过分析数据库中的 Metadata 来获取相应的租户的数据信息，使得每个租户的数据和定制相关的元数据之间有一个明确的分离。

• 提供 Session 会话支持。在 Web 应用中，用户提交请求时，可通过 Session 会话支持技术将租户 ID 信息一同存入会话中，使其作为该用户的一个状态属性，使得系统能够根据会话属性得知该用户属于哪个租户范围，并在进一步的数据请求过程中加入租户 ID 参数，以达到数据隔离的效果，数据库拦截信息时，获得租户 ID 的信息进而进行操作。

• 应用访问控制列表。通过访问控制列表对资源进行访问控制以保证只有具有访问权限的用户可以对资源进行访问。从对租户数据模型隔离和文档隔离两个方面设置访问控制列表，进而达到隔离的目的。通过大量的特性来对抽象模型和具体文档进行安全性的控制，数据隔离建立在对数据模型和文档的访问控制的基础上，这些特性主要包括用户和用户组、权限和权限集、访问控制列表。凭借这些特性，可以严格地控制哪些资源可以被哪些用户访问，保证了资源可以不被没有访问权限的用户访问，进而控制每个租户只能访问属于自己的数据。

• 访问控制隔离。访问控制隔离通常从两个角度实现，一是应用程序级访问控制，一是数据库管理系统级访问控制。对于应用程序级访问控制，所有租户共享一个受委托的数据库账户，这个账户有权访问共享表中所有租户的所有数据，通过使用筛选器（如 SQL 子句）筛选掉不属于当前租户的数据记录；而数据库管理系统级访问控制，每个租户通过 LBAC（基于格的访问控制）来进行访问控制，使用专用的账户访问专用的数据库或表，这种方法可以完全消除 SQL 注入攻击的风险。

• 数据字段扩展方法。数据字段扩展方法，既实现了租户的数据定制，同时实现了数据隔离。三种扩展模式包括：保留扩展表字段、动态扩展的子表及 XML 扩展字段。保留的扩展表字段在每个表中预先定义固定数量的额外数据列，这些列采用通用列类型。动态扩展的子表是构建子表来存储主表记录的所有扩展字段，子表通过记录 ID 列与主表相关联。动态扩展的子表是构建子表来存储主表记录的所有扩展字段，子表通过记录 ID 列与主表相关联。这三种数据字段扩展方式，扩展了原本的数据表结构，支持数据定制化，在扩展的数据表中，将各租户数据分门别类地区分开来。

④ 多租户应用级隔离。云计算的各个租户之间通常会支持应用程序级隔离，尽管所有租户共享同一基础设施架构和应用程序实例，但是从用户体验、服务质量（QoS）和管理的角度来看，租户希望像专用租户那样访问和使用服务。

多租户模式中共享应用实例模式在一个应用实例上，为成千上万个用户提供服务，用户间是隔离的，用户可以用配置的方式对应用进行定制。因为租户使用的是同一个应用实例，为使得租户定制的应用得以运行，必须要保证租户定制的应用资源的隔离性。

总的来看，租户在应用级的隔离，大体可以分为两种：一是应用实例及支撑其运行的资源都隔离，即不同应用之间的隔离；二是不同租户共享一个应用实例时，各租户能获得独立的应用体验和数据空间，也就是租户的应用资源隔离。前者为每个租户提供专用的应用程序实例，这些实例在共享的硬件、操作系统或中间件服务器上运行。后者用单一共享应用程序实例支持许多租户，这个实例包含各种资源，这两种模式可以支持的租户数量差异很大。多实例方法用来支持几个（最多几十个）租户，每个租户可能有数百位用户，使用一组服务器。单一共享实例方法用来支持大量小型租户，租户数量常常是数百个、数千个甚至更多。

• 租户应用环境隔离。共享应用实例在一个应用实例上，为成千上万个用户提供服务，用户间是隔离的，用户可以用配置的方式，对应用进行定制，在管理维护方面比虚拟化的方式方便。在多个租户共享一个应用实例的环境下，租户间应用环境的有效隔离是保证应用定制化实现的基础，租户的应用环境包括：个性化定制资源、业务流程、应用程序运行环境等。

第一，进程隔离。应用供应商可以利用应用程序挂载环境，在进程上切割不同租户的应用程序运行环境，在无法跨越进程通信的情况下，保护各租户的应用程序运行环境，这要求供应商的运算环境要足够强大，例如 Web Server，Apache 或 IIS 这样的装载环境就可以实现租户的进程隔离。另外，如果进程不能够满足大量租户的隔离需求，可以在同一个服务器程序进程内以多线程运行的方式来实现隔离。

第二，元数据应用程序实例隔离。将租户的整个应用环境用元数据（Metadata）来描述，元数据以非特定语言的方式描述在代码中定义的每一类型和成员。它可能存储以下信息：程序集的说明、标识（名称、版本、区域性、公钥），导出的类型，依赖的其他程序集，运行所需的安全权限，类型的说明、名称、可见性、基类和实现的接口、成员（方法、字段、属性、事件、嵌套的类型）、属性，修饰类型和成员的其他说明性元素等。在运行时，通过分析数据库中的 Metadata 来动态生成一个虚拟应用实例和这个应用所需的模块。如果租户想定制某一应用程序，可以创建及配置新的元数据，来隔离并描述租户的应用环境。

• 应用实例隔离。多个应用程小程序实例为每个租户提供专用的应用程序实例，这些实例在共享的硬件、操作系统或中间件服务器上运行。

第一，应用池隔离。应用池是用来隔离应用实例的服务器端的沙箱（Sandbox），它是将一个或多个应用程序链接到一个或多个工作进程集合的配置。在某个应用池中的应用程序不会受到其他应用池中应用程序所产生的问题的影响。每个应用池都有一系列的操作系统进程来处理应用请求，通过设定每个应用池中的集成数目，能够起到控制系统最大资源利用情况和容量评估的作用等。

第二，应用实例隔离和数据隔离整合。在多租户模式下，提供多种应用与数据隔离模式，为用户提供多种个性化选项，有效保证应用安全隔离运行。

应用实例与数据库隔离实现主要有如下三种方法，如图 6.4 所示。

多应用实例和独立数据库的模式，支持虚拟化层和物理层的应用隔离，保证了多租户应用权限、应用访问、应用性能方面的隔离性与透明性。

单应用实例，独立数据库的模式支持单应用实例多租户模式，通过多租户应用架构保证了各租户之间的应用隔离性与数据安全性。

单应用实例，共享数据库的模式支持效率最优的运行用共享数据库模式，通过租户访问权限控制和数据加密技术保证数据安全性。

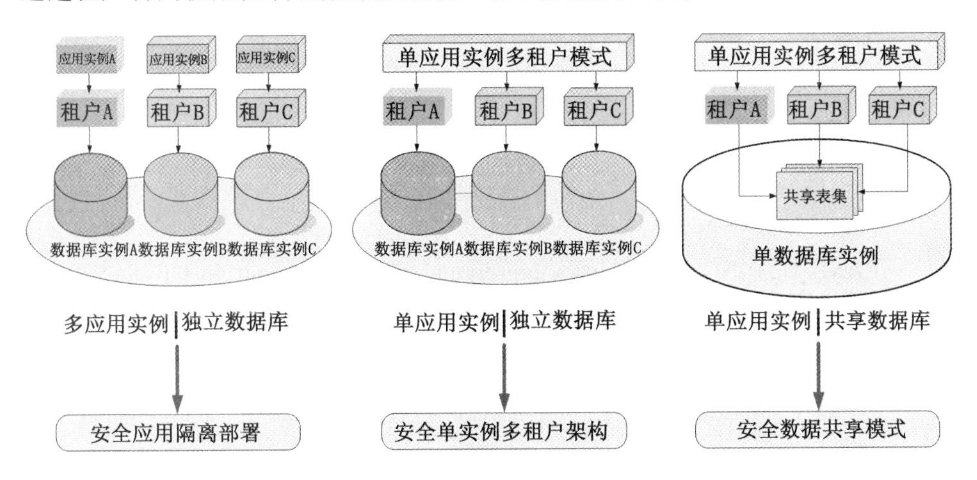

图 6.4　多租户应用实例与数据库整合隔离实现

6.4　小结

中国梦是强国梦，强国梦包含“数字强国”，而云计算安全防护则为“数字强国”保驾护航。2018 年 4 月，全国网络安全和信息化工作会议在北京召开，会议指出，信息化为中华民族带来了千载难逢的机遇。信息化最重要的问题是安全性，而云计算由专业公司的专业技术团队负责运行维护，具有强安全性，其海量存储于云端的数据不受个人使用终端的影响，单个服务器的崩坏不影响云备份的恢复，严格的权限管理策略为数据共享提供安全的环境。

本章对云计算安全进行了介绍。首先从云计算的挑战和分层安全需求等角度分析了云计算所特有的安全问题，然后提出了云计算安全设计原则和方法，最后从基础安全和云计算特征安全的角度介绍了云计算安全的关键技术。

参考文献

[1]　《虚拟化与云计算》小组.虚拟化与云计算[M].北京:电子工业出版社,2009.

[2]　TIM M,SUBRA K,SHAHED L.Cloud security and privacy[M].Sebastopol:O’Reilly Media,2009.

[3]　王国峰,刘川意,潘鹤中,等.云计算模式内部威胁综述[J].计算机学报,

2017,40(2):296-316.

[4] 陈晓峰,马建峰,李晖.云计算安全[M].北京:科学出版社,2016.

[5] 林闯,苏文博,孟坤,等.云计算安全:架构、机制与模型评价[J].计算机学报,2013,36(9):1765-1784.

[6] 张玉清,王晓菲,刘雪峰,等.云计算环境安全综述[J].软件学报,2016,27(6):1328-1348.

[7] PANG H,DING X H.Privacy-preserving ad-hoc equi-join on outsourced data[J].ACM transactions on database systems,2014,39(3):1-40.

[8] LIN X,XU JL,HU HB,et al.Authenticating location-based skyline queries in arbitrary subspaces[J].IEEE transactions on knowledge and data engineering,2014,26(6):1479-1493.

第 7 章　公有云产品与服务

随着相关技术的发展、网络基础设施的成熟和用户对服务计算理念的接受及采用，公有云平台和相关产品服务已经从探索阶段走入了成熟阶段。面向 IT 系统构建和运维的需求，公有云平台由于在规模、成本和灵活性等方面具有优势，应用范围不断扩大，成功案例在各个行业不断涌现。传统行业出于对低成本和高业务灵活性的追求，对公有云服务的需求不断增长。此外，智能移动设备及大数据等领域的大规模计算需求与海量数据处理需求也为云计算服务提供了巨大的市场机会。

面向云计算模式的新产品不断涌现，而当前领先云平台服务商也已经能够提供大规模的、具有完整功能的云端基础设施和应用支持服务，因此，用户正在逐步接受基于云构建 IT 系统的模式。在传统 IT 需求已经日益饱和并进入稳步发展阶段时，云服务成为了新的市场热点。同时，一些新型的完全基于公有云平台构建的产品服务也通过利用云平台构建优势特征功能而占有了更多的市场份额。

到了 2020 年，公有云变得更加成熟。在公有云应用持续扩展的情况下，越来越多的企业和组织选择了根据自身需要，为不同特征的 IT 需求选择不同公司的云产品的混合解决方案，这也使得公有云市场的竞争变得更加激烈。各个云服务提供商为了保持竞争力，在功能、服务和价格等方面持续提升服务水平。可以预见，未来公有云的使用还会得到进一步的扩展。

本章将对一些主流的公有云平台和典型的基于云平台构建的产品服务进行介绍，对其战略、产品与服务、技术架构、典型案例进行分析，同时，对公有云的未来趋势进行展望。

7.1 公有云简介

随着多年的发展，公有云产业已经形成了相对成熟和完善的生态系统，本节对公有云服务的生态系统和应用现状进行分析和介绍。

7.1.1 云服务生态系统

云服务产业目前已经形成了较为完善的生态系统，如图 7.1 所示，主要包括云服务使用者、云服务提供商和云服务开发商等角色。

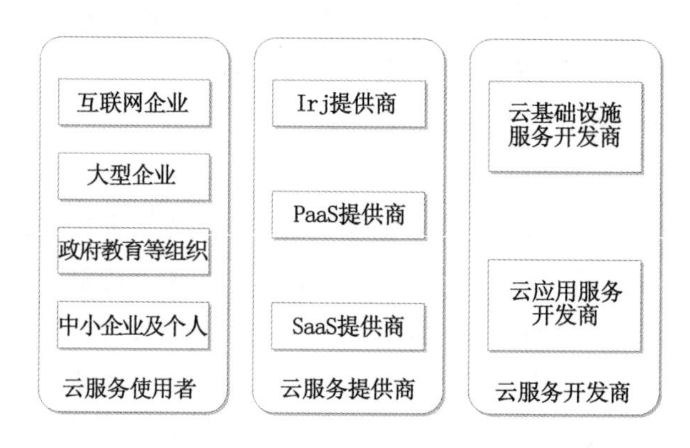

图 7.1 云服务生态系统

（1）云服务使用者

云服务使用者通过使用云服务构建自身 IT 系统或满足自身 IT 需求。云服务使用者包括互联网企业用户，大型企业用户，政府、教育等组织机构，中小企业及个人用户。

① 互联网企业用户。互联网企业对 IT 基础设施资源需求变化较大，通过使用云服务他们可以最大程度地节省成本。因此，他们面向云服务有着最积极的态度，是最先尝试云服务的用户群体。

② 大型企业用户。大型企业用户通过使用云服务降低成本并增加业务灵活性，随着云服务的成熟，他们正在逐步将业务移植到云中。不过考虑到安全、性能、可控等多方面因素，大型企业通常仍将关键业务部署在自有数据中心之中，并以混合云的方式使用云服务。

③ 政府、教育等组织机构。政府、教育等组织机构可利用云服务实现高

性能计算和低成本存储备份等需求。

④ 中小企业及个人用户。中小企业和个人用户可按需选择云服务，通过租用云服务降低初期 IT 投资和总体 IT 成本。

（2）云服务开发商

云服务开发商负责开发云服务，包括为云服务提供商构建并完善云服务的产品开发商和技术服务商，具体来说，还可以细分为云基础设施服务开发商和云应用服务开发商。

① 云基础设施服务开发商。云基础设施服务开发商提供构建云服务所需的知识、技术、架构、方案等，帮助企业构建属于自己的云服务。云基础设施服务开发商通常只提供云服务的构建，并不参与云服务的运营。典型的云基础设施服务开发商包括 IBM、HP 等。

而从广义上来说，云基础设施服务开发商还应该包括为云计算提供基础技术实现的厂商。其中硬件相关厂商负责提供云计算环境所必需的硬件产品，包括存储设备、路由器、交换机、服务器等，主要厂商包括思科、华为、EMC、惠普等。软件相关厂商负责提供云计算环境所必需的软件产品，包括存储设备管理软件、云操作系统、数据库及基于网络的应用软件等，主要厂商包括 VM-Ware、思杰等。

② 云应用服务开发商。云应用服务开发商基于云服务平台发布、出售并运行他们的应用服务。云应用服务开发商所开发的云应用范围非常广，主要可分为面向大众的云应用和面向行业的云应用。

面向大众的云应用以在线办公、邮件、存储等应用为代表，所开发的应用可以交给服务提供商运营，还可以在云应用市场发布。一旦用户通过云应用市场订阅使用应用服务，应用服务将自动部署到云服务平台上并运行，同时，由云服务平台提供商运营，云应用服务开发商负责应用的维护。

行业云服务开发商面向某一特定行业开发定制的行业云服务，通常构建于公有云服务平台之上，也可以基于私有云构建。行业云服务通常包括该行业所需的共性基础功能等的实现，并在开发过程中面向该行业特征进行优化，因此，能对行业用户提供更有针对性的服务和更大的价值。典型的行业云包括云数据平台、游戏云等。

（3）云服务提供商

云服务提供商负责面向用户直接提供服务，在保证服务按约定的 SLA 正常运行的同时对用户使用服务的行为进行度量，并按照计费标准对用户收费。

目前云服务商面向 IaaS、PaaS 和 SaaS 提供了不同层次的功能丰富的服务，支持用户基于云服务构建 IT 应用系统，或直接使用云服务商提供的应用服务。

① IaaS 提供商。IaaS 提供商为用户提供基础设施服务，涵盖了计算、网络、存储等方面，提供虚拟机、数据处理、负载均衡、网络配置与隔离、防火墙、对象存储、块存储、数据库等服务。用户可以基于 IaaS 服务构建 IT 系统，免去自行构建和运维 IT 环境的任务，获得更好的业务敏捷性和灵活性。

② PaaS 提供商。PaaS 提供商为用户提供平台服务，平台服务封装了对基础设施资源的管理，通过一系列工具和 API 使用户可以快捷、方便地构建 IT 应用系统。通过使用 PaaS 服务，用户可以自由开发并管理和部署运行应用系统，而无须直接管理基础设施。

③ SaaS 提供商。SaaS 提供商为用户提供基于网络交付的应用服务。用户基于互联网通过各类终端就可以访问和使用 SaaS 服务。SaaS 服务具有随处可用、支持多重租赁、按需使用付费等优势，在个人应用、企业级在线 CRM/HRM、在线 OA 等方面已经出现了成熟的产品。

7.1.2 云服务应用现状

云服务经过了多年发展，已经越来越成熟和完善，其应用现状有以下特征。

（1）逐步成熟

随着云计算相关技术的发展和相关基础设施的成熟，云服务已经从探索阶段走入了成熟阶段。进入成熟阶段意味着云服务商已经可以提供优质的服务，主要体现在三个方面：能提供完整的功能产品线、大规模的计算能力和较高的服务质量。

当前的云服务商普遍可以提供具有完整功能产品线的服务，通常包括基础设施服务（计算、存储、网络、数据库等）、应用支持服务（数据处理、工作流、消息处理、媒体服务等）和管理类服务（资源管理与监控、身份管理服务等）。服务支持多种操作系统和开发语言及平台，并且尽可能支持各种数据库引擎等。同时，云服务的规模也得到了提升，主流云服务商均支持用户随时申请数千台的虚拟机实例以完成大规模的计算作业。此外，服务质量也得到了提升，在 SLA 提升了可用性承诺的同时，云服务商提供了更加完善的数据备份机制和异常恢复机制，使运行在云服务之上的应用具备了更高的可靠性。

（2）完整解决方案

在云服务的初始阶段，云服务商通常专注于提供某一层面的服务，例如亚马逊主要提供 IaaS 服务，谷歌主要提供 PaaS 服务。用户通过使用这些服务熟悉了云服务的运作模式。然而，随着服务使用的深入，用户发现单一层次的服务无法满足他们的需求。IaaS 服务虽然可以提供基础设施资源的抽象、整合与管理，但是在 IaaS 上进行应用的开发、集成、部署和运维还是非常烦琐和复杂的。而 PaaS 服务通常仅提供有限的配置选项，无法满足个性化需求。

面向上述需求，云服务商逐渐模糊了服务层次界限，将复杂的云基础设施和各种应用资源变成可配置可管理的实体；提供灵活多样的不同抽象程度的计算资源实体以满足不同业务的需求；让创新更容易和更快捷的同时，还能够提供企业所需要的对平台本身的控制和能见度。新一代云服务整合了之前各个层次的技术，同时，支持混合云等多种部署方式。通过将抽象层次基础设施资源提升到应用和服务，提供高效应用开发部署和监控管理服务，以及具有高可用、高容错、高扩展性应用支撑服务，云服务商面向应用的需求提供了完整解决方案。

（3）快速发展

2011 年之前，中国公有云市场处于试水的阶段，只有阿里、新浪等为数不多的公司提供基础设施和开发平台等服务。然而，从 2012 年开始，中国公有云市场进入了快速发展阶段。2012 年国内公有云市场规模达 35 亿元左右，较 2011 年增长 70%，2013 年，我国公有云计算市场规模超过 50 亿元，增长率超过 40%。

随着相关政策的开放，从 2013 年 5 月微软宣布其公有云业务落户世纪互联开始，中国公有云的大门全面向国外云计算巨头们敞开。微软为所有国外巨头蹚了一条路——选择与本土具有公有云运营资质的合作伙伴联手，这已经逐渐成为国外云服务厂商进入中国的“标准模式”。同年 7 月，IBM 紧随其后宣布与首都在线合作，其公有云业务也进入了中国。微软 CEO 鲍尔默亲赴上海，为微软 Azure 与 Office 365 两大公有云业务入华站台。同年 12 月，不甘落后的亚马逊 AWS 宣布全面进入中国。亚马逊 AWS 作为全球第一大公有云品牌，全面点燃了中国公有云市场的热情。同时，国内的阿里、盛大、华为、腾讯、百度、新浪都提出了各自的公有云服务平台。三大运营商移动、联通、电信的公有云平台也进入了商用阶段。在国内外厂商的激烈竞争下，中国的公有云市场迎头赶上，正在快速走向成熟。

7.1.3　主流公有云平台简介

主流的公有云平台面向企业和个人用户，提供相对完善的（包括基础设施、平台和应用层）的产品和服务，同时，用户也可以自由选择使用第三方的产品服务。

在Gartner公司发布的公有云基础设施和平台服务商的魔力象限（2020年版）中，面向2020年的公有云行业，列出了7家服务商，分列于领先象限和追赶象限两类，这7家公有云服务商属于业界最主要的服务商。其中，亚马逊云服务、微软Azure云平台和谷歌云平台处于领先象限，而阿里云平台、甲骨文云平台、IBM云平台和腾讯云平台是追赶者。亚马逊、微软和谷歌已经多年处于公有云市场的领先地位。他们提供了从基础设施到平台再到应用的完善的云服务生态系统，同时，第三方的服务也会优先对他们提供支持，而追赶者阿里云平台、甲骨文平台、IBM云平台和腾讯云平台也各有特色，在特定市场领域对领先者提出了强有力的挑战。

（1）领先象限

在领先象限中，亚马逊是第一家公有云提供商，服务功能、规模和质量都经历了多年的考验，也率先提出了多种非常有特色和优势的服务，例如DynamoDB云、NoSQL数据库和SageMaker云数据科学平台。微软的Azure云平台则是亚马逊AWS的一个强劲的竞争对手，在企业应用、微软技术栈用户、混合云和软件即服务（SaaS）等方面具有优势。谷歌云起步相对较晚，初始阶段提供平台层服务（Google App Engine），后来也进军基础设施市场，提供了Google Cloud Platform，成为了全功能云服务提供商。谷歌云在机器学习和混合云方面提供了多种托管服务，如BigQuery云数据仓库、Kubeflow机器学习平台、Anthos混合多云平台等。

（2）追赶象限

追赶象限中，阿里云在中国公有云市场具有优势，同时，阿里云也在积极地实施海外战略。阿里云具有较高的性价比，是三大领先云服务提供商的有力竞争者。甲骨文公司基于自身数据库产品的优势，也提供了公有云服务，其ADW业务数据平台在数据处理方面提供了多种适合各个行业的业务数据解决方案。IBM在企业级关键业务领域具有优势，在收购了Red Hat之后，发力混合云和自动化运维等领域，同时，在云开源解决方案方面做出了很多贡献。腾讯云目前主打产业云的概念，基于自身游戏和社交领域的优势，为游戏、视频、小程序等多个产业提供了全方位解决方案。

7.2　亚马逊云服务（AWS）

在 2006 年，亚马逊（Amazon）云服务（下文简称 AWS）由亚马逊公司推出，它是世界上最主要的云服务之一。多年以来，一直在云基础设施和平台服务 IaaS 领域处于领先地位。Gartner 在 2013 年的研究分析数据表明，当时 AWS 在 IaaS 的市场占有率是其他 14 家主要公司总和的 5 倍。图 7.2 是 2020 年中期的市场分析，亚马逊仍占有最大的市场份额。本节将以亚马逊云服务（Amazon Web Service）平台为例，分析主流云平台的产品和技术特征。

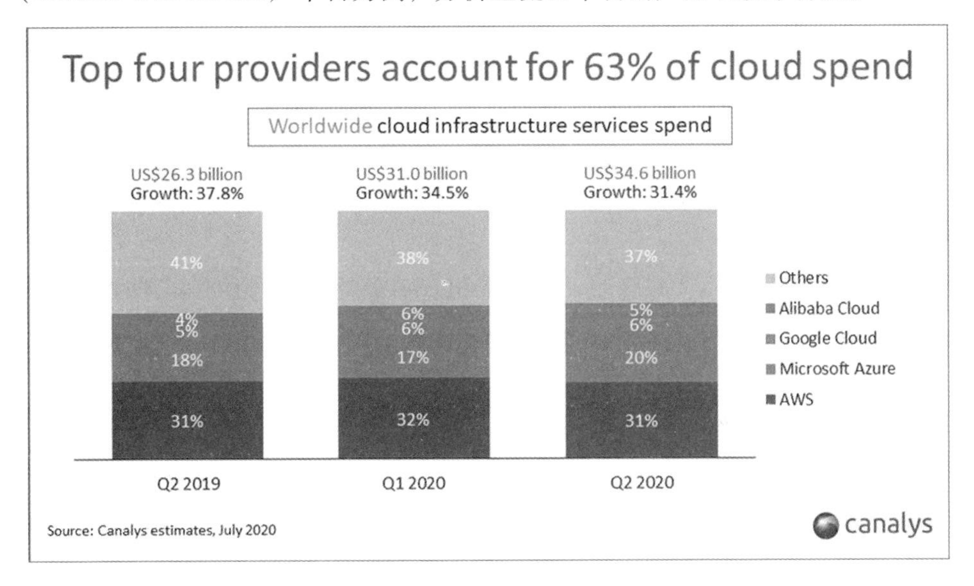

图 7.2　2020 年中期公有云市场分析图

AWS 基于网络为软件开发商和企业提供了一种按需使用、按使用付费（pay-as-you-go）的 IT 基础设施支撑服务。AWS 中最主要的服务是 Amazon EC2 计算服务和 Amazon S3 存储服务。前者提供了不同配置不同类型的虚拟计算实例，后者提供了安全可伸缩的存储服务。此外，AWS 还提供了数据库、支付、CDN 等多种 IT 支撑服务。利用 AWS，客户不仅可以节约成本，而且可以摆脱复杂的 IT 基础设施管理任务，集中精力实现业务创新。AWS 的客户遍布世界各地，主要客户有美国宇航局、美国国务院、西门子、辉瑞、Netflix 和纳斯达克等。在国内，也包括小米、奇虎 360、TCL 在内的多家企业等客户。

AWS 在 2013 年正式进入了中国市场。中国区域是亚马逊 AWS 在亚太地区的第4个区域，同时也是全球范围内的第10个区域。AWS已经和中国多个本地合作伙伴合作，包括光环新网和网宿科技，提供必要的互联网数据中心服务（IDC）和互联网接入服务（ISP），包括基础架构、带宽和网络功能，来支持AWS在中国提供软件技术服务。AWS在中国市场也是最重要的云平台之一。

云服务领域的市场竞争非常激烈，AWS作为领先者，也一直被其他的云服务商所追赶和模仿。近年来，云服务商所提供的产品和服务也越来越相似。下面将重点以AWS为例，介绍主流云服务商的技术架构、产品服务和发展优势。

7.2.1 AWS的主要产品服务和技术特征

作为领先的云服务商，AWS的产品线非常丰富和完整。总的来说，从功能角度，AWS提供的产品与服务可以分为三个层次。

（1）AWS基础服务

AWS的基础服务包括计算、存储、网络、数据库等，为用户构建IT系统提供各类基础设施服务。

① 计算服务以EC2为核心，提供多租户的多种虚拟机实例，并且支持基于规则或基于规划的计算能力自动扩展。同时，还提供了Elastic MapReduce支持大数据的并行处理。

② 存储服务方面，S3提供了对象级存储，可作为一般存储服务的基础，并且支持CDN加速。Glacier作为低价存储服务适合数据备份使用。Storage Gateway提供了数据备份网关服务。此外，由于EC2的虚拟机不提供持久化存储，需要通过EBS存储虚拟机的数据。

③ 网络方面，通过Direct Connect支持VPN方式将局域网的计算机接入到云端。Route 53是一个可扩展的DNS，也可以用作负载均衡。VPC支持复杂网络设置和Ipsec VPN，用于把AWS的资源创建在一个私有的、独立的云里，以便用户可以便捷地接入云服务。

④ 在数据库层，Amazon提供了SimpleDB、DynamoDB、ElastiCache及Relational Database Service（RDS）。SimpleDB和DynamoDB是基于键值的NoSQL的数据库。ElastiCache提供了一套in-memory系统，RDS也就是关系型数据库，主要通过MySQL实现。

（2）AWS应用服务

AWS应用服务主要是帮助开发人员简化在AWS云平台上编写应用程序的

服务，因此，这些服务的主要使用方式是通过这些服务提供的基于 Web 服务的 API 来使用。在应用层，AWS 提供了 Cloud Search、Elastic Transcoder、Simple Email Service（SES）、Simple Notification Service（SNS）、Simple Queue Service（SQS）、Simple Workflow（SWF），分别用于搜索、媒体编解码、通知、队列、工作流等服务。

（3）AWS 部署管理与支持服务

AWS 部署管理与支持服务的主要目标是帮助用户在 AWS 云平台上部署和管理应用程序和资源。面向这类需求，AWS 提供了四个方面的产品服务：第一个是身份认证和访问控制，包括 IAM 和 CloudHSM；第二个是应用和资源管理，包括 AWS 管理控制台、命令行接口（CLI）和 OpsWorks；第三个是监控，包括 CloudWatch 和 CloudTrail；最后一个是部署和自动化，包括 Elastic Beanstalk 和 CloudFormation。

虽然 AWS 所提供的服务众多，但是其产品服务都围绕着计算和存储两大类核心服务。因此，AWS 典型的技术架构如图 7.3 所示。

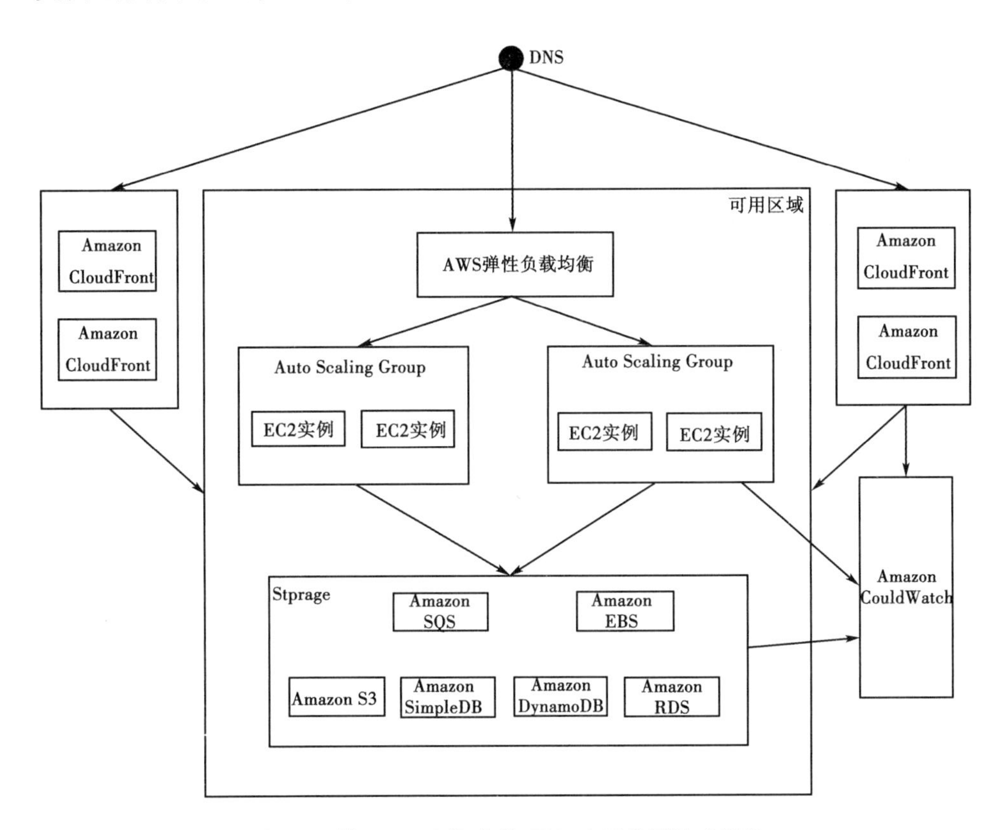

图 7.3　基于 AWS 构建的 Web 应用典型技术架构

下面分类介绍该技术架构涉及的产品服务。

① 计算类。计算类服务主要包括 EC2 虚拟机实例服务和 Elastic MapReduce 大数据处理服务。EC2 负责实现用户的计算需求。AWS 同时可以实现自动扩容、自动负载均衡和自动监控的自动化计算能力管理。实例通过 EBS 卷存储保存在 S3 之中。用户还可以设置专有网络，以实现更好的资源与应用的隔离性。

EC2 是 AWS 的计算服务，也是 AWS 的核心服务，AWS 的很多服务都必须与 EC2 服务相配合才能发挥完整的功能与作用。相比传统的虚拟机托管，EC2 的最大特点是允许用户根据需求动态调整运行的实例类型和数量，实现按需付费。为了支持这种灵活性，EC2 需要在技术上支持容错及更好的安全性。EC2 平台还提供了弹性负载均衡、自动缩放等功能。EC2 服务技术架构如图 7.4 所示。

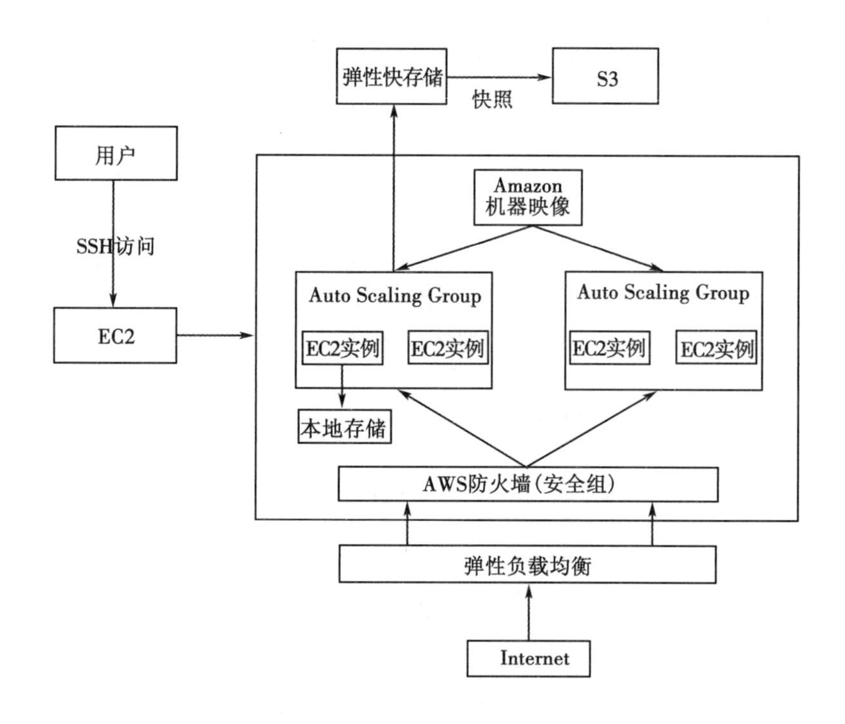

图 7.4　EC2 服务技术架构图

② 存储类。AWS 的存储类产品较多，包括弹性块存储 EBS，简单消息存储 SQS，Blob 对象存储 S3，NoSQL 数据库 SimpleDB 和 DynamoDB 及分布式关系型数据库系统 RDS。其中，EBS 相当于一个分布式块设备，可以直接挂载在

EC2实例上，用于替代EC2实例本地存储，从而增强EC2的存储可靠性。另外，S3中的Blob对象能够通过CloudFront缓存到不同地理位置的CDN节点，从而提高访问性能。RDS是分布式关系型数据库系统，支持单表的简单操作。

AWS的存储服务以S3为核心，S3是AWS的对象存储服务，具有很高的可靠性和可伸缩性，是AWS存储服务的基础。S3的数据存储结构如图7.5所示。

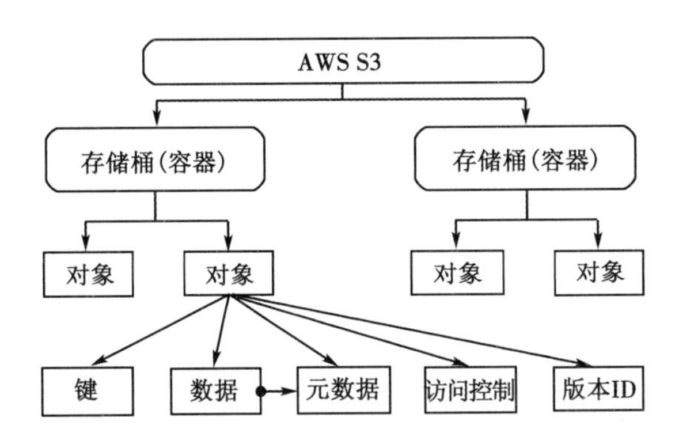

图7.5　S3数据存储结构图

S3的数据存储结构非常简单，就是一个扁平化的两层结构：一层是存储桶（Bucket，又称存储段），另一层是存储对象（Object，又称数据元）。存储桶是S3中用来归类数据的一个方式，它是数据存储的容器。每一个存储对象都需要存储在某一个存储桶中。存储桶是S3命名空间的最高层，它会成为用户访问数据的域名的一部分，因此，存储桶的名字必须是唯一的，而且需要保持DNS兼容。

对象是S3存储模型的核心，对象由以下内容组成。

• 键。为对象指定的名称。用户可以使用对象键检索该对象。

• 版本ID。在存储桶中，键和版本ID唯一的标识对象。版本ID是S3在对象添加到存储桶时生成的字符串。

• 数据（值）。对象存储的内容。对象数据可以是任意序列的字节。对象的大小范围可以是0到5 TB。

• 元数据。一组名称值对，可用于存储对象的信息。用户可以将元数据（称为用户定义的元数据）分配给S3中的对象。S3将系统元数据分配给这些对象，用于管理对象。

• 访问控制信息。用户可以控制对存储在Amazon S3中的对象的访问。S3

支持基于资源的访问控制，如访问控制列表（ACL）和存储桶策略支持基于用户的访问控制。

S3 具有分布式可靠存储、数据一致性保证、多种加密方式、多层访问控制等功能。

RDS 实现了对 Oracle、MySQL、SQL Server 和 PostgreSQL 的支持，用户可以很方便地使用上述 RDBMS 引擎。同时，AWS 也通过 SimpleDB 和 DynamoDB 提供了对 NoSQL 数据库的支持。SQS 主要用于支持多个任务之间的消息传递，解除任务之间的耦合。

③ 其他工具。AWS 支持多种开发语言，提供 Java、Rupy、Python、PHP、Windows &.NET 及 Android 和 iOS 的工具集。工具集中包含各种语言的 SDK，程序自动部署及各种管理工具。另外，AWS 通过 CloudWatch 系统提供丰富的监控功能。AWS 还提供了支付工具，可无缝接入用户的应用中。

④ 多区域服务。AWS 平台引入了区域（Zone）的概念。它将区域分为两种：地理区域（Region Zone）和可用区域（Availability Zone），其中，地理区域是按照实际的地理位置划分的，而可用区域一般是按照数据中心划分的。Amazon 目前在全球共有 24 个区域（截至 2020 年）和 77 个可用区，建立了多个数据中心，每个区域一般由多个可用区组成，而一个可用区一般是由多个数据中心组成。AWS 引入可用区设计主要是为了提升用户应用程序的可用性。因为可用区与可用区之间在设计上是相互独立的，也就是说，它们会有独立的供电、独立的网络等，这样，假如一个可用区出现问题时也不会影响另外的可用区。在一个区域内，可用区与可用区之间是通过高速网络连接的，从而保证很低的延时。

7.2.2 AWS 的发展优势

AWS 和所有云服务商的成功依赖于云服务所特有的发展优势，包括了商业模式、产品优势和市场优势。

7.2.2.1 商业模式

（1）按需付费使用

AWS 以 pay-as-you-go 按需付费使用作为其核心商业模式。在该模式下，用户基于自身实际需求使用 AWS 提供的各类服务，然后按实际使用情况进行付费。同时，用户还可以通过设置实现服务和资源使用的自动扩展和回收，真正实现按需使用付费。此外，AWS 还提供了诸如预留、竞价等多种定价方式，为用户提供了更大的灵活性，进一步降低成本。基于 AWS 的按需付费使用商业模式，用户可以免去前期 IT 投资，用低廉的租用成本替代；拥有随需扩展的业务灵活性；同时节省了总体 IT 成本。

（2）预留实例与竞价实例

除了按需付费使用之外，Amazon 还为 EC2 计算服务提供了预留实例和竞价型实例的商业模式，这两种商业模式面向特定需求的用户，可以进一步降低 EC2 的使用成本。

① 预留实例。预留实例模式使用户一次性低价支付需要预留的实例，通常用户需要按 1 年期到 3 年期购买，同时，在费用方面享有折扣。面向需求稳定、需要长期运行的计算任务，通过订阅预留实例可以显著降低使用成本。

② 竞价型实例。竞价型实例支持按未使用的 EC2 量投标。使用竞价型实例，用户可以为要使用的 EC2 计算容量出价，只要竞价超过了当前竞价，就可以运行这些实例，当前竞价受供需关系影响而实时波动。由于对相同 EC2 实例类型而言，竞价型实例定价常常会远低于按需价格。因此，对于那些时间灵活又允许中断的任务，竞价型实例可以显著降低用户的计算成本。

（3）提供云应用市场

亚马逊还通过应用市场实现了提取软件出售收入分成的商业模式。AWS Marketplace 是 AWS 提供的云应用市场服务，客户可以在 AWS Marketplace 中查找、购买、部署需要的软件和服务，并且通过一键部署技术，迅速购买、运行预先配置的软件，并按小时或按月付费。通过 AWS Marketplace，Amazon 将服务拓展至软件领域，对所出售的软件，Amazon 从软件收入中抽取分成（通常是 20%）。

7.2.2.2　产品优势

AWS 是云服务 IaaS 的市场领导者，它具有强大的创新能力、对市场需求非常敏感。AWS 具有完整的基础设施服务，并且还在不断地扩展自己的产品线，降低价格并提升服务质量。AWS 具有以下产品优势。

（1）全球数据中心部署

AWS 在全球范围内分布了 10 个数据中心，为网络应用的各地区访问性能提供了保障；通过“可用区”的设计，进一步提升了服务的安全性与可靠性。

（2）基于技术创新保持领先优势

AWS 的核心竞争力之一就在于其强大的技术创新能力。自 2006 年推出云计算服务以来，AWS 一直在推出新的产品，丰富现有产品的功能，并提升现有产品的非功能属性。凭借着技术创新能力，AWS 未来会继续在服务功能、服务能力和服务质量等方面领导云服务市场。

（3）提供全面的服务产品线

AWS 拥有丰富的产品线，面向基础服务层，提供了计算、存储、网络、数据库及服务管理监控等多种服务；面向应用服务层，提供了数据分析、内容分发、消息处理、工作流等多种服务；面向管理服务，提供了监控和自动化处理等服务。丰富的产品线使用户可以在 AWS 平台实现各类需求，使用户有良好的使用体验。

（4）完善的开发支持

AWS 基于 EC2 和 AMI 实例提供了丰富的面向多操作系统多平台的应用开发运营环境。同时，面向 Java、PHP、Python、Ruby、Android/iOS 和 Windows. Net 等多种语言平台提供了功能丰富的 SDK。此外，基于 AWS Marketplace 服务，AWS 构建了全面的云应用开发支持环境，包含大量的基础设施、服务器、数据库、缓冲和安全工具，以及包括内容管理、CRM（客户关系管理）、电子商务、项目管理和存储解决方案在内的企业软件。最后，AWS 提供了丰富的 API 供第三方应用调用，这也使得 AWS 成为一个功能强大的系统开发与运营平台。

7.2.2.3 市场优势

AWS 服务规模和服务能力都非常灵活，适用于多种 IT 应用场景。AWS 的典型业务场景包括网站及应用托管、备份和存储、内容交付、云数据库、电子商务应用、企业 IT 应用、高性能计算、媒体托管、按需人力资源交付、搜索引擎应用、网站托管及测试环境等。因此，AWS 的目标市场包括以下三个。

（1）初创公司

面向初创公司，AWS 可以提供 IT 基础设施服务，为它们免去高额的 IT 初期投入，并且可以随着企业的业务增长自动扩展 IT 服务能力。同时，基于 AWS 的全球数据中心部署，可为初创公司提供全球内容访问加速等实用功能。

（2）企业 IT 部门

目前，许多企业都拥有 IT 基础设施，基础设施的部署和运维需要大量人力和财力的投入。AWS 提供的云服务可以使企业将其 IT 业务部署到云中，增强其敏捷性和弹性。通过使用 AWS，企业可以获得按需的、低成本、高效率的基础设施解决方案，从而将精力集中在业务创新之上。

（3）政府和教育机构等组织

AWS 提供了安全、可靠、经济的云计算平台，非常适用于 Web 托管、应用程序托管或大规模数据处理。通过 AWS，政府和教育机构等组织可以专注于满足各自的任务关键型目标，减少在采购、开发或管理 IT 资源方面花费的时间。

7.2.3　AWS 的典型案例

7.2.3.1　大型企业：联合利华，提升了业务敏捷性和运营效率

（1）业务简介

联合利华公司是世界上最大的日用消费品公司之一。联合利华北美分公司在构建数字营销渠道系统时，通过使用 AWS 的基础设施和应用服务，实现了应用的快速构建、部署和上线，提升了业务敏捷性和运营效率，使业务人员可以更加专注于业务创新，从而取得更大的竞争优势。

（2）基于 AWS 的解决方案

面向上述业务背景，联合利华希望借助云平台实现两点目标：通过地区内容传输架构为网站提供一个共同的技术平台，以及将现有网络资产迁移到云上。

AWS 作为领先的云服务商在灵活性、全球基础设施、技术及丰富的生态系统方面具有优势。采用 AWS 提供服务，联合利华可以在所有地区采用同一个托管提供商，这样有利于实现技术与过程的标准化。

最终，联合利华选择了亚马逊合作伙伴网络（APN）的一家高级咨询合作伙伴成员 CSS Corporation 提供系统集成和应用程序开发服务。双方合作开发出了全球内容管理系统（CMS）。CMS 平台让机构能在全球范围内构建品牌网站，并跨过多个 AWS 地区发布网站。联合利华还利用 HAProxy 负载均衡器提高其网站性能并在 Microsoft SQL Server 和 MySQL 上运行其数据库。

面向灾难恢复，联合利华在 S3 中存储备份数据、快照、产品和配方媒体文件，并使用 EBS Snapshot Copy 实现了 EBS 快照在各区域之间的恢复，从而保障了数据的可靠性。

（3）使用 AWS 的好处

① 提高了业务敏捷性和运营效率。通过使用 AWS，联合利华将数字营销活动的启动时间从两个星期缩短到平均两天的时间。这使得业务人员可以抢在

竞争对手之前将想法付诸实践。

② 专注于业务创新。通过使用 AWS，当业务人员提出数字营销活动需求时，合作伙伴 CSS 可以在 12 小时内计算出活动网站的定价，这使得业务人员可以专注于创新而不是基础设施。

③ 快速响应能力。通过使用 AWS，业务人员可以在短时间内完成活动内容的修改。

7.2.3.2　移动互联网企业：小米，低成本实现了海外业务部署

（1）业务简介

小米公司是一家专注于高端智能手机自主研发的移动互联网企业。对智能手机业务来说，内容服务是衡量消费者满意度的重要指标之一，而应用商店便是内容服务的重中之重。为支持小米手机的海外业务战略，小米手机需要向海外用户提供良好的使用体验。随着海外业务的快速发展，面对未来庞大海外用户数量，网络供应商所提供的连接速度是否可以满足多个地区用户的需求，同时，伴随用户数量的不断攀升，应用商店服务应如何实现可扩展性，这都是小米手机海外业务所面临的挑战。面向上述需求，小米选择了亚马逊 AWS 来构建移动应用下载中心，以低成本、高效益的方式解决服务快速交付前的各种挑战，并借助具有弹性、可扩展的 AWS 服务应对未来更大规模的用户需求。高效云服务的应用使小米的产品与服务得到了全球消费者的认可，也为中国品牌成功走向世界树立了榜样。

（2）基于 AWS 的解决方案

AWS 作为成熟的云服务平台不仅可以提供可靠的基础架构，还可以满足海外用户在访问速度方面的需求。基于 AWS 与中国本土资源传输速度的良好表现，小米最终选用 AWS 构建面向海外用户的移动应用下载中心。

小米使用了 EC2 在云端上运行了面向海外用户的移动应用下载服务，在 EC2 上部署基于 Linux 系统的服务器虚拟机。EC2 提供了可调整的云计算能力，使小米可以在这一平台上对业务应用所需的计算资源随时进行伸缩，并使用简单易用的 Web 界面进行配置与管理。通过将智能手机应用程序包、配置文件及相关描述性内容存储在具备扩展能力的 S3 存储服务上，实现可靠的数据存储与快速的查询访问。在网络方面则利用 CloudFront 实现优质、轻松和快速的内容发布，并有效降低延迟，达到内容发布的性能最优化。

（3）使用 AWS 的好处

通过使用 AWS 云平台构建面向海外用户的小米移动应用下载中心，小米技术团队既可以满足海外用户对访问速度的需求，又可以实现业务的快速部署及上线运营，并可在未来根据业务的需求对资源进行弹性扩展。

首先体现在成本效益方面，传统的基于服务器+机房的自主运维的数据中心需要大量的固定资本投资（CAPEX），而使用 AWS 服务后则可将固定资本投资（CAPEX）降低为零，云计算所带来的成本效益十分明显。以应用 AWS 的 Cloudfront 服务为例，小米从订阅服务的当月就实现了大约 50%的成本节约，实现最佳性价比的 CDN 加速网络，从而大幅减少面向海外用户服务器的响应时间，提升客户体验。

其次在部署时间方面，AWS 的部署仅需 1~2 天，亚马逊成熟的服务与应用平台架构能够帮助小米节省大量的配置与测试时间，并大幅缩短海外应用商店的上线时间。

在面向未来需求的可扩展性方面，AWS 按照使用量计费的方式让小米能够随时根据业务的需求实现计算资源的快速伸缩，以满足不同市场和用户数量的访问需求。例如，每周小米都会面向用户发布新的应用补丁，以帮助用户实现智能手机的安全与功能更新，在应用 AWS 服务之后，小米可以用最具成本效益的方式轻松应对用户升级请求的爆发式增长，为每一名海外小米用户获得优质的应用下载体验提供坚实的保障。

7.3　其他主流云服务商

除了 AWS 之外，微软云、谷歌云、阿里云也都有着众多的用户和优势，下面分别进行介绍。

7.3.1　微软云平台（Microsoft Azure）

微软云平台（Microsoft Azure）是微软提供的公有云计算服务平台，一开始提供的功能以 PaaS 层的开发支持服务为主，2013 年发布了 IaaS 层的虚拟机、虚拟网络等服务，提供了完整的云服务解决方案。基于微软云平台，用户可以在微软管理的数据中心的全球网络中快速生成、部署和管理应用程序。微软云平台支持多种编程语言、工具或框架生成应用程序。并且用户可以将云服务应用程序与他们现有的 IT 环境进行集成。

微软云平台具有很好的业务灵活性。利用微软云，用户可以在计算角色中可靠地承载和向外扩展应用程序代码，可以使用关系 SQL 数据库、NoSQL 表存储和非结构化 Blob 存储来存储数据，也可以选择使用 Hadoop 和商业智能服务对此数据进行数据挖掘，可以利用微软云的可靠的消息传递功能来实现可缩放的分布式应用程序并交付跨云和内部部署企业环境运行的混合解决方案。利用微软云的分布式缓存和 CDN 服务，用户在世界上任何地方都能减少延迟和提供良好的应用程序性能。

微软云平台的产品线非常丰富，包含了基础设施层、平台层和应用层共计 200 多种产品和服务。

① 计算服务中，包含虚拟机服务、网站服务、移动服务和云服务等。

② 存储服务中，包含 Blob 存储、Azure 数据湖、SQL 数据库、HDInsight 服务、缓存服务、备份服务等。

③ 网络服务中，包含虚拟网络、通信管理器、应用程序网关、负载均衡器、内容分发网络等服务。

④ 应用服务中，包含媒体服务、服务总线、DevOps、Active Directory、多重身份验证等服务。

面向中国市场，微软于 2013 年 5 月 22 日在上海与世纪互联达成合作，宣布微软云正式在中国落地，在 2013 年 6 月 6 日开启公众预览版。目前，微软云在中国已经有 3000 多个用户，其中有 160 多家付费用户。

微软云一直处于公有云的追赶者地位，也具有很强的竞争力。微软云平台特征有以下方面。

（1）桌面产品优势

微软在桌面产品方面有着巨大的优势，其在操作系统、办公软件、开发工具和数据库方面都有非常优秀的产品，通过在云端为用户提供一个友好且熟悉的开发、部署和运维方面的操作环境，可将其产品销售转换为服务提供，通过云服务带动产品销售，从而继续保持微软在操作系统、开发工具与管理工具和数据库等相关领域的技术体系优势。

（2）企业用户合约

面向有着多年合作关系的企业客户，微软为其使用微软云平台提供特别合约，以折扣价格提供云服务。同时，面向 MSDN 的订阅者，微软也提供了免费使用和折扣价格等特别的优惠。

（3）对 Windows 和.NET 平台用户友好

微软云平台以传统桌面产品的功能为切入点，为用户提供云端的服务。因此，微软云平台的功能大部分都可以映射到传统产品中，比如 Appfabric、Sql Server、Active Directory 等。面向 Windows 和.NET 的传统用户，微软云平台为他们提供了一个简单易用的平台。微软 Azure 平台的 UI 与传统 Windows 十分相似，并且平台中的 IaaS 层和 PaaS 层的服务就像一个统一系统中的各个部分一样易于整合和相互操作。微软云平台还可以与用户私有云中的系统（Microsoft Cloud OS）进行无缝整合，使私有云中的应用随时可以移植到云服务运行。

（4）混合云方面优势

针对用户并不想把企业内部的数据和应用软件完全放在第三方云服务上，而是根据需要自由选择云计算服务方式的需求，微软提出了与业界其他公司不同的云战略，即云服务和私有云之间的无缝连接以确保最佳用户体验，这就是混合云。微软对混合云解决方案的支持是其差异化优势。微软同时提供企业级的服务器产品和云服务，解决方案跨越私有云、云服务提供商的云和云服务，所以，微软能够灵活地为客户提供最佳的方案。

微软以成熟的软件平台、丰富的互联网服务经验、多样化的商业运营模式提供了最为全面的云计算解决方案。微软的云计算解决方案包括云服务和私有云，既可以帮助企业搭建私有云，又可以帮助企业和合作伙伴构建云服务，或让企业选择基于微软云平台的服务。企业可以自己部署 IT 软硬件、采用云服务或者两者都用，无论用户选择哪种方式，微软的云计算服务或解决方案都能支持。

7.3.2　阿里云（Alibaba Cloud）

2009 年 9 月，阿里巴巴集团在十周年庆典上宣布成立子公司“阿里云”，该公司将专注于云计算领域的研究和研发。2011 年 10 月，阿里云宣布与云锋基金启动 10 亿元的基金，重点投向基于云计算的开发者与创新机构。期间先后推出阿里云搜索、阿里云 OS、阿里云应用市场，并收购了中国万网，推出了阿里云手机，在国内公有云领域达到了领跑地位，其目标是打造互联网数据分享第一服务平台，并让大众更便捷地获取云计算服务，打造公共、开放的云计算服务平台。阿里云借助技术的创新，提升计算能力与规模效益及公共服务能力。与此同时，通过互联网的方式使得用户可以便捷地按需获取阿里云的云计算产品与服务。

阿里云具有齐全的云计算产品弹性计算（云服务器、负载均衡），数据库与存储（关系型数据库服务、开放存储服务）、大规模计算（开放数据处理服务、开放结构化数据服务、CDN 和 OCS）、云引擎、云安全。阿里云通过专注于云计算基础设施实现对云计算产业的拉动。

阿里云是中国公有云市场的领先者，对中国市场有深入的理解。同时，阿里云的高性价比也使其在中小企业用户和个人用户市场具有更大的优势，阿里云平台有以下特征。

（1）付费方式灵活

阿里云为适应中小企业和个人用户需求，提供了按时付费和按需付费两种付费方式。按时付费是指通过传统的包年包月的方式购买固定时长的云服务器，可通过“续费”操作延长云服务器的使用时间，是一种预付费模式。而按需付费采用阿里云账户先充值，后按实际用量进行结算，以小时为单位，按实际消费金额对账户余额进行扣费。扣费后，当阿里云现金账户余额为 0 元时，云服务器将停止服务，保证消费在预算之内。

（2）合作伙伴体系完善

阿里云通过与国内多家 IT 厂商合作，通过打造开发者、合作伙伴、运营商等产业链上下游的通路，建立国内云计算行业的完整生态系统。

（3）初创企业支持

面向技术和资金都比较紧张的初创企业，阿里云为他们提供创业资金、入驻场地等硬件资源，以及创投对接、创业指导、技术培训等软性服务和免费阿里云服务资源包等全方位的创业扶持。

7.4 公有云平台服务对比分析

基于之前对各领先云服务商的介绍，本节将对服务商进行对比分析，分别从功能、性能、可靠性等方面进行对比，最后给出对各服务商的分析结论。

总的来说，AWS 云服务平台提供了最为全面、细致和强大的功能，面向基础设施、应用支持和资源管理等方面均提供了全面的服务。而且具体到每项功能的设置，AWS 云服务平台也提供了丰富的选项，可以满足不同用户的需求。

微软云同样提供了相对完善的功能，其优势体现在对微软技术体系的完美支持，以及友好的、易用的操作界面。

阿里云对中国市场用户的需求有着深入的理解，而且功能也越发完善，足以满足大多数普通用户的需求。面向建站类应用，阿里云提供了自助建站、智能建站、安全防护和图片处理等特色功能。

7.4.1　基础设施层服务对比

（1）AWS 云

计算服务以 EC2 为核心，提供多租户的多种虚拟机实例，并且支持基于规则或基于规划的计算能力自动扩展。同时，还提供了 Elastic MapReduce 支持大数据的并行处理存储服务，S3 提供了对象级存储，可作为一般存储服务的基础，并且支持 CDN 加速。Glacier 作为低价存储服务适合数据备份使用。Storage Gateway 提供了数据备份网关服务。此外，EC2 的虚拟机不提供持久化存储，需要通过 EBS 存储虚拟机的数据。

网络方面，通过 Direct Connect 支持 VPN 方式将局域网的计算机接入到云端。Route 53 是一个可扩展的 DNS，也可以用作负载均衡。VPC 支持复杂网络设置和 Ipsec VPN，用于把 AWS 的资源创建在一个私有的、独立的云里，以便用户可以便捷地接入云服务。

在数据库层，亚马逊提供了 SimpleDB、DynamoDB、ElastiCache 及 Relational Database Service（RDS）。SimpleDB 和 DynamoDB 是基于键值的 NoSQL 的数据库。ElastiCache 提供了一套 in-memory 系统，RDS 也就是关系型数据库，它主要通过 MySQL 实现。

（2）微软云

计算服务：面向计算服务，微软云平台提供了虚拟机服务，支持 Windows 和 Linux 多种操作系统。同时，提供了网站服务和移动服务，为 Web 开发和移动应用开发提供了开发支持和快速部署支持。此外，还面向 PaaS 层提供了云服务，使用户可以直接将应用部署在预先配置好的环境中，云服务会自动处理虚拟机或环境的管理与运行。

数据服务：面向数据存储，微软云平台提供了对象级存储、关系型数据库存储、基于 Hadoop 的数据存储处理、缓存及数据备份恢复服务。

网络服务：面向网络服务，微软云平台提供了虚拟网络、流量管理（负载均衡）和专有连接服务。

（3）阿里云

弹性计算服务：弹性计算平台是最为接近传统用户需求的云计算产品，产品包括云服务器 ECS（虚拟主机服务）和辅助的云负载均衡 SLB。阿里云的云服务器较好地支持用户以 API 的方式来灵活构建一个具备伸缩性的服务器架构。

数据存储服务：

开放结构化数据服务（Open Table Service，OTS）适合存储海量的结构化数据，并且提供了高性能的访问速度。当数据量猛增时，会自动帮用户进行处理。关系型数据库（RDS）是一个基于高稳定、大规模平台的商用关系型数据库服务，其帮助个人与企业用户解决费时、费力的数据库管理，节约硬件成本和维护成本，与现有商用 MySQL 和 MS SQL Server 完全兼容。

开放存储服务（Open Storage Service，OSS）是互联网的云存储服务。开放存储服务为网络应用的开发者及大容量存储需求的企业或个人，提供海量、安全、低成本、高可靠性的云存储服务。通过简单的 REST 接口，存放网站或应用中的图片、音频、视频、附件等较大文件。当用户面对大量静态文件（如图片、视频等）访问请求和数据存储时，使用 OSS 可以彻底解决存储的问题，并且极大地减轻原服务器的带宽负载。使用 CDN 可以进一步加快网络应用内容传递到用户端的速度。

开放数据处理服务（Open Data Process Service，ODPS）是为了深度挖掘出海量数据（如 HTTP Log）中蕴藏价值的目的而存在。不需要借助几百甚至几千台机器的大公司的数据仓库平台，也不需要编写 MapReduce 程序，通过把用户的结构化数据存储到 ODPS 中，达到数据挖掘与分析的目的。

安全与监控服务：阿里提供的安全与监控服务包括云盾和云监控服务，为用户安全漏洞检测、网页木马检测及面向云服务器用户提供主机入侵检测、防 DDOS 等一站式安全服务，并提供站点可用性监控和服务器监控。

7.4.2 平台层服务对比

（1）AWS 云

目前，AWS 在云服务商中处于领先地位，具有最全面的功能和丰富的功能选项和强大的可靠性，并且基于其出众的研发能力，服务的功能、选项、性能仍在不断提升。此外，其全球区域部署和数据中心规模也都是业界领先的。

因此，对于需要 IT 基础设施解决方案的大型企业，AWS 云服务平台应该是首选。AWS 云服务平台的不足之处有两点，一是性能没有优势，二是使用过程比较复杂，需要一定时间才能熟练掌握。

（2）微软云

微软云平台同样提供了较为完善的功能体系，并且具有出色的性能。微软云平台作为与微软桌面产品无缝结合的云服务，非常适合熟悉微软技术体系的用户采用。其提供的 Web 角色、移动应用角色，使用方便，面向 Web 应用和移动互联网应用进行了有效的优化，为相关用户提供了非常好的使用体验，因此也适用于互联网开发的用户。微软云平台在功能、规模与运营经验方面和领先的 AWS 云服务平台还具有一些差距，希望微软在未来能提供更好的服务。

（3）阿里云

阿里云在产品设计方面，针对中国用户的使用习惯进行优化，具有一定的优势。面对虚拟机的使用便利性，阿里云支持包月包年和按量两种，选择配置时，阿里云会实时计算出价格，面对使用安全性在部署和取消虚拟机时，阿里云都会短信确认，同时，发送管理员密码到用户手机上。通过与国内多家 IT 厂商合作，阿里云正在构建完整的云生态系统，一旦构建成熟，将会在多个行业占据先机。面向网站构建，阿里云提供了一站式多项支持服务，非常适合有建站需求的用户使用。

7.4.3　应用层服务对比

（1）AWS 云

AWS 云服务平台应用服务主要帮助开发人员简化在 AWS 云平台上编写应用程序，因此，这些服务的主要使用方式是通过这些服务提供的基于 Web 服务的 API 来使用。在应用层，AWS 云服务平台提供了 Cloud Search，Elastic Transcoder、Simple Email Service（SES）、Simple Notification Service（SNS）、Simple Queue Service（SQS）、Simple Workflow（SWF），分别用于搜索、媒体编解码、通知、队列、工作流等服务。

（2）微软云

微软云平台提供了多种应用服务，支持应用的开发与管理，具体包含身份验证、访问控制、媒体服务、服务总线、消息服务、计划任务、集成服务和在线开发平台等功能与服务。

（3）阿里云

云引擎 ACE：一款弹性、分布式的应用托管环境，帮助开发者快速开发和部署服务端应用程序，并且简化了系统维护工作。云引擎 ACE 采用热伸缩方式，支持 Java、php 多种语言环境，具有路由优化、动、静资源访问分离处理和扩展服务丰富等特点。

7.5 第三方云上应用

随着公有云的发展，各大公有云提供商在不断完善自身产品线的同时，也为众多的第三方云应用提供了一个平台，从而使得云生态系统功能更加完善，提供了更多、更有效率的解决方案。

本节将重点介绍两款典型的第三方云上应用：Snowflake 云数据仓库和 Dataiku DSS 协作式数据科学平台。

7.5.1 Snowflake 云数据仓库

Snowflake 是一款完全基于云上运行的云数据仓库。从 2014 年最初版本发布起，Snowflake 就只能运行在公有云之上。Snowflake 的初始版本基于 AWS 发布，底层资源依赖于 AWS 的 EC2 虚拟机实例和 S3 存储实现。Snowflake 充分利用了云计算的资源优势，实现了一款支持结构化和半结构化数据的，高性能、高可伸缩性、高可用性的云数据仓库。在 2019 年的 Gartner 数据管理解决方案魔力象限中，Snowflake 处于领先者象限，这也说明 Snowflake 属于业界领先的云数据仓库解决方案之一。

（1）Snowflake 简介

Snowflake 是完全基于公有云平台建立的支持关系型数据库查询的数据仓库。Snowflake 对 ANSI SQL 提供了完善的支持，它的体系结构将计算与存储区分开来，支持动态调整计算资源，实现高性能快速查询。Snowflake 当前支持在 AWS、微软 Azure 和谷歌云平台之上运行。

Snowflake 是高性能的全列数据库，并且支持动态调整计算资源以提升查询性能。Snowflake 的自适应优化功能可确保查询自动获得最佳性能，而无须管理索引或者调整参数。

Snowflake 可以通过其独特的多集群共享数据架构支持无限的并发，允许多个计算群集同时对同一数据进行操作而不会降低性能。Snowflake 甚至可以利用其多群集虚拟数据仓库功能自动扩展以处理变化的并发需求，在高峰负载期间透明地添加计算资源，并在负载减少时进行缩减。

（2）Snowflake 架构

Snowflake 使用虚拟计算实例满足其计算需求，并使用存储服务来长久存储数据。Snowflake 必须在公有云上运行，而不能在私有云基础架构（本地或托管）上运行。Snowflake 不需要执行安装，也不需要配置，所有的维护和调整是由 Snowflake 在云端处理的。

Snowflake 使用一个中央数据存储库来存储可从数据仓库中的所有计算节点访问的持久数据。同时，Snowflake 使用 MPP（大规模并行处理）计算集群处理查询，其中，集群中的每个节点都在本地存储整个数据集的一部分。

将数据加载到 Snowflake 后，Snowflake 会将数据重组为内部压缩的列式格式。内部数据对象只能通过 SQL 查询访问。用户可以通过其 Web UI，CLI（SnowSQL），Tableau 等应用程序中的 ODBC 和 JDBC 驱动程序，用于编程语言的本机连接器及用于 BI 和 ETL 工具的第三方连接器连接到 Snowflake。

Snowflake 架构主要包含数据库存储层、查询处理层和云服务层，如图 7.6 所示。

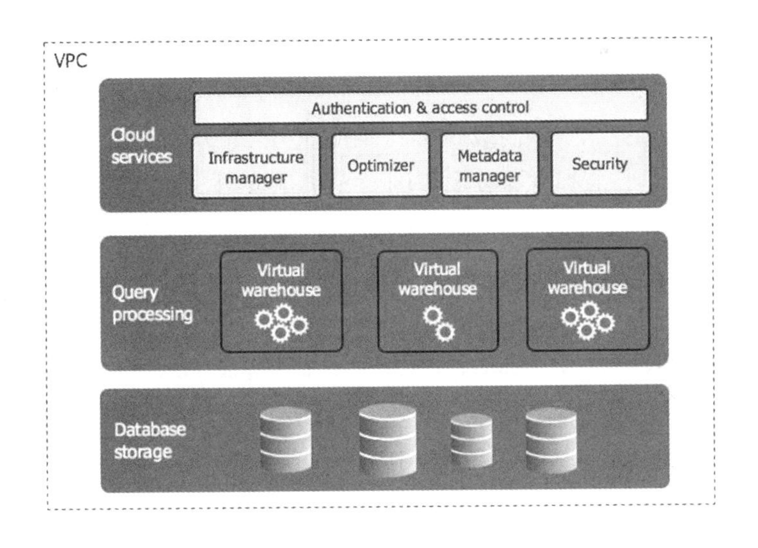

图 7.6　Snowflake 架构图

① 存储层（Storage）。存储层基于公有云平台的对象存储服务而实现。所有数据在存储层被全部加密及按列压缩，最大限度地优化存储效率。从设计层面来说，存储层可以在无关计算资源的情况下进行无限扩容。在表的存储实现上，Snowflake 将所有表自动划分为接近固定大小的 micro-partition，用以支持更加高级的 time travel 和 data sharing 功能。同时，支持基于 clone 的数据共享，提升了数据分享的便捷性和效率。

② 计算层（Compute）。计算层的核心概念是虚拟数据仓库（Virtual Data Warehouse），其本质就是处理数据的虚拟机节点。Snowflake 支持多种级别的虚拟数据仓库，可以让用户按需选择并且实时调整。

③ 服务层（Services）。服务层面向用户使用提供了多种功能，包括操作管理、性能优化、高可用性、元数据、缓存、安全性、数据备份、数据掩码，等等。强大的管理功能为数据库运维提供了支持，增强了数据库易用性的同时也减轻了数据管理的压力。

（3）Snowflake 主要特征

① 安全性和数据保护。Snowflake 中提供的安全功能因版本而异。标准版支持对所有数据进行自动加密，并支持多因素身份验证和单点登录。企业版增加了对加密数据的定期重新加密，企业敏感数据版增加了对 HIPAA 和 PCI DSS 的支持。用户可以选择存储数据的位置，这有助于符合 EU GDPR 法规。

② 标准和扩展的 SQL 支持。Snowflake 支持 SQL：1999 中定义的大多数 DDL 和 DML 及事务，一些高级 SQL 功能及 SQL：2003 分析扩展的一部分（窗口函数和分组集）。它还支持横向视图和实例化视图、聚合函数、存储过程和用户定义的函数。

③ 用户友好的界面。Snowflake 支持 GUI 和命令行等多种方式来控制虚拟仓库（Virtual Data Warehouse），包括创建、调整大小（停机时间为零）、暂停和删除仓库等操作。在执行查询时调整仓库大小非常方便，特别是当用户需要加速一个占用了太多时间的查询时，该项功能属于 Snowflake 的专属优势功能。

④ 连接性。Snowflake 支持 Python，Spark，Node.js，Go，.Net，JDBC，ODBC 和 dplyr-snowflakedb 的连接器或驱动程序，dplyr-snowflakedb 是在 GitHub 上维护的开源 dplyr 软件包中扩展。

⑤ 数据导入和导出。Snowflake 可以加载各种数据和文件格式。其中包括：压缩文件；带分隔符的数据文件；JSON，Avro，ORC，Parquet 和 XML 格式的

文件；Amazon S3 数据源；本地文件。它可以批量从表中加载和卸载及从文件中连续批量加载。

⑥ 数据共享。Snowflake 支持与其他 Snowflake 账户安全地共享数据。通过使用零副本表克隆简化了此过程。Snowflake 的快捷、灵活和低成本的数据共享功能也是其独特优势之一。

7.5.2 Dataiku DSS 协作式数据科学平台

Dataiku DSS 数据科学平台是一款可以在云上部署和运行的数据科学平台。Dataiku DSS（Data Science Studio）是一款协作式的数据科学平台（Collaborative Data Science Platform），主打企业级人工智能（Enterprise AI）概念。Dataiku DSS 支持安装在公有云平台之上，有效利用云平台的基础设施和分布式计算系统（例如支持同样在云中托管的 Spark 作为计算引擎，同时也支持多种数据库处理引擎）。多人协作支持和简单易用是 Dataiku DSS 的主要优势。在 2020 年的 Gartner 数据科学和机器学习平台魔力象限中，Dataiku DSS 处于领先者象限。

（1）多人协作

Dataiku DSS 对多人协作提供了强有力的支持。通过提供内置文档和知识共享平台、集成式的版本管理、活动监控、标签式对象管理等功能，极大地提升了协作的效率和工作的质量。

（2）可视化 UI

Dataiku DSS 通过可视化 UI 界面提供了多种数据处理功能，可以让分析人员或其他非技术人员连接数据源、整理数据、训练并应用机器学习模型和生成仪表盘和报表，等等。通过可视化 UI，Dataiku DSS 有力地支持了业务人员对项目的参与。笔者曾经使用 Dataiku DSS 参与了一次 Kaggle 数据科学竞赛，在全程使用可视化控件、完全没有编写程序的情况下，取得了良好的成绩。

（3）丰富的数据预处理功能

Dataiku DSS 提供了丰富的数据预处理功能，支持数据类型智能提取和富数据类型（Rich Datatype，例如电子邮件、IP 地址、地理经纬度等）。同时，也提供了多种数据预处理工具包，例如缺失数据处理、类别数据处理、数据标准化处理，数据处理功能实时可见、非常实用。

（4）多种处理引擎

Dataiku DSS 支持多种数据处理和机器学习引擎。用户可以通过简单的点击实现数据处理和机器学习模型训练，也可以用 Python、R 等语言通过编程实现。计算方面，支持公有云平台和 XGBoost、Spark 和 Tensorflow 等架构和算法包实现，用户可以自由选择。

7.6 公有云服务未来趋势

（1）更优质的服务

云计算市场的激烈竞争迫使云服务商不断推出更好的服务，以保持或扩张其市场份额。云服务商将会提供功能更加全面、性能更强大、使用更便捷、价格更低廉的服务。

从功能角度来说，公有云已经从提供基础设施管理服务为主，转变为提供包括大数据处理、高性能计算、内容交付等多种完善解决方案的一站式平台。未来的云服务会支持更多的操作系统、开发语言和开发框架，以及相关的扩展开发机制框架。

从性能角度，随着硬件的更新，云服务的性能也随之不断提升。通过提升处理器的规格，计算能力不断增强，通过将机械硬盘换为固态硬盘，存储性能大幅改善。网络带宽也将得到显著的提升。

从使用体验角度，用户的使用将更加便捷。服务商将会提出更加完善的自动部署和管理服务。而共享式块存储等功能的推出会进一步简化服务部署的操作。

从价格角度，随着硬件成本和大规模运营成本的降低，云服务商将会提供更低价格的服务。从过去几年的趋势判断，云服务单位计算能力的价格大约每 3 年会降低 50%。

（2）更完善的生态系统

在公有云的初期，公有云服务商主要的盈利模型来自规模效应。公有服务商通过集中运营大型数据中心降低成本，从而提供基础设施服务实现盈利。然而，这种盈利模型利润相对较低。不过，在占领市场的同时，通过推出多种增值服务，公有云服务商正在构建一个可以统一提供硬件资源和软件资源的服务平台，目标是让公有云平台成为主流软件交付渠道，吸引客户优先使用预先配置好的软件或应用（引擎）及云托管服务。基于提供增值服务，可以实现更高的利润率，这是公有云当前和未来的发展方向。

从使用者的角度来说，在公有云平台应用的早期阶段，云平台的产品尚未完善，同时，用户对云平台的使用也处于逐步熟悉的过程。所以，早期对公有云平台的使用是以基础设施层服务为主的。随着云平台产品线的丰富，用户也通过使用云平台积累了更多的经验和信心，对云平台的使用逐渐向平台层和应用层迁移。越来越多的项目正处于从基础设施层（以云虚拟计算实例、云存储、云数据库为主）移植到云上托管平台服务的过程中。这样，用户可以从复杂的管理运维工作中解脱出来，还可以获得更高的性能和可伸缩性，从而可以把精力更加集中到核心业务领域。大多数云使用者表示，在同等功能和性能的情况下，他们更倾向于使用云托管服务。

（3）数据服务、大数据和AI技术将成为重点领域

公有云在面向广大用户提供通用服务的同时，随着服务规模的扩大和价格的降低，通用服务的市场几乎已经被领先者全面占领。然而，随着公有云市场和生态系统的扩大，基于市场细分的、面向特定应用或特定行业的垂直领域公有云和专项服务云平台会得到更多的发展机会。专项云平台可基于通用公有云平台构建，面向特定行业，深入挖掘用户需求并提供相应的专业支持工具，它将会吸引该行业的特定用户。目前数据服务是各个云服务商和第三方服务提供商的重点竞争领域。亚马逊、微软和谷歌都面向数据存储处理需求提供了多种产品和服务，例如，亚马逊的DynamoDB和RedShift、微软的Azure SQL Data Warehouse和谷歌的BigQuery都是非常有特色和优势的数据仓库和数据湖产品。同时，来自第三方的云数据仓库Snowflake，协作式数据科学平台Dataiku DSS，大数据分析平台Databricks都在各自的细分领域获得了快速发展。随着公有云应用的普及，未来将会出现更多面向数据领域和其他领域的专项服务平台和解决方案。支持各个领域的用户基于公有云构建并运行他们的应用或其他IT任务。

同时，大数据、AI和云计算是相辅相成的技术。公有云平台利用云计算技术为大数据、AI应用提供了大规模的可伸缩的基础设施资源，大数据AI也成为了公有云平台的杀手级应用。公有云平台日益成为了大数据处理的基础技术，大数据和AI也有力支持云平台的持续优化。同时，云平台为运维带来了新的需求和挑战，例如持续集成部署、监控及日志分析等，从而使得云上自动化运维也成为了热点领域。目前主流云平台都提供了自动化DevOps解决方案，也有多种第三方解决方案可供选择。将大数据、AI和云计算整合并提供强大

的增值服务，同时，通过自动化运维提升服务质量和效率，是公有云未来的发展趋势。

（4）对混合云提供更多支持

传统公有云的主要客户通常是互联网企业、中小企业和个人用户。大型企业的企业级应用由于对性能、安全、事务保障等方面有较高的要求，一般被认为不适合在云中运行。然而，公有云的低成本和集中化管理是 IT 的未来趋势，很多企业私有云的应用未来将需要和公有云的应用对接，在私有云和公有云之间“来去自如”，同时，还要保证切换的无缝性、使用的安全性、应用环境的一致性等。为此，催生了对混合云的需求。混合云是公有云和私有云的结合，在混合云中，应用程序及软件环境可在外部公有云与内部私有云之间切换。通过使用混合云，企业级用户将获得私有云的高度安全性和可定制性，同时，享受公有云的灵活性和可伸缩性。在企业级应用，多个用户正在尝试将非关键性业务移植到公有云中运行，一旦获得成功，他们将移植更多的业务到公有云中，从而使公有云成功进入到企业级应用领域。

另外，在公有云早期阶段，云使用者通常仅使用一家公有云提供的服务。但在最近几年，随着使用经验的丰富，越来越多的使用者选择同时使用多家公有云服务商的服务。基于不同应用的特征需求，结合之前的 IT 基础和遗产系统的特性，使用者会选择多家公有云组合而成的解决方案。而这也对云服务商提出了更高的要求，不同云平台之间的互操作性及方案和数据的可迁移性，都成为了新的研究领域。

（5）云服务市场仍将快速发展

根据市场预测，随着新兴技术（移动互联网、物联网、大数据和人工智能）的应用，未来对于云计算的需求仍然会持续增长。同时，2020 年更多企业选择了远程工作，近一年来，公有云市场增长率超过了 30%。据 Research and Markets 市场分析预测，公有云产业的年产值将从 2020 年的 2714 亿美元增长至 2025 年的 8321 亿美元，年复合增长率为 17. 5%。公有云由于远程工作和协同工作等方面拥有巨大优势，还将迎来更大的市场，创造出更多的机会。

7.7　小结

公有云被视为云计算时代的“主战场”，各大云服务商比拼着各自的成本、技术、产品形态和解决方案，进一步推动行业的发展。公有云产品与服务的创新需要具有“工匠精神”的专业人才，以及支撑各行业的上云计划，响应党中央所提出的将国家建设成互联网强国的战略目标。

本章对公有云产品进行了介绍，首先介绍了公有云服务的生态系统和应用现状，然后介绍了公有云平台，包括主流公有云平台及其对比分析。随后以云数据仓库和云数据科学平台为例介绍了第三方云上应用服务，最后分析了公有云服务的未来趋势。